民国时期大学农业推广研究

The Study on the Agricultural Extension of Universities in China

李　瑛　著

合肥工业大学出版社

图书在版编目(CIP)数据

民国时期大学农业推广研究/李瑛著．—合肥：合肥工业大学出版社，2012.5

ISBN 978-7-5650-0735-4

Ⅰ.①民… Ⅱ.①李… Ⅲ.①农业—高等教育—研究—中国—民国 Ⅳ.①S-4

中国版本图书馆 CIP 数据核字(2012)第 102424 号

民国时期大学农业推广研究

李 瑛 著　　　　责任编辑 权 怡

出 版	合肥工业大学出版社	版 次	2012 年 5 月第 1 版
地 址	合肥市屯溪路 193 号	印 次	2012 年 5 月第 1 次印刷
邮 编	230009	开 本	710 毫米×1010 毫米 1/16
电 话	总编室:0551—2903038	印 张	16
	发行部:0551—2903198	字 数	254 千字
网 址	www.hfutpress.com.cn	印 刷	中国科学技术大学印刷厂
E-mail	hfutpress@163.com	发 行	全国新华书店

ISBN 978-7-5650-0735-4　　　　定价：35.00 元

如果有影响阅读的印装质量问题，请与出版社发行部联系调换。

NEIRONGJIANJIE

内容简介

本书在收集和整理大量原始文献和研究文献基础上,勾勒出在民国38年的历史长河中,大学开展农业推广的办学行为与社会实践的历史画卷,揭示了民国时期大学服务“三农”的办学职能。全书探究了民国时期农业推广概念的演变,以及大学开展农业推广实践活动的深层动因,梳理了其发展脉络,总结了各阶段的发展特点。从几个不同侧面探究了民国时期大学开展农业推广的目的与意义、实施路径与策略、困难与不足;揭示了大学农业推广作为一种大学办学行为的内在运行机制,分析了农业推广实践对大学自身发展和乡村建设的意义;运用教育学、经济学、农业推广学等多学科理论客观评析了民国时期大学开展农业推广实践活动的成就、特点、经验、不足以及现代价值。将民国时期大学农业推广与建设社会主义新农村、农业科技创新时代主题有机地统一起来,对我国新时期加快新农村建设步伐,引导高校、科研院所开展“三农”服务,更好地发挥服务社会功能具有重要的借鉴价值。本书拓展了中国近代高等教育史研究的视野,旨在引起学界对中国近现代大学功能演变的关注。

序

社会服务与教学、科研一样，同是现代大学的基本功能。民国时期（1912—1949）的大学，在战乱不断、政局动荡的社会环境下，从各自学校发展的实际需要出发，紧密结合当时社会的现实状况，对如何开展社会服务做了积极的探索，取得了一定的成效，积累了宝贵的经验和教训，成为我国当代大学改革和发展不可多得的资源。李瑛博士的这本著作，聚焦于民国时期的大学农业推广，对此作了全面、系统、深入地研究和探索，既纵向考察了大学农业推广的历史发展进程，又横向探讨了大学农业推广的具体实施过程；既有宏观视野的总体概括，又有专题和个案的微观透析。纵横交叉，点面结合，相互交融，相得益彰，力图实事求是地再现民国时期大学开展农业推广活动的历史图景。并在廓清基本史实的基础上，努力“务为前人所不为”，作出了许多引人省思的判断和结论。因此，这是一本具有开创性意义的学术著作，不仅拓展和深化了民国教育史和中国高等教育史的研究，而且对于当代我国大学尤其是高等农业院校的深化改革，推进社会主义新农村建设，也有积极的现实启示与借鉴价值。

相较于学术界已有的研究成果，本书的特色和创新相当明显。

首先，本书立足于问题史的研究，对民国时期大学农业推广研究中的一些重大问题，如大学农业推广的历史动因、大学农业推广的发展阶段、大学农业推广的区域实验、大学校长社会服务办学理念与大学农业推广，以及民国时期大学农业推广的评价等，以专题的形式，条分缕析，作了深入细致地研究。这样的架构和研究路径，在以往的相关研究中，实不多见。

其次，大学校长的办学理念，对于大学的办学行为至关重要。民国时期的大学尤其如此。正是鉴于这样的思想认识和历史事实，本书设置专章，深入分析了民国时期三位著名的大学校长——邹鲁、陈裕光、竺可桢的社会服务办学理念，以及这三所大学内容丰富、形式多样、成效显著的农业推广活动，从而揭示了大学校长办学理念与大学农业推广活动之间的关联性，再现了其历史意义与价值。这在学术界对民国时期大学校长办学理念的研究中，颇具新意。

再次，本书在汲取前人和时贤研究的基础上，对民国时期大学农业推广作出了自己的判断。认为民国时期大学农业推广的成就，主要表现为以下六个方面：为化解近代中国农业危机进行了有益的探索；推动了近代中国农业科技进步；积累了乡村教育经验；开创了农业推广合作的多种途径；促进了近代中国高等农业院校的发展；拓展了近代中国大学的职能。同时，揭示了民国时期大学农业推广具有鲜明的区域性、参与院校的多元化、内容与形式的灵活多样、独立性与依赖性并存、救国与治学并举等诸多特点。还指出了民国时期农业推广存在着推广经费匮乏、推广人才奇缺、不平衡性、成效有限等问题和局限。并且，从教学科研推广相结合的办学模式、大学农学教育资源合理配置、改变农民的行为、大学为“三农”服务等方面，分析了民国时期大学农业推广对我们的现实启示。本书的这些判断和分析，客观平实，既是作者经年研究和领悟的心得，也反映了作者强烈的历史责任心和现实关怀情。

最后，学术研究，尤其是历史问题研究，必须以丰富、翔实、可靠的史料为支撑。作者深谙此道，故十分重视史料，特别是原始史料的收集。作者曾深入全国许多图书馆、档案馆，在各种图书资料和期刊中爬梳整理，钩玄稽沉，积累了大量原始资料，其中不少是新近刚被发掘出来的新材料。同时,还采用了许多珍贵的历史图片,可谓图文并茂,增强了直观性和可读性,构成了本书的另一个特点。

当然,作为一项初创性的研究成果,自有其不够完善之处。如对中国近代大学社会服务职能的演变,以及民国时期大学农业推广与政府及其他社会团体开展的农业推广之间的相互关系等,还需要作进一步深入探究。

李瑛副教授曾是我指导的博士研究生。她好学深思,踏实勤奋,在华东师范大学攻读博士学位期间就已经展露出了较强的独立科研能力。她在出色地完成各门课程学习的同时,摒弃浮躁,潜心学术研究,先后在几种著名的学术刊物上发表了相当数量的论文,还主持和参与了多项省部级科研项目的研究,成为同学中的佼佼者。在她的新著即将付梓出版之际,我欣然命笔,写下以上文字,一是表示由衷的祝贺;二是殷切地期望她坚守学术追求,笔耕不辍,为我国的教育史研究、教育科学研究不断贡献出新的学术成果。

是为序。

金林祥

2012 年国际劳动节于上海

QIANYAN
前言

民国时期大学农业推广，是指民国时期大学围绕农业、农村、农民开展农业科技普及与推广，改良农业，扶持副业，发展金融，复兴农村经济，改善农村医疗卫生，建立农民组织，开展乡村教育和移风易俗活动，提高农民素质，改善农民生活等一系列乡村建设和服务活动。其中，农业科技推广是民国时期开展大学农业推广的核心内容。民国时期大学农业推广是一个极富历史性与现实性的研究课题。

本书基于档案资料、文集、日记、校刊等珍贵的一手资料，从大学教育与社会发展互动的层面对民国时期大学农业推广实践活动进行了深入系统地研究。全书以“服务”和“发展”作为核心理念与研究主线，采用文献法、个案研究法、发展分析法、比较分析法等研究方法，具体探寻民国时期大学农业推广实践的历史动因、发展历程；以大学农业推广区域实验为窗口，探究大学开展农业推广的目的与意义、实施路径与策略、影响与成效、困难与不足等；从大学校长服务社会办学理念的视角，剖析大学校长办学理念对大学农业推广的影响，揭示大学农业推广作为大学办学行为的内在运行机制。运用教育学、经济学、农业推广学等多学科理论，客观评析民国时期大学开展农业推广实践活动的成就、特点、经验与不足以及现代价值。整本书立足于活动史与问题史的研究，通过全面系统地研究民国时期大学农业推广实践活动，深刻揭示了中国近代大学社会服务职能的演变轨迹，为当代大学开展“三农”服务提供启示。

全书共分四个部分进行阐述。第一部分,主要介绍本书研究的基本问题、主要价值、基本思路和研究方法,为本书的第一章。第二部分,阐述民国时期大学农业推广的历史背景和发展概况,为本书的第二章和第三章。第三部分,为专题研究,深入探究大学农业推广的具体实施,为本书的第四章、第五章。第四部分,客观评析大学农业推广的经验与不足以及现代启示,为本书的第六章和尾言。具体而言,各部分研究的主要内容和研究发现如下:

第一章为导论,主要论述了本书研究的基本问题,揭示本研究对拓展中国近代大学教育史研究领域、促进高校农业科技成果的转化、推进社会主义新农村建设和高等农业院校走出发展困境的价值所在;对农业推广、民国时期的大学、大学社会服务、区域实验、大学办学理念等本书研究涉及的基本概念予以界定;概述了与本课题相关的国内外研究现状,对该课题的整个学术史作了比较详尽的回顾;最后简要交代了本书的基本研究思路与研究方法。

第二章从经济、政治和教育等几个方面探析民国时期大学开展农业推广的历史动因。民国时期大学开展农业推广服务是特定历史时期政治、经济、教育等多种因素共同作用的结果。民国时期特定的国情决定了科技变革成为拯救农业危机的主导路径。归国留美农科生积极引入了美国大学社会服务理念和教学科研推广相结合的办学体制,为大学农业科技推广提供了制度和人才保障,使大学成为了农业科技推广的主导力量。大学农业推广因旨趣与政府县政改革目标有契合之处,得到了政府的认可和支持,为农业推广的开展赢得了宝贵的成长空间和发展机遇。农业科技推广成为大学农业推广的中心任务,贯穿整个民国时期。

第三章纵向分析民国时期大学农业推广的发展进程。民国时期大学农业推广主要随时局变更而嬗变,经历了发轫期(1897—1911)、初创期(1912—1927)、成熟期(1927—1937)和转折期

(1937—1949)四个发展阶段,总体呈现出产生—发展—高涨—低潮的历史态势。从民国初年到抗战前夕,大学农业推广的制度建设、推广范围、推广成效呈现上升态势。从总体上说,高校内迁使大学农业推广范围和成效不及战前,重心转向辅导和训练推广人才。但从局部的内迁地而言,大学农业推广为内迁地输入了现代文明和科技文化元素,解决了农业生产和人民生活中的许多实际问题,提高了当地科技文化教育水平。抗战后,高校复原重建,大学农业推广工作趋于萎缩。

第四章为民国时期大学农业推广的区域实验。民国时期大学农事试验场是大学农业推广的策源地。源于大学有限的办学条件和农业生产的区域性特点,民国时期大学开展农业推广采取区域实验形式。实验形式分为分散式和集中式。分散式区域实验始于20年代大学在各地建立农事试验场进行的农事试验,由于实验区域广收效不佳,至30年代,大学将分散式推广改为集中式推广,建立各种稳定的农业推广实验区,其中最具代表性、最有成效的区域实验是以乡镇为中心的农业推广实验和以县为单位的农业推广实验。抗战爆发前十年是大学开展农业推广区域实验的黄金时期。

第五章为民国时期大学校长服务社会办学理念与大学农业推广。内忧外患的生长环境和学贯中西的学术背景,使民国时期的大学校长逐渐形成了社会服务的办学理念。在办学过程中,他们倡导读书不忘救国,主张大学为社会、民众和国家服务,培养改造社会、转移国运的领袖人才;重视学生人格训练,培养爱国主义和奉献牺牲精神。因此,农业推广作为大学为社会服务的一种有效途径,成为大学的一种办学行为。邹鲁、陈裕光、竺可桢三位著名大学校长服务社会办学理念及其领导的大学农业推广服务,彰显了民国时期大学农业推广在大学建设和社会发展中的价值。

第六章为民国时期大学农业推广评析。归纳民国时期大学农业推广的成就与特点，在历史语境下客观分析民国时期大学农业推广活动的不足与制约因素，探究大学与社会发展互动关系与效应，揭示民国时期大学农业推广的时代价值和崭新启示。民国时期大学农业推广取得了一定的成就，为化解近代农业危机进行了有益的探索，推动了农业科技和乡村教育的进步，促进了大学自身在学科、专业、师资等方面的跨越式发展，衍生出社会服务的崭新职能。民国时期的大学农业推广具有鲜明的区域性、参与院校的多元化、内容和形式的灵活性以及独立性和依赖性并存等典型特点。由于受到诸多因素的影响，大学农业推广在人才、经费、成效等方面存在着不足，推广具有明显的不平衡性。

最后为尾言，深入探寻民国时期大学农业推广给我们留下了什么。民国时期大学农业推广实践在教学科研推广相结合办学模式、大学农学教育资源合理配置、有效改变农民行为、大学义不容辞为"三农"服务等方面留给我们许多有益的启示。历史告诉我们，今天的大学理当发挥自身优势，在推动农村科技、文化、教育等各项事业发展中有所作为，再建新功。

李　瑛

2012年5月

MULU
目录

第一章 导 论

第一节 研究问题的提出和研究意义

一、研究问题的提出

随着中国现代化进程的加快，长期存在的城乡二元制结构形成的城乡差距不断扩大，“三农”问题日益突出，已成为制约中国社会发展和实现现代化进程的“瓶颈”。没有农业、农民和农村的现代化，中国很难实现建设繁荣富强的现代化国家的宏伟蓝图。对“三农”问题的关注和寻求解脱之路的现实需求，促使我们不得不对其进行学理或学术层面的分析。实践证明，要解决“三农”问题，推进新农村建设，必须依靠农业科技进步和培养高素质的新型农民，而农业科技创新和新型农民的培养却离不开大学教育。工业化时代，大学从社会边缘走向社会中心，除了培养人才、进行科学研究外，为社会服务也成为大学的重要职能，这是人类社会发展的客观要求。因此，大学与社会的关系日趋密切。“大学需要和公共生活、历史事实以及现实环境保持接触。必须对其所处时代的整个现实环境开放，必须投身于真实的生活，必须整个地融入外部环境……人民的生活也确实需要大学的参与，需要大学发挥其作用。”①

观今宜鉴古，无古不成今。近代中国大学是否对“三农”问题有所作为？研究表明，作为晚清与中华人民共和国教育的历史中介，民国时期的

---

① ［西班牙］奥尔特加·加塞特著：《大学的使命》，徐小洲等译，杭州：浙江教育出版社，2001年版，第99页。

大学承前启后，奠定了中国现代高等教育的基础。她经历了连绵不断的战乱洗礼与考验，浴于三十八载动荡岁月，伴随着社会转型的阵痛，经历了从传统向现代化的蜕变。作为时代科学文化传播的主阵地，民国时期大学在艰难中实现着本土化，在我国近现代高等教育史上创造了诸多辉煌。其中，许多大学学者身怀救国之志和现代科学知识，走出书斋，迈入贫穷落后的乡村，挥洒知识汗水，发挥聪明才智，改良农业，扶持副业，发展金融，改善农村医疗卫生，建立农民组织，改进农民生活，书写了一首恢宏不朽的乐章。即使在战火纷飞的岁月，在长途跋涉的内迁过程中，在教学和科研条件极其艰难的情况下，大学学者始终不忘救国使命，仍力所能及地播撒科学种子，推广农业科学技术，解决了地方社会经济发展中的许多实际问题，造福一方，有力地支援了中国的抗战建设。大学服务社会的精神可歌可泣，成就感昭日月。

美国学者哈罗德·珀金曾经指出，一个人如果不理解过去不同时代和地点存在过的不同的大学概念，他就不能真正理解现代的大学。[①] 确实，过去与现在具有割不断的联系，历史并非是完全消逝了的过去，它就在我们的周围。正如美国历史学家柯文（Paul A. Cohen）所说，尽管历史"事实俱在，但它们数量无穷，照例沉默不语……史学家的任务在于追溯过去，倾听这些事实所发出的分歧杂乱、断断续续的声音，从中选出比较重要的一部分，探索其真意"。[②] 纵观中国近现代教育史研究，对于众多教育思想、教育制度、教育名家，我们已耳熟能详，而近代中国大学的服务社会的理念和实践尚未引起足够的关注，需要我们去倾听过去的声音。民国时期，是中国近代大学发展的繁荣期。在特殊的历史背景下，大学开展了各种社会服务活动，其中，农业推广服务规模最为壮观，影响也最大。当今天我们苦苦寻求解决"三农"问题的良策时，我们没有理由不去触动历史的琴弦，努力探究民国时期大学开展的农业推广活动的真谛。

环境动荡艰险，道路曲折坎坷，内容丰富多彩，民国时期大学农业推

---

① ［美］伯顿·克拉克主编：《高等教育新论》，王承绪等译，杭州：浙江教育出版社，1988年版，第45页。

② ［美］柯文著：《在中国发现历史：中国中心观在美国的兴起》，林同奇译，北京：中华书局，1989年版，第1页。

广服务所取得的成就是留给后人的宝贵遗产，对此，我们还没有认真系统地总结，对其本来面貌还知之甚少，还需要我们以科学的态度和理性的工具去追溯与梳理，取其精华，古为今用。民国时期，是什么原因使大学走出象牙塔，走向农村，开展丰富多彩的农业推广活动？大学如何实现自己服务社会的使命？大学农业推广的主要内容和路径有哪些？大学农业推广对推动近代中国乡村社会进步和大学自身发展究竟发挥了什么样的作用、产生了怎样的影响？它对我们今天解决“三农”问题有何启示？诸如此类的追问与探究，对今天科教兴国与科技创新，意味深远，价值巨大。

二、研究的意义

民国时期大学农业推广研究是一个既有理论价值又有现实意义的研究课题。它不仅可以拓宽中国大学教育史的研究领域，促进高校农业科技成果的转化，推进我国社会主义新农村建设，而且可以为我国高等农业院校走出发展困境提供理论支持，指导改革实践。

第一，有利于拓展中国大学教育史的研究领域。

从近代到现代，许多学者对中国近代大学教育发展历史进行了大量深入细致地研究，取得了丰硕的成果。长期以来，学者们主要基于思想人物史、制度史的范研究式，对大学教育制度和高等教育思想进行了较为深入地研究。大学教育制度研究，如教授会制度、学术评价制度、学术研究机构和社团组织、教师流动制度等；高等教育思想研究，如教育家的教育思想、大学校训、校长的办学思想、大学精神等。这些研究大多集中于大学内部机制的探讨，对于近现代大学在特定历史时空下开展服务社会的实践活动关注不多，对中国近现代大学与社会的互动关系研究较少，对于中国近现代大学社会服务职能的研究更是凤毛麟角。

就目前掌握的资料来看，有些著作涉及了民国时期大学农业推广的情况，但大多散落于农业科技、农业史、教育史著作的章节，抑或只言片语，缺少专门研究和整体把握，没有深层次地探讨大学与社会之间的本质联系。为此，本研究试图打破“精英人物思想史”和“制度史”的二元思维模式和研究范式，以农业推广实践活动为主题，还原与窥视民国时期大学别样的教育世界，展示不同大学结合教学、科研开展农业推广的社会服务图景，揭示大学与社会相辅相成的发展规律。因此，本选题研究将有利于拓展中国近代大学教育史的研究领域，丰富和发展高等教育理论，并完善我国近现代教育制度的研究。

第二，有利于促进高校农业科技成果的转化。

法国年鉴学派主张围绕问题搜集史料，认为历史学应该像其他任何科学研究一样，起始于提出问题，落脚于解决问题。历史研究确实不能脱离时代，必须具有时代精神特征，因为历史是现实的过去，现实是历史的发展。教育史研究专家刘海峰指出："高等教育史理应比一般教育史更注重应用性问题研究，更强调现实感。"[①] 因此，中国教育史研究应重在根据当前问题来审视过去。

随着知识经济和全球经济一体化时代的到来，党的"十六大"提出了"加速科技成果向现实生产力的转化，推进国家创新体系建设"的战略任务。农业科技创新体系是国家科技创新体系的重要组成部分，农业科技成果转化是农业科技创新的重要支撑点。改革开放以来，我国科学技术对农业贡献率已由20世纪80年代初的27%提高到了目前的49%，但是与发达国家科技成果70%～80%的转化率和75%的贡献率相比，仍有较大差距，[②] 其根源值得深思。目前，农民科技文化素质低下和农业科技推广体系滞后已经成为制约农业科技创新与推广的主要因素。"通往明日的未知途径常常是由反省昨日的冷峻烛光照亮的"。[③] 本书研究基于寻求这一现实问题的解决途径，探寻民国时期大学农业科技推广体系的运行机制与科技成果的转化路径，以期为促进当前高校科技成果转化、推进国家农业科技创新体系建设提供借鉴。

第三，有利于推进社会主义新农村建设。

改革开放以来，我国农村发展问题循着"农业问题"到"三农问题"再到"新农村建设"的思路渐次发展。1996年，"三农"概念率先由经济学家温铁军博士正式提出；2001年，"三农问题"正式成为理论界术语；2003年，"三农问题"被正式写入中央工作报告，解决"三农问题"成为

---

① 刘海峰：《教育史研究三探》，《高等教育研究》，1997年第1期，第73页。

② 吴淼，杨震林：《现代农业的科技服务体系创新》，《科技管理研究》，2008年第6期，第41页。

③ 许纪霖著：《智者的尊严——知识分子与近代文化》，上海：学林出版社，1999年版，第239页。

全党工作的重中之重。2005 年，中共十六届五中全会提出建设社会主义新农村的目标，为做好“三农”工作指明了方向。2006 年“1 号文件”则对“社会主义新农村建设”进行了完整阐释与部署，这意味着迁延 20 年的“三农”难题，进入政策攻坚新阶段，“三农问题”迎来拐点，新农村建设成为其突破口。新农村建设是在社会主义现代化建设日益深入情况下进行的一场深刻的农村社会变革，其主要目标是生产发展、生活宽裕、乡风文明、村容整洁、管理民主。所以，本研究立足当前“三农”问题，旨在通过近代中国大学的农业推广理论和实践研究，为今天大学服务新农村建设提供启示与借鉴。

民国时期的大学农业推广活动是围绕着农业、农民、农村来展开的。大学利用自身知识和人才优势，关注并研究农村社会现实问题，通过多种方式和途径，深入乡村，普及农业科技知识，成立农村经济合作组织，举办农民学校，成立农会组织，建立乡村医疗制度，移风易俗，这些科技下乡和智慧输入不仅在一定程度上改变了农村固有的社会生态和传统观念，促进了农业生产的发展，改善了农民生活，改变了农村组织结构，而且打破了大学与社会脱离的封闭状态，使其人才培养和学术研究成果更加适应中国社会的需求。因此，民国时期大学农业推广与今天新农村建设有着许多不谋而合之处，与新农村建设目标有着相同的旨趣。可以说，民国时期大学农业推广活动在一定意义上就是一场新农村建设运动，研究大学参与乡村建设方式、经验教训，对于当前新农村建设具有重要的启示作用。

第四，有利于高等农业院校走出发展困境。

高等农业院校是培养高层次农业人才、研究与推广农业科技的重要基地，与我国农业和农村经济发展息息相关。近年来，随着科教兴农和新农村建设战略的实施，高等农业院校在人才培养、学科建设、专业设置等方面进行了一系列的改革，取得了明显成效，但仍然存在一些问题：大多数高等农业院校经费来源主要依靠财政拨款，而政府对高等农业院校教育经费投资不足，因此，高等农业院校总体上基础设施较差，现代化设备水平低，办学条件亟待改善；长期以来，高等农业院校办学模式单一，课程内容相对陈旧，学生知识面狭窄，加上高等农业院校教学、科研、推广三者相互脱节，学生实习环节薄弱，实践能力不强，社会适应性较差；受到市场供求关系影响，近年来高等农业院校传统农科专业萎缩，优质生源不足，毕业生就业困难，基层农技推广部门已处于“网破、线断、人散”的境地，难以吸纳农科毕业生，等等。这些使得高等农业院校不能适应重振农村经济的时代诉求。历史往往有惊人的相似之处，今天高等农业院校面临的许多问题与困境，民国时期的高等农业院校也曾有过。与其在现实中苦苦求索，为何不去向历史中找寻答案？

英国教育家阿什比曾说：“大学保存、传播和丰富了人类的文化，它像动物和植物一样向前进化，所以任何类型的大学都是遗传与环境的产物”。① 基于这样的观念，本选题研究将探究民国时期大学如何立足地方发展需要，依据学校自身办学传统和现有条件，开展包括科技推广在内的各种特色化的社会服务活动，以此推动地方经济文化教育及其自身特色发展，通过分析民国时期大学农业推广的历史经验与教训，努力为当前高等农业院校深化改革和走出困境，以及21世纪高等农业教育谋求更快更好地发展，提供些许思路。

第二节　基本概念的界定

在学术史上，任何学术问题的提出、每一个理论体系的构建，都必须首先从明晰基本的概念、确定基本学术范畴入手，然后才能建构学术殿堂。为了限定本研究的范围，明确本研究中所使用概念的意义，有必要对本研究所涉及的“农业推广”、“民国时期的大学”、“大学社会服务”、“区域实验”、“办学理念”等基本概念做如下界定。

一、农业推广

（一）“农业推广”的词源追溯

我国古代把“农业推广”称为“教稼”、“教田”、“劝农”、“课桑”。早在公元5世纪，“推广”一词在我国就已出现。南朝梁国太子肖统在他的《文选》序言中说“若其纪一事，咏一物，风云草木之兴，鱼虫禽兽之

---

① ［英］阿什比著：《科技发达时代的大学教育》，滕大春等译，北京：人民教育出版社，1983年版，第7页。

流，推而广之，不可胜载矣”。“推而广之”，简称“推广”。到了宋代，“推广”一词才用于农业活动。据《宋史·食货志》记载，11世纪初，宋真宗实行养民政策，“推广淳化之制，而常平、惠民仓遍天下矣”。[①] 这是“推广”一词在我国农业推广史上最早的记录。

近代西方“推广”概念源于英国。1869年，英国剑桥大学、牛津大学为适应社会对知识、技术的需要，开始派巡回教师到校外进行教学活动，为那些不能进入大学的人提供教育机会，即“大学推广”（University extension）。在此基础上，1873年剑桥大学提出“推广教育”（Extension education）概念。后来，此概念传到美国，美国赠地运动对此加以改造，衍生出“农业推广”概念。随着美国教育、科研和推广三位一体的合作农业推广体系的建立，“农业推广”一词被广泛应用。之后，“农业推广”被其他国家接纳和普遍使用。流行于美国的“农业推广”一词，由中国近代留美学生介绍到国内。郭秉文在1917年第6卷第5期《中华教育界》中撰文《美国农业推广部》，在国内率先引入“农业推广”的概念，并将其解释为“农业推广则以农校之所讲授者、农场之所发明者、普及之於一般农民，以促进农业之改良。”[②] 至此，具有现代意义的“农业推广”概念便在中国植根与发展起来。

（二）“农业推广”的涵义演变

纵观古今中外农业推广发展历史，农业推广的涵义随着时代的发展，不断变化，其涵义经历了以下演变历程：（1）“劝农”式农业推广。我国古代即是这种农业推广，此种推广旨在劝导和督导农民从事农业生产、发展农业生产，它强化了行政机构在推行“劝农”政策中的作用。（2）“指导”式农业推广。把大学和科研机构的研究成果通过适当方法介绍给农民，指导农民获得新的知识和技能，从而增加其经济收入。这是一种农业科技推广。（3）教育式农业推广。科技推广必须与提高农民素质同步才能有收效。因此，教育式农业推广是把单纯的农事指导、推广与对农民的教育相结合，以提高农业推广工作绩效，促进农业和农村进一步发展。农业

① 淳化之制，是指太宗淳化年间（10世纪末）京畿农业丰收，朝廷派人在京城四个城门设置仓库，收购粮食进行贮存，以备歉收时按平价出售，这种粮仓，称为“常平仓”、“惠民仓”。

② 郭秉文：《美国农业推广部》，《中华教育界》，1917年第6卷第5期。

推广通常与成人教育、农民技术教育结合在一起。(4)"提供信息"与"咨询"式农业推广。在一些西方发达的农业国家,农业生产现代化水平和农民科技文化素质已较高,在市场经济竞争中,不再仅仅需要相关机构提供生产和经营的一般性服务,而是需要提供科技、市场、金融、价格、经营决策等多方面的信息和咨询服务。(5)"沟通干预"式农业推广。强调人在农业发展中的主导作用,推广是预先设计和有计划、循序渐进、系统设计、有组织地改变农民自愿行为的活动。推广不是一种依靠某种权力强迫人们去做违背自己意愿的事情的手段,而是可以用来影响自愿行为的唯一手段。①

(三)"农业推广"的涵义界定

民国时期,"农业推广"最初是指农业科技推广,如学者陆费执认为"农业推广并非推广农业,乃推广农业知识及技能,并非使全国人民经营农业,乃以农业新知识与技能灌输於现在或将来之农民,助以实物材料使其信任而仿效新农业经营之方法,以增加生产改善生活之谓也"。② 由此可见,这是劝农式与指导式兼而有之的农业推广。随着农业推广在各地的广泛开展,学界对农业推广涵义的认识不断拓展。著名农学家章之汶认为农业推广涵义包括广义和狭义两个方面,"狭义的农业推广,即把农业学术机关(农科大学与农事试验场)的研究改良结果用适当方法介绍给农民,使农民获得农业上的新技能,从而采用与仿效,以增益其经济收入;广义的农业推广,则除将农事方面的改良成绩推广于农民外,且教育农民、组织农民、培养农民领袖,及改善其整个的实际生活,以至于一切农业政策之实施等都属于之"。③ 他认为取广义的农业推广概念为好。学者储劲也持相同观点,④ 认为:"我国农村衰疲,建设事业急待振兴。以故广义之农业推广较之狭义之农业推广,更觉需要。"⑤ 农业推广的外延不断拓展,其涵

---

① 张仲威等著:《农业推广学》,北京:中国农业科技出版社,1996 年版,第 2 ~ 6 页。

② 陆费执等著:《农业推广》,上海:中华书局,1935 年版,第 5 页。

③ 章之汶,李醒愚著:《农业推广》,上海:商务印书馆,1936 年版,第 16 页。

④ 储劲认为:"将农业机关研究所得之良种善法,介绍给农民,使之仿效,以增进农业之生产。此为狭义之农业推广。除此外,并注意农村自治之推行,合作社之提倡,农民教育之实施,卫生运动之促进,以及改革其它种种不良习惯,使整个农村达着进化道上去,此为广义之农业推广。"见储劲著:《农业推广》,上海:黎明书局,1935 年版,第 3 页。

⑤ 储劲著:《农业推广》,上海:黎明书局,1935 年版,第 3 页。

义由单纯的农业科技推广演变为包括所有乡村改进或建设的要素。新中国成立后，农业推广涵义又演变为主要指农业技术推广。[1]

世界范围内，“农业推广”的概念经历了由狭义的农业推广—广义的农业推广—现代农业推广的轨迹发展和演化过程。狭义的农业推广有着鲜明的技术传播特征，广义的农业推广具有明显的教育农民特征，现代农业推广具有显著的信息传播和咨询特征。

本书所称“农业推广”，除单纯农业科技推广之意外，[2] 还包括：通过教育和沟通等有效的手段和方法来组织、引导农民，培养农民领袖；建立农村经济组织和农民组织，改善农民生活，促进农民生产消费；建立农村医疗卫生机构，提高农民卫生健康水平；进行休闲娱乐和社交教育，开展移风易俗活动，等等。

二、民国时期的大学

本书所称“民国时期”，主要指辛亥革命后从中华民国临时政府建立到1949年中华人民共和国成立之前这段历史（1912—1949）。从时间段上分为北洋政府时期（1912—1927）、抗战前十年（1927—1937）、抗日战争时期（1937—1945）、解放战争时期（1945—1949）。本书所指的“大学”，是根据1912年《大学令》中所规定的“大学以文、理二科为主；须符合下列各款之一，方得称为大学：一、文理二科并设者；二、文科兼法、商二科者；三、理科兼医、农、工三科或二科一科者”确定的。本研究所涉及的“民国时期大学”，主要指在民国时期创办发展的国立大学、省立大学、私立大学（含教会大学）。因行文需要，部分涉及近代创办的本科层次的独立农学院和高等农业专科学校。

---

① 新中国成立以后，我国长期实际推行的是农业技术推广。《中华人民共和国农业技术推广法》（1993年7月2日第八届全国人民代表大会常务委员会二次会议通过）第二条标明：“农业技术推广，是指通过试验、示范、培训、指导以及咨询服务等，把农业技术普及应用于农业生产产前、产中、产后全过程的活动。”又将“农业技术”界定为“应用于种植业、林业、畜牧业、渔业的科研成果和实用技术”。

② 主要指把大学和科研机构研究的新的农业科学知识与技术，以适当的方式方法介绍给农民，使农民获得新的农业知识和技能，并且加以应用，从而改进农业生产方法，提高产量，增加收入，提高农业生产水平。

三、大学社会服务

大学社会服务，是指大学以直接满足社会的现实需要为目的，以培养专业人才和发展知识职能为依托，在教学、科研活动之外，利用自身的知识资源，有目的、有计划地向社会所提供的具有学术性的服务。大学社会服务的活动主体主要是教师和学生，学校依靠明确的办学理念和系统的教育制度对这些活动的定位和开展加以管理。本书主要论及民国时期大学面向农业、农民和农村开展的社会服务活动。民国时期的大学社会服务思想与实践的产生和发展是大学走入社会的契机，密切了大学与社会的联系。

四、区域实验

实验，是科学研究的基本方法之一，《现代汉语词典》的解释是：为了检验某种科学理论或假设而进行某种操作或从事某种活动。实验是为了解决政治、经济、文化及其社会、自然问题，通常要预设实验目的、实验环境，进行实验设计。区域实验是根据研究目的，在一定区域内采用一定手段，干预、控制研究对象而观察、探索研究对象有关规律和机制的一种研究方法。本书所指的是区域实验，指大学为解决农村问题而在若干区、乡镇、村庄进行的农业推广实验。

五、大学办学理念

办学理念是办学主体在办学实践及其思维活动中形成的对“办学应然”的理性认识和价值判断。相应地，大学办学理念是办学者在对大学教育规律认识的基础上对大学的精神、使命、宗旨、功能、价值观等大学基本问题的理性认识和大学发展思路的整体概括，它对大学发展具有定向作用，即：有什么样的大学办学理念，就有相应的办学实践。一所大学的办学理念总是在特定历史背景和特殊办学环境下形成的。民国时期异彩纷呈的大学办学理念的形成，除了与时代特点、高等教育政策和学校实际情况等因素相关联外，大学校长在本校办学理念的形成中也扮演了重要角色，往往起到了一定乾坤的作用。这是民国时期大学不同于当代大学的重要特点之一。

第三节　国内外研究现状

一、农业推广的由来及国外研究概况

农业推广与人类的农业活动相伴而生。远古时期，人类在狩猎、采集农业生产活动中进行农业经验的交流和传播，这便是原始的农业推广行为。我国远至黄帝时代就劝农课桑，尧舜时代就有“后稷教民稼穑，树艺六谷”的农业推广活动。西周时期建立了原始的农业推广制度，从中央到地方设有劝农官，负责农业行政和推广，其工作情况颇似现代的农业推广工作。[①] 汉代是农业推广的转折期，汉武帝末期的搜粟都尉赵过通过推广代田法，在我国农业推广史上首次创造了一套完整的农业技术推广程序，标志着推广工作被纳入到科学轨道，并举办了我国农业史上第一个行政官吏和技术骨干的技术培训班，为行政力量与技术人员紧密结合推广农业技术打下了良好的基础。[②] 宋代的农业推广工作比汉代更有进步，朝廷颁布劝农诏令，在诸路设有劝农使，还建立农师制度，在地方专设专管推广工作的农师，加强地方农业推广工作，推广重点由汉代耕作技术转为优良作物品种。元明之际的黄道婆对发展淞沪棉业作出了历史性贡献。明清之际的陈振龙推广世家连续八代人为引进和推广甘薯奋斗150多年，为我国农业推广史上少有，也是世界推广史上罕见。清初，在作物良种推广上又前进一步，清圣祖康熙令苏州织造李煦试种双季稻，创造出试验、示范、繁殖、推广整套科学程序。双季稻从浙江一带推进到了长江中游，一直栽培至今。近代中国传统农业逐渐落后于西方农学，农业推广主要转向于引进西方现代农业科技，引进和驯化西方良种，开展了美棉等作物的驯化和推广。

近代国外农业推广历史可以追溯到欧洲文艺复兴时期。随着16世纪和17世纪现代科学的兴起，把科学知识应用于实践中去的教育活动应运而生，早期的农业教育也因此出现。18世纪中叶，欧洲产业革命后，农业发

---

① 张恺，林中茂著：《农业概论》，台湾开明书局，1977年版，第245页。
② 郭开源编著：《农业推广工作管理》，北京：农业出版社，1987年版，第8页。

展步伐加快，出现在英国、法国、德国等国家的各种农业团体成为农业推广的先驱者。[①] 这些团体倡导学习农业科学，改良农业技术。它们组建地区性农业组织，交流农业经营经验和农业生产技术，并通过演讲、出版农业读物、报刊等形式来传播农业科学知识和农业科技信息。

欧洲各国随着产业革命的发展和城镇人口的增加，需要更多的食品和工业原料，但农村地区由于贫困和农民素质低下，农业生产无法满足工业化、城市化的需求，所以，倡导学习农业科学和引进先进生产技术的社会风气渐起。欧洲农业改进之风传到美国，在美国得到了长足发展。纳伯（S. A. Knapp）和巴特菲尔德（K. L. Butterfield）是美国农业推广的两位先驱，对引领大学开展农业推广和建立政府、农学院合作农业推广体系贡献巨大。美国接受了欧洲“推广教育”的理念，拓展和赋予其新的涵义，提出“农业推广”的概念，并使农业推广活动在国家层面得到认可，政府先后颁布了一系列促进农业推广法案，使其逐步法制化和制度化；建立了从中央到地方以州立大学农学院为依托的农业教育、科研、推广相结合的合作农业推广制度体系。这对世界各国农业推广体系的建立影响深远。

因此，西方早期农业推广研究主要是美国学者的研究和研究美国的成果，其后转向欧美研究平分秋色。西方农业推广研究在20世纪40年代有较大起色，该时期主要研究成果来自美国，如1944年史密斯著文《农业推广是什么?》;[②] 1949年凯尔赛（L. D. Kelsey）和赫尔（C. C. Hearne）合著《合作农业推广工作》,[③] 作为美国第一本大学农业推广专业教材，以专题指导形式，初步阐释农业推广的意义、方针、体制、计划、方法，比较系统地论述了农业推广实际工作中的主要问题，在当时影响较大，并被广泛介绍到世界上许多国家。西方真正的农业推广理论研究始于20世纪60年代。随着行为科学、信息学、系统学、传播学等现代学科的发展和农

① 这些团体最早是1723年在苏格兰成立的“农业知识改进者学会”，1761年法国早期农学家学会1761年就开始出版有关农业读物。德国的第一个农业团体成立于1764年。1744年成立的美国哲学会，较早出版有关农业文章，后发展成为一个科学团体，促成了1785年费城促进农业学会的建立。

② C. B. Smith:《What Agricultural Extension Is?》A Report on the U. S. D. A. Annual Conference of Extension staff, 1944.

③ L. D. Kelsey, C. C. Hearne:《Cooperative Extension Work》, Comstock Publishing Associates, Ithaca, New York, 1949.

业推广的普及不断深入，西方学者在农业推广研究方面成果越来越丰富，并形成农业创新扩散理论、农民行为改变理论、农业信息系统理论等著名的农业推广理论。西方农业推广研究成果对包括中国在内的世界各国农业推广研究和体系建立产生了深远影响。

二、近代以来我国农业推广研究概况

我国学者对农业推广研究始于民国时期。“五四”前后，早期回国的留美学生尤其是农科生，如邹秉文、过探先、邓植仪、秉志、金邦正、盘珠祁、钱崇澍、邹树文等是美国大学农业推广制度的直接传播者和践行者，构成了民国早期农业推广研究群体的主体。农学家在引进美国大学模式和理念[①]、批判本国农业教育弊端的同时，开始反思我国高等农业教育的使命，探索改进良策，出现本土化的研究倾向。[②] 农学家们的探讨，廓清了中国农科大学为农业服务的宗旨和农业推广的使命，为农科大学办学指明了方向，促进了教学、科研、推广相结合体制的建构，也为农科大学在30年代走入乡村开展轰轰烈烈的农业推广实验奠定了思想基础。20世纪30年代初，国立大学农学院、省立大学农学院和独立农学院校数量大大增加，一些专门的农业研究机构纷纷成立，研究队伍逐渐壮大。而席卷全国波澜壮阔的乡村建设运动，更为学者们提供了广阔的研究领域和接触实践的机会，研究者对我国农业推广理论与实践进行了系统深入地研究，形成了丰富的研究成果，出版了一系列农业推广研究专著，建构了较为完整的本土化的农业推广理论框架。因为农科大学是农业推广的主力军，所以这些研究成果虽然没有标注“大学”字样，但主要侧重于大学农业推广的研究。各种农学院院刊、农学会会刊、学刊、农刊以及政府与社会团体编辑出版的专门的农业推广期刊，推动了农业推广研究以及研究成果的推广

---

① 主要著述有：郭秉文的《美国农业推广部》（《中华教育界》，1917年第6卷第5期）、唐启宇的《农业推广运动之发展》（《科学》，1921年第6卷第10期）、马德荫的《美国大学之推广教育》（《教育杂志》，1922年第14卷第8期）、刘文铬的《八年欧美考察教育团报告》（商务印书馆，1920年版）等，对美国农业推广制度作了系统研究。

② 主要著述有：邹秉文的《中国农业教育最近状况》（《农学》，1921年第1卷第7期）、过探先的《农科大学的推广任务》（《新教育》，1922年第5卷第1、2合期）、过探先的《讨论农业教育意见书》（《中华农学会报》，1922年第3卷第8期）、邹秉文的《吾国新学制与此后的农业教育》（《中国农业教育问题》，商务印书馆1923年版）等，都对本国农业教育进行了反思。

与转化。抗战爆发后，大学农业推广应用研究得到加强。该时期学者们围绕抗战时期大学农业推广的使命、责任、组织制度、人才培养和经费问题开展研究，为抗战时期农业推广指引了方向。战后，大学忙于重建工作，无暇顾及农业推广工作，大学农业推广研究也趋于萎缩。总之，民国时期，大学由于受到政治、经济等因素的影响，曲折动荡的社会现状使得大学农业推广研究时热时冷，或多或少，虽不乏力作，但“大学农业推广”这个主题不够鲜明和突出，忽隐忽现于众多一般性的农业推广研究之中。

新中国成立后一直到80年代中期，我国农业推广研究几乎是空白。20世纪80年代中期，随着国家经济体制改革和农村改革不断深入，人们重新认识到农业推广的重要性，一些农业院校相继开设了农业推广学课程。1988年，中国农业大学（原北京农业大学）设立农业推广专业专科，并且和德国霍恩海姆大学合作培养了建国后最早从事农村发展与推广研究的2名博士研究生。1993年该校将农业推广专业由专科升格为本科，并在经济管理学院成立了农村发展与推广系。1986年，受国家教委和农业部的委托，北京农业大学举办了由42所农业院校教师参加的“全国农业推广学理论教学研讨班”，新时期农业推广的理论研究工作正式启动。1989年，北京农业大学的许无惧教授编著的《农业推广学》成为新中国成立以来大学农业推广专业的第一本教材。90年代之后，中国农技推广协会成立了农业推广理论学术委员会，每年召开理论研讨会，并出版了一些论文集，大大丰富了我国农业推广理论与实践的研究内容。各农业大学也陆续开设农业推广课程，恢复农业推广专业，研究成果逐渐增多。建国后农业推广研究经历了从了解、引进国外农业推广理论与经验，到全面、系统、客观地比较与评价国内外农业推广实践模式，再到建立本土化具有实践指导价值的理论体系的发展轨迹。中欧农业技术中心欧方主任约恩·德尔曼（Jorgen Delman）的博士论文《中国农业推广——农业革新及变革的行政干预之研究》，用大量数据、事实精辟地分析和论述了中国农业推广的历史、现状，重点研究了行政干预农业推广问题，对中国农业推广的未来发展提出了许多诚恳的建议。这是外国学者研究中国农业推广的佳作。

三、国内学者的主要研究领域

改革开放以来，民国时期农业推广和农业院校的农业推广逐渐进入学者研究视野，研究风气渐浓。新中国成立前就在农业推广研究方面颇有造诣的王希贤教授，在1982年《中国农史》第2期上撰文《从清末到民国的农业推广》，较为全面地介绍了清末到民国时期农业推广的发展演进、特点和存在的不足，揭开了改革开放后民国农业推广研究的序幕。郭开源是最早关注民国时期农业院校农业推广的学者，1987年在其专著《农业推广工作管理》中，通过例证指出民国时期农业院校是我国现代农业推广的重要策源地和开路先锋，凡是办校时间较长、经费较为充裕、成绩较为显著的农业大学和中等农业学校，无不与开展农业推广工作有关。[①] 该著作抛砖引玉，开启了民国时期大学农业推广研究的大门。20多年来，国内学者们从以下不同的视角探究了民国时期大学农业推广。

（一）中国近代大学农业推广历史的梳理

学者们一开始对民国时期农业推广发展历史进行了宏观的研究，除了见诸于农业推广方面的著作和期刊外，还散见于农业发展史、农业科技史、农业经济史、农学史等史料之中。在这些研究中或多或少涉及农业院校的农业推广情况。

1. 科技史和农业史的相关研究

新中国成立前，有些研究成果已见诸于世，如1933年学者唐启宇著《近百年来中国农业之进步》，[②] 对清末以来包括农业推广在内的中国农业取得的成就进行了梳理。1946年学者周开发根据中美农业技术合作团的考察报告，编辑出版《中美农业技术合作团报告书——农业推广》，[③] 对清末以来中国农业推广工作的历史与现状，推广机构、计划、方法、成效、人才训练利弊得失等予以全面客观分析，提出改进举措，研究具有较高的学术价值。新中国成立后，对民国时期农业推广历史研究比较有影响的有：郭文韬在《中国近代农业科技史》（《中国农业科技出版社，1989年版）、曹幸穗在《民国时期的农业》（载于（江苏文史资料第51辑），《江苏文史资料》编辑部，1993年）、白鹤文、杜富全、闵宗殿主编的《中国近代农业科技史稿》（中国农业科技出版社，1995年版）等分别介绍了清末至

① 郭开源编著：《农业推广工作管理》，北京：农业出版社，1987年版，第124～125页。
② 唐启宇著：《近百年来中国农业之进步》，国民党中央党部印刷所，1933年版。
③ 周开发编著：《中美农业技术合作团报告书——农业推广》，上海：商务印书馆，1946年版。

新中国成立前的农业科研、农业教育、农业推广的情况。为研究民国时期大学农业推广提供了许多有价值的史料。此外，有学者专门对农业推广历史进行研究，学者宋希庠 1947 年编写了《中国历代劝农考》（“劝农”即“推广”），首次专门对中国农业推广历史脉络进行了系统梳理。1982 年王希贤教授的《从清末到民国的农业推广》，成为建国后民国农业推广专门研究的开篇之作。其他学者的研究，如潘宪生、王培志的《中国农业科技推广体系的历史演变及特征》（载《中国农史》1995 年第 3 期）对古代、近代和新中国成立后三个大的历史时期农业科技推广体系演变过程进行梳理，章楷的《我国历史上的农业推广述评》（载《南京农业大学学报（社科版）》2002 年第 1 期）等也是专门研究农业推广发展历史的力作。

2. 农业教育史的相关研究

20 世纪 80 年代随着高等农业院校体制的逐步恢复，对中国高等农业教育史的研究成为农学界一项重要研究课题，大学农业推广历史研究成为其中重要的内容，主要成果有：南京农业大学的庄孟林在《中国农史》1988 年第 2 期撰文《中国高等农业教育历史沿革》，首次对近代以来近 80 年高等农业教育历史作简要回顾，认为民国时期中国各个农业大学基本上也都是以教学、研究、推广三方面作为组织事业的内容。华南农业大学农业教育研究室的李心光、何贻赞、谢贤章在《古今农业》1991 年第 2 期撰文《广东近代高等农业教育概况》，以广东地区几个高等农业院校的建设为主线，略述民国时期广东农业高等教育的教学科研和推广的发展概况。1994 年，周邦任和费旭主编、中国农业出版社出版的《中国近代高等农业教育史》，是一部专论近代中国高等农业教育发展史的著作，资料翔实，对民国各个时期的高等农业院校农业推广单列章节论述。其他学者的研究，如杨士谋的《中国农业教育发展史略》（北京农业大学出版社 1994 年出版）、包平的博士论文《二十世纪中国农业教育变迁研究》等，对民国时期高等农业院校农业推广历史也有所涉猎。此外，有着悠久历史的农业大学编辑出版校史中记载了一些宝贵的史料，如：《南京农业大学史（1902—2004）》、《南京农业大学史志（1914—1988）》、《华中农业大学校史（1898—1998）》、《山东农业大学校史（1906—1990）》（征求稿）、《四川农业大学史稿（1906—1990）》、《河南农业大学校史九十华诞》、《西北农业大学校史（1934—1984）》，等等。

3. 大学农学院发展历史的个案研究

学者蒋杰根据对金陵大学乌江农业推广实验区几年的实地调查，写成专著《乌江乡村建设研究》,[①] 探究乌江农业推广实验区发展历史、农业推广的主要成就、经验和存在的不足，对全国大学开展农业推广的启示。这是建国前大学农业推广个案研究、专题研究的杰作，并且开创了农业推广领域调查法、访谈法等实证研究方法的新天地。建国后，陆续形成研究若干著名大学农学院的成果，张剑[②]、蒲艳艳[③]、鲁彦[④]等都以金陵大学农学院为个案研究，论述了金陵大学农学院在农业推广方面取得的杰出成就。张永汀硕士论文的第二部分重点论述了国立四川大学农学院战时的科研合作和农业知识推广的内容、途径和影响。[⑤] 凡此种种，不一而足。

综上所述，就目前所查阅的资料来看，至今尚未发现一位学者对民国时期大学农业推广的历史发展脉络作专门的梳理。

(二) 民国时期农业推广政策的研究

政府颁行的政策对农业推广具有明显的导向和制约作用。2000 年，贾中福在《聊城师范学院学报（哲学社会科学版）》2000 年第 3 期上撰文《试论南京国民政府前期的农业推广政策》，考察了 1927 年～1936 年南京国民政府的农业推广政策，肯定其积极作用，分析了其成效甚微的原因，成为农业推广政策研究的开篇之作。郭从杰的硕士论文《南京国民政府农业推广政策研究（1927—1937）》（南京农业大学，2005 年），较为全面地叙述了抗战前十年南京国民政府的农业推广政策的颁布、制约因素，客观分析了南京国民政府统治前期为实施农业推广做出的努力。张俊华的硕士论文《民国北京政府时期的农业改良（1912—1928）》（华中师范大学，2007 年），通过对社会和下层民众农业改良参与情况的分析，说明民国北京政府时期政府一系列农业政策在推动农业改良方面起到了积极的作用，自上而下掀起了农业改良的小小热潮，推动了近代农业生产技术的革新；

---

① 蒋杰编著，孙文郁、乔启明校订：《乌江乡村建设研究》，南京朝报印刷所，1936 年版。

② 张剑：《金陵大学农学院与中国农业近代化》，《史林》，1998 年第 3 期。

③ 蒲艳艳：《金陵大学农学院和中国农业教育的近代化》，陕西师范大学硕士论文，2007 年。

④ 鲁彦：《金陵大学农学院对中国近代农业的影响》，南京农业大学硕士论文，2005 年。

⑤ 张永汀：《“打通一条血路”：国立四川大学农学院的建设与发展（1935—1945）》，四川大学硕士论文，2007 年。

认为民国北京政府时期并非一片黑暗，农业经济发展并不是直线下降，在一定时期、一定地区确实存在着农业生产力水平和农民生活水平提高的趋势。因此，上述成果对研究民国时期大学农业推广提供了背景知识。

(三) 民国时期大学与近代农业科技

改革开放以来，随着国家经济体制改革的全面展开，为促进科技创新和成果的转化，国家出台了火炬计划、星火计划、863 计划等科技项目。1995 年，我国科教兴国战略正式实施，近代农业科技发展史研究遂成为热点话题。中国农业科学院农业遗产研究室的曹幸穗在《中国科技史料》1987 年第 3 期上撰文《中国近代农业科技的引进》，论述清末民初我国近代农业科技引进的内容和途径，认为回国的学农留学生和早期成立的农科大学在其中发挥了重要的作用。1987 年，郭开源在《农业推广工作管理》中也认为农科大学是近代农业科技的技术源之一，是科技推广的先锋。张剑在《上海社会科学院学术季刊》1998 年第 2 期上撰文《三十年代中国农业科技的改良与推广》，以两个比较著名而且具有代表性的大学农业推广实验区为例，具体说明近代农业科技成果推广的具体运作、成就和影响。刘家峰在《近代史研究》2000 年第 2 期上撰文《基督教与近代农业科技进步传播——以金陵大学农林科为中心的研究》，以 1914 年 ~1928 年间的金陵大学农林科为中心，对基督教的农业教育和科技推广活动作了历史考察，认为农业科技成为传播基督教的媒介，基督教充当了传播农业科技的主体，对近代中国农业的进步作出了一定的贡献。该研究开辟了近代基督教大学研究的新领域。

建立国家创新体系是国家新时期发展战略。近代农业科技体系成为新的话题。2004 年南京农业大学郑林在其博士论文《中国近代农业技术创新三元结构分析》中指出，教学、科研、推广三结合是中国近代比较成功的农业技术创新体制。由于中国近代政治动荡，政治经济制度不健全，这种创新体制只能在部分大学建立，而没有在全国范围内建立起来。中华农学会、农科大学和中央农业实验所是近代农业技术创新的三个主要的技术供给源，而在中央农业实验所成立之前，农科大学则是主要的技术供给源。综上所述，近代大学农业科技推广促进了近代农业科技进步，这是学者们的共识。

(四) 民国时期大学农业推广与乡村建设

关于农业推广和乡村建设的关系，民国时期，就有学者做过研究，认为乡村建设与农业推广是互通的，“各地民众教育团体所办的乡村改进事业，虽未必都用农业推广这个名词，但工作内容都是农业推广。”[①] 储劲也认为农业推广也涵盖了所有乡村改进或建设的要素。[②] 农学家章之汶认为农业推广即为乡村建设，“农业推广旨在使农业、农民、农家及农村社会，有整个之改良，能循此目标努力前进，既为整个之乡村建设。”[③]

当代学者的观点分为两种立场：其一，乡村建设涵盖农业推广，乡村建设推动农业推广的发展。学者章楷认为乡村建设包括乡村中的经济建设、文教卫生建设和政治建设等。推广农业生产中的良种良法和推广农村合作社是乡村经济建设的两大项目，农科大学等各乡村建设单位都实施了农业推广项目，乡村建设积极推动了农业推广事业的发展。[④] 郑大华的《民国乡村建设运动》[⑤] 系统地分析了乡村建设运动兴起的背景，考察了民国时期著名的乡村建设实验区，客观评述了乡村建设运动的性质、内容和成败得失，认为农业科技推广是乡村建设的一项重要内容。李在全[⑥]、黄祐[⑦]等也持类似观点。其二，乡村建设发轫于农业推广，农业推广最后发展成为乡村建设运动。刘家峰在其博士论文《中国基督教乡村建设运动研究》中认为，经过农业传教士的提倡、实践、示范等推广工作，乡村建设才开始进行，教会早期农业推广辐射了大半个中国，直接带动了教会的乡村工作。[⑧] 张剑对金陵大学乌江实验区深有研究，也认为实验区目标由先前单纯的农业科技推广，变成了比较全面的农业改良，[⑨] 因此，他们认为农业推广实验实为乡村建设实验。

---

① 赵冕：《农业推广与民众教育》，《农业推广》，1930 年第 1 期，第 16 页。

② 储劲著：《农业推广》，上海：黎明书局，1935 年版，第 4 页。

③ 章之汶，李醒愚著：《农业推广》，上海：商务印书馆，1936 年版，第 18 页。

④ 章楷：《我国的乡村建设运动和农业推广》，《古今农业》，1992 年第 1 期，第 23 页。

⑤ 郑大华著：《民国乡村建设运动》，北京：社会科学文献出版社，2000 年版。

⑥ 李在全：《教会大学与中国近代乡村社会——以福建协和大学乡村建设运动为中心的考察》，《教育学报》，2005 年第 12 期。

⑦ 黄祐：《民国时期大中专院校对乡村建设运动的参与》，《教育评论》，2008 年第 2 期。

⑧ 刘家峰：《中国基督教乡村建设运动研究（1907—1950）》，华中师范大学博士论文，2001 年。

⑨ 张剑：《农业改良与农村社会变迁》，见章开沅、马敏主编：《基督教与中国文化》，武汉：湖北教育出版社，2000 年版，第 269 页。

（五）民国时期大学乡村社会服务

1998 年，厦门大学高耀明所作博士论文《高等教育通向农村研究》，开启了高教界高等教育为农村服务研究的先河。高等教育通向农村是指高等学校或其他高等教育机构通过推动毕业生通向农村，向农村传播知识或推广适用科技成果，以及为农村提供各类直接的社会服务，从而使高等教育成为农村经济和社会发展的智力支持系统，加速农村现代化建设。高耀明在 2000 年“中国高等教育百年”学术研讨会上的参会论文《民国时期高等教育通向农村考察》中进一步指出，高等教育超越象牙之塔，逐步迈向世俗化、大众化，形成直接为社会服务的职能，其起步主要在农业院校。受美国农业教育制度的启示，民国时期我国高等农业教育工作者创造了种种适应当时中国农村特点的农业推广教育形式，这既是我国高等学校第三职能形成的开端，也是高等教育通向农村的第一步。[①] 作者总结了民国时期高等农科院校的农业推广教育活动的五种形式和民国时期高等教育通向农村的特点。此为新世纪大学农业推广服务研究的开篇之作。

2007 年河北大学时赟的博士论文《中国高等农业教育近代化研究 1897—1937）》第 6 章为专题研究“近代中国高等农业教育为‘三农’服务的探索与实践”。作者认为，农业推广和乡村教育的广泛开展，使高等农业教育的社会服务职能得到确立，中国高等农业教育近代化也是不断寻求高等农业教育如何为改良中国农业服务的过程。所以，中国高等学校服务社会的职能首先确立于高等农业院校。之后，浙江大学的周谷平教授和其博士生孙秀玲等学者围绕着近代大学社会服务、基督教大学社会服务、基督教大学农业推广服务，开展了深入系统地研究，形成了一系列成果，[②] 丰富了该领域的研究。另外，李霞以岭南大学为个案研究，揭示大学农业推广服务是基督教大学应对危机和挑战的结果。[③] 王玮的博士论文以金陵

① 潘懋元主编：《中国高等教育百年》，广州：广东高等教育出版社，2003 年版，第 46 页。

② 主要成果有：周谷平，孙秀玲：《近代中国大学社会服务探析》，《河北师范大学学报（教育科学版）》，2007 年第 6 期；周谷平，孙秀玲：《近代中国基督教大学的农业推广服务》，《高等教育研究》，2009 年第 4 期；孙秀玲：《近代中国教会大学走向农村的历史考察》，《民办教育研究》，2008 年第 5 期；周谷平，孙秀玲：《挑战与应对：近代中国教会大学的社会服务》，《华东师范大学学报（教育科学版）》，2007 年第 4 期；孙秀玲，程金良：《近代中国教会大学走向社会服务的原因分析》，《江南大学学报（教育科学版）》，2008 年第 3 期。

③ 李霞：《二十世纪二三十年代中国基督教大学的本土化》，广州大学硕士论文，2007 年。

大学为例，说明教会大学的农学教育从产生到发展都与服务农村紧密联系，其中大学农业推广服务最能体现在基督教精神影响下形成的社会服务意识和精神。[①]

（六）农业推广教育

民国时期多数学者认为农业推广的本质是一种教育。愚公分析认为，"欲彻底改良农业，是必须将科学的实用的农业知识传授于实地经营的农民，使他们施诸实行。而欲传授于农民，则必有藉于教育了，即农业推广教育。"[②] 很多学者从比较视野对农业推广教育的涵义、性质等进行了探析。学者唐启宇把一般教育称为"来学"教育，农业推广教育称为"往教"教育，因为"一般教育以教室为中心，凡生徒就学者，均需前往受教；农业推广教育以农场及家庭为中心，凡教师或指导者均需前往教授"。[③] 章之汶认为"农业推广教育与一般学校教育相异者，即在形式上无校址、课程、教员、学生与毕业年限等的限制，乃以社会为范围，以全民为对象，以农场及农家为中心，以农民实际需要为教材，以改善农民整个生活为终极目标"。[④] 他又把农业推广教育与当时兴起的其他教育思潮进行比较，指出："农业推广教育，自表面观之，若与风行之，'社会教育'、'民众教育'、'平民教育'、'乡村教育'相类似，则农业推广，乃以农业经济为骨干；以改良农业生产而改进农民之个人生活与社会生活。此最吻合於农业为经济基础的乡村。"[⑤] 农学家杨开道把农业教育分为五个部分：农业研究教育、高等农业教育、中等农业教育、农民职业教育、农业推广教育，并比较了农业推广教育性质、方法、系统及与其他四者的关系等。[⑥]

建国后，农学界许多学者坚持农业推广是一种教育的观点，如王希贤认为农业推广是一种课堂以外的教育，它直接与农民接触，运用宣讲、示范和展览等方式，因地制宜地普及各项农业科学技术，引导农民自觉自愿地用之于农业生产，以求持续地提高农业产量，改善农民生活，促进整个

---

① 王玮：《中国教会大学科学教育研究（1901—1936）》，上海交通大学博士论文，2008 年。
② 愚公：《农业推广概论》，《农业推广》，1930 年第 1 期，第 2 页。
③ 唐启宇：《农业推广》，《农业推广》，1930 年第 1 期，第 10 页。
④ 章之汶，李醒愚著：《农业推广》，上海：商务印书馆，1936 年版，第 15 页。
⑤ 章之汶，李醒愚著：《农业推广》，上海：商务印书馆，1936 年版，第 15 页。
⑥ 杨开道著：《万有文库第一集一千种：农业教育》，上海：商务印书馆，1933 年版。

国民经济的发展。[1] 张仲威也认为农业推广的本质是一种教育，搞好农业推广教育也就抓住了推广的核心。农业推广是以整个农村社会为范围，以全体农民为对象，以农村开发和农民的实际需要为教材，以发展生产、繁荣农村经济、改善农民生活、提高农民素质、促进农村社会进步为目标，而进行农村社会知识、技术、技能、信息的传授教育。[2] 杨士谋认为，农业推广是面向整个农村社会所进行的非正规的、业余的职业教育活动，是一种社会通俗教育，主要通过启发、诱导、指导、示范的办法帮助农民发挥他们的智力资源潜力，以更有效地利用资源和开发新资源。[3]

民国时期大学开展的农业推广教育在一定程度上也是一种乡村教育。民国时期乡村教育一直是我国学界关注的热点，新中国成立前就形成了一系列近代中国乡村教育研究成果，主要有：傅葆琛著的《乡村生活与乡村教育》（江苏省立教育学院研究实验部，1930 年版）；余家菊编的《乡村教育通论》（上海：中华书局，1934 年版）；杨效春编的《乡村教育纲要》（上海：中华书局，1934 年版）；郃爽秋编的《乡村教育之理论与实际》（上海：徐士鉴教育编译馆，1937 年版）；赵冕、翁祖善编的《乡村教育及民众教育》（上海：中华书局，1937 年版）；陈礼江编著的《乡村教育及民众教育》（上海：正中书局，1938 年版）；王衍康编著的《乡村教育》（上海：正中书局，1938 年版）；庄泽宣编的《乡村建设与乡村教育》（昆明：中华书局，1939 年版）；张宗麟编的《乡村教育及民众教育》（上海：商务印书馆，1940 年版）；刘百川编著的《乡村教育的经验》（上海：商务印书馆，1948 年版），等等。改革开放以来，我国教育界也涌现出较多的近代乡村教育研究成果，其中，比较有影响的成果有：金林祥著的《中国教育思想史》（第三卷）（华东师范大学出版社，1995 年版），苗春德著的《中国近代乡村教育史》（人民教育出版社，2004 年版），熊明安、周洪宇主编的《中国近现代教育实验史》（山东教育出版社，2001 年版），董宝良、陈桂生、熊贤君主编的《中国教育思想通史（1927—1949）》（第七卷）（湖南教育出版社，1994 年版）等，这些成果对理解民国时期大学开展的农业推广教育大有裨益。

---

① 王希贤：《从清末到民国的农业推广》，《中国农史》，1982 年第 2 期，第 28 页。
② 张仲威著：《农业推广学》，北京：中国农业科技出版社，1996 年版，第 105 页。
③ 杨士谋编著：《农业推广教育概论》，北京：北京农业大学出版社，1987 年版，第 9 页。

综上所说，学者们从不同的侧面对民国时期大学农业推广进行了或多或少、或深或浅的探讨，也形成了一定的研究成果，为本书的研究奠定了基础。但总体而言，已有的研究还存在着诸多不足。其一，尚未有学者专门以民国时期或近代大学农业推广为研究对象，大学农业推广只是作为民国农业推广研究之一部分被提到，迄今还没有一部研究民国时期大学农业推广的专著。其二，对民国时期大学农业推广发展历史的研究，着墨不多，缺少对民国时期大学农业推广发展进程的系统梳理和整体把握。其三，没有深入探讨民国时期大学农业推广的历史动因、具体内容，未能客观全面地考察大学农业推广的成效、特点、经验及现实意义，目前研究主要停留于少数大学农学院农业推广的个案研究。其四，缺少对民国时期大学与社会发展互动关系和规律的研究，所以，民国时期大学农业推广的研究现状与它在中国近现代历史上产生的影响和具有的重要地位是极不相称的，这是一块有待开垦的领域。

第四节　研究的主要问题、思路和方法

一、研究的主要问题和思路

民国时期的大学农业推广涉及内容较广，本研究没有面面俱到地去做系统研究，而是以历史发展为取向，从几个侧面、对几个基本问题进行了探讨，探寻民国时期大学农业推广实践的历史动因、发展历程；以大学农业推广区域实验为窗口，探究大学开展农业推广的目的与意义、实施路径与策略、影响与成效、困难与不足等；以几所大学农业推广实践为个案，从大学校长服务社会办学理念的视角，剖析大学校长办学理念对大学农业推广的影响，揭示大学农业推广作为大学办学行为的内在运行机制。最后在历史语境下客观分析民国时期大学农业推广的成效、经验、不足和当代启示。

按本书研究展开顺序，主要包括以下几个问题：

1. 把大学农业推广定格于特定的历史背景下，从经济、政治和教育几个方面揭示民国时期大学开展农业推广的历史动因。

2. 再现民国时期大学农业推广产生和发展的史实，揭示每个历史发展

阶段大学农业推广的主要内容、形式和特点。

3. 深入系统地分析民国时期大学开展的区域实验，探究开展农业推广区域实验的目的和实验区域选择的标准，区域实验的主要内容、途径，区域实验产生的历史影响与不足之处。

4. 从大学校长社会服务办学理念的视角，以几位著名大学校长的社会服务办学理念及其相应大学农业推广为个案，探究大学校长办学理念与大学农业推广之间的关联性，以及大学农业推广的内在运行机制。

5. 客观评析民国时期大学在开展农业推广方面取得的主要成就、特点，存在的不足，揭示民国时期大学农业推广的现代价值。以此窥探中国近代大学社会服务职能的形成，以及大学与社会发展的互动规律。

对上述论题的回答就构成了本书的基本思路和内容框架。全书分七个部分。

第一部分：导论，主要内容包括问题的提出和研究意义、基本概念的界定、国内外研究现状、研究的思路和方法等。

第二部分：民国时期大学农业推广的历史动因。从经济、政治、教育三个方面揭示民国时期大学走出象牙塔、开展农业推广服务活动的深层动因。

第三部分：民国时期大学农业推广的发展进程。全面考察民国时期大学农业推广的演变历程，梳理发轫期（1897—1911）、初创期（1912—1927）、成熟期（1927—1937）、转折期（1937—1949）等四个阶段大学农业推广的概况、政策支持、特点、成效。

第四部分：民国时期大学农业推广的区域实验。通过大学农业推广的区域实验来揭示民国时期大学农业推广实践的全貌。首先，论述了大学农事试验场的形成和发展、主要成就；其次，论述了以乡镇为中心和以县为单位的大学农业推广实验的缘起、主要内容、成效与不足。

第五部分：民国时期大学校长社会服务办学理念与大学农业推广。以邹鲁、陈裕光、竺可桢三位著名大学校长服务社会办学理念及其大学农业推广实践为个案，探究大学校长办学理念与大学农业推广的关联性，揭示民国时期大学农业推广对大学发展和社会发展的历史贡献。

第六部分：民国时期大学农业推广评析。归纳民国时期大学农业推广的成就与特点，在历史语境下客观分析民国时期大学农业推广活动的不足与制约因素，探究大学与社会发展互动关系与效应，揭示民国时期大学农业推广的时代价值和崭新启示。

第七部分：尾言，民国时期大学农业推广给我们留下了什么？

二、主要的研究方法

1. 文献法。主要指搜集、鉴别、整理文献，并通过对文献的研究形成对事实的科学认识的方法。文献的收集与分析成为本研究的基本方法。在文献处理上，遵从掌握第一手资料的原则。本研究所采用的第一手资料既包括大学一览、农学院一览、农学院工作报告等部分民国时期的原始资料，又包括经过当今学者整理刊集的校史资料汇编、校史文集、学者日记、文集、文选等原始资料。部分资料在本书中适当以表格、图像等形式出现。

2. 发展分析法。历史研究是系统地收集资料，对研究对象各方面的事实作详尽调查，以描述、解释和由此理解过去某个时间所发生的行为或事件的研究，全面地分析其发生、发展和变化的过程，从而在了解对象发展历史与现状的基础上，鉴往知今，昭示未来，揭示其本质和规律的方法。伯顿·克拉克提出用发展分析方法来研究历史。本研究循此对民国时期的大学农业推广发展脉络进行梳理，分析其产生的历史根源和发展历程，归纳总结其发展形势与特征，揭示其对大学自身发展和社会发展的影响。

3. 个案研究法。个案研究法就是对单一研究对象的一些典型特征进行深入、全面、具体地考察与分析的方法。个案研究不能仅仅停留在对个案的研究和认识的水平上，而且需要认识个体与整体之间相互影响的关系，尽力从特殊性中抽象出普遍性，使研究的结论具有普遍意义。本研究以近代几所大学校长办学理念及农业推广活动富有成效的大学为个案，揭示大学校长办学理念对大学开展社会服务的影响，为当代大学开展社会服务提供借鉴。

4. 比较研究法。比较研究法主要依据一定的标准，对两个或者两个以上有联系的事情进行考察，寻找其异同，探求不同教育之间普遍规律与特殊规律的方法。按照不同的分类标准可分为纵向和横向比较、求同和求异比较等。本书在写作过程中，归纳不同历史时期的民国时期大学农业推广的阶段特点进行纵向比较，同时对不同大学之间的农业推广实践、大学与民间团体开展的农业推广实验进行横向比较，多维地揭示民国时期大学农业推广的特征，以揭示和凸显大学农业推广在整个民国时期的特点、作用和地位。

第二章　民国时期大学农业推广的历史动因

"中华民国"乃多事之秋。在这短暂而又非凡的38个春秋里，大学的建立和发展始终与国家的命运息息相关。大学的教学、科研在内忧外患中艰难发展的同时，其社会服务从无到有、由弱到强，成为大学办学职能中熠熠生辉的一大亮点。农业推广作为大学服务社会的重要形式，是近代中国半殖民地半封建社会政治、经济、文化、教育等多种因素综合作用的产物，其产生有着深刻的历史根源，民族、国家、社会、民众的诉求和大学自身发展的要求铸就了其生命之魂。

第一节　解决农业危机：经济之动因

民国时期大学开展农业推广有其深层的经济动因。二三十年代，中国农村经济走向崩溃，诸多流派从不同方面探索拯救农业危机的路径，形成变革生产关系和变革生产力两种改革思路，特殊国情决定了只能走变革生产力之路，技术变革成为解决农业危机的主导路径，大学成为技术变革的主导力量。因此，大学以农业科技推广为核心的农业推广得以贯穿整个民国时期。

一、二三十年代中国农村经济的崩溃

近代中国在以工业化和城市化为主题的现代化转型中，乡村日渐衰落。随着中国由封建国家沦落为半殖民地半封建国家，帝国主义和封建主义的双重压迫使得近代农业经济危机重重，呈现病态发展的窘状。第一次世界大战后，各帝国主义国家生产逐渐恢复，洋火、洋面等廉价工业品大

量输入中国，并逐步垄断中国初级农副产品市场，农民不得不廉价出卖初级农产品，中国的蚕丝、茶叶、花生等传统商品出口大幅度下降，中国农村经济日渐式微。20世纪20年代末，资本主义世界爆发了空前严重的经济危机，帝国主义列强将中国作为其转嫁危机的重点对象，采取对内提高关税和对外廉价倾销的政策，致使我国生丝、茶叶、花生、大豆、棉花等传统农产品的出口销路被阻断，市场萎缩，生产一蹶不振。同时，各国争相对华抛售剩余农产品，输入中国的大米、小麦、烟草、棉花等农产品数量急剧增加。据海关统计，1928年中国进口的粮食及农产品原料，大米1266万担、小麦90万担、面粉382万担、棉花192万担，到1932年进口量依次增至2139万担、2277万担、6643万担、465万担。[①] 如此疯狂的倾销，导致我国农产品市场价格持续下跌，出现了谷贱伤农、丰收成灾的惨状，叶圣陶先生的名作《多收了三五斗》便是这一时期国势民生的真实写照。帝国主义的经济侵略，加速了中国农村经济的崩溃。

与此同时，国内农业生产险象环生。1930年前后，中国农业频遭天灾打击。据载，1928年至1929年，冀、豫、陕等8省535县大旱，灾民达五千余万。1931年夏秋之际，华中、华东16省江淮运河泛滥，其中皖、鄂等8省386县沦为重灾区，经济损失高达22.8亿多元，相当于蒋介石政府当年关、盐两项税收的5倍。[②] 1932年，8省230余县水灾，6省130余县旱灾。1933年，华北15省252县水灾。1934年，16省369县旱灾，14省283县水灾。1930年至1935年，全国水旱灾荒损失近100亿元，平均每个农户损失150元上下。[③] 严重的自然灾害使衰退中的乡村经济雪上加霜，加剧了农民的贫困，使他们日益丧失抵御自然灾害的能力。

此外，兵匪战祸也对农业生产造成了严重破坏。民国时期，战争频繁，仅1927年~1930年，10万人以上的战争就达30次之多，如1930年中原大战，号称中国近代史上规模最大的一次军阀混战，历时7个月，双方投入兵力110万人，耗用军费5亿元，死亡壮丁30万人，战火波及数省，给人民的生命财产造成了严重损失，极大地破坏了农业生产。战争不

---

① 章有义编著：《中国近代农业史资料（1927—1937）》第三辑，北京：三联书店，1957年版，第412页。

② 李文海等著：《中国近代十大灾荒》，上海：上海人民出版社，1994年版，第230~231页。

③ 薛暮桥：《中国农村的新趋势》，《中国农村》，1936年第2卷第11期。

仅破坏了乡村农业生产的正常秩序，也无情地劫掠了乡村经济。更有甚者，地方政府涸泽而渔，横征暴敛，不断加重田赋附加税，苛捐杂税多如牛毛，农民入不敷出，频频破产。因此，农产品价格低落，农村金融枯竭，农民购买力下降，生活条件恶化，纷纷背井离乡，大量耕地荒芜，各地粮食生产锐减，农业生产日趋衰败。在帝国主义侵略、封建统治者剥削、官僚资本压榨和天灾人祸袭扰之下，迫使二三十年代的中国农村经济走向崩溃。

二、解决农业危机的路径选择

（一）拯救农业危机的诸多流派

30年代，中国经济深陷危机，呈现病态，其根源在于农村经济的崩溃，“治疗中国经济病态的前提，即是解决农村问题。”[1] 农村经济衰败，影响着社会的稳定，动摇了整个国家的经济基础，诚如美国人杨格所言：“立场不同的观察家们一致认为，中国已经陷入了深刻的农业危机中”，[2] 解决农业危机遂成为有识之士的共识。“中国农业危机之日趋严重化，实已使整个的国民经济濒于总崩溃的前夜，怎样挽救农业之危机以奠定国本呢？这实在是当前最迫切、最重大的问题”。[3] 农村经济问题已然关乎国运民生，解决农业危机成为社会各界关注的焦点。在探讨解决农村危机的策略上，教育家畅谈乡村教育，经济家建言农村经济，政治家主张地方自治，农业家倡导农业改良，一向在都市营业的银行界也开始关注乡村，准备投资兴农。于是，出现了各种旨在拯救农业危机复兴农村的流派，随之而来的救农兴农改革方案纷纷出台，企盼嘉惠“三农”，泽被民众。

纵观民国发展历史，二三十年代，在诸多改革农村经济、解决农业危机的流派中比较有影响的主要有以下几个：

1. 村治派

该派产生于阎锡山的山西村治改革运动，以“中华报派”为源头，以

① 张嘉璈：《中国经济目前之病态及今后之治疗》，《中行月刊》，1932年第3期。
② ［美］阿瑟·恩·杨格编著：《1927—1937年中国财政经济状况》，陈泽宪，陈霞飞译，北京：中国社会科学出版社，1981年版，第336页。
③ 沈云龙主编：《抗战十年前之中国（1927—1936）（1）》（近代中国史料丛刊续编第九辑），台北：文海出版社，1974年版，第208～209页。

《村治月刊》[①] 杂志为研究和宣传乡村自治的主阵地，其代表人物有王鸿一、米迪刚、吕振羽、梁漱溟、杨天竞、杨开道、王惺吾等人。他们出于文化保守主义和政治民主主义，强调弘扬中国传统文化，融合世界各民族文化优点，建立中华民族新文化。认为解决农村危机的关键在于实行民主乡村自治。其村治思想虽带有空想色彩，但在中国近代史上首次对乡村自治问题进行探讨，提出了不少颇有见地的观点，深化了经济文化发展对于乡村自治重要性的认识。他们提出的建立民族文化、实行村本政治、移民垦荒、振兴水利等复兴乡村举措，为乡村建设提供了启迪。其中，以梁漱溟为首的乡村建设派承其衣钵，将"村治派"的村治思想付诸社会实践，产生了深刻的历史影响。

2. 中国农村派

该派又称"农研派"，以中国农村经济研究会为组织，以《中国农村》[②] 杂志为阵地，代表人物为陈瀚笙、薛暮桥、孙冶方、钱俊瑞等一批受过良好训练的社会学家和经济学家，并吸收吴觉农（中华农学会会长）、孙晓村（行政院农村复兴委员会专员）、冯和法（著名的农业经济学家）等社会名流为成员，因此，在国民党统治区获得合法地位。他们站在马克思主义立场，运用现代社会学方法，通过对中国农村进行深入细致地社会调查和研究，致力于廓清中国学界与政界关于中国土地问题的种种假设与论断，并组织了中国农村社会性质的首次论战，不仅批判了以《中国经济》和天津《益世报》的《农村周刊》为主要阵地，以王宜昌、张志澄、王毓铨等为代表的中国经济派将农业资本作为农村中心问题的错误认识，而且，也批判了乡村建设派的改良主义路径。择要而言，该派揭示了中国农村社会的半殖民地半封建性质，认为封建主义和帝国主义双重压迫是农村经济危机产生的根源，农村问题的核心是土地分配问题，解决农村问题主要途径是铲除封建土地制度和帝国主义侵略。这些激进的主张为中国共产党进行土地改革提供了有益的参考和依据。

3. 乡村教育派

该派始自"五四"前后的平民教育运动。20 年代中期以后，平民教育

---

① 1929 年 4 月在北平创刊，1933 年 8 月停刊，共出版 43 期。

② 由中国农村经济研究会于 1934 年 10 月在上海编辑出版，后移至桂林，1943 年停刊，共出版 8 卷。

中心由城市移到乡村，形成乡村教育思想和乡村教育运动。乡村教育派旨在从教育农民入手，以改进乡村，振兴民族，拯救国家。以黄炎培、陶行知、晏阳初、雷沛鸿、俞庆棠等为代表，他们组织了中华平民教育促进会、中华职业教育社、中华教育改进社等民间学术团体，在30年代掀起了乡村教育改革和实验运动高潮。他们认识到乡村教育是农村整体改造的关键，中国教育的重点和难点在农村。他们将义务教育、成人（业余）教育与职业技术教育并举，在实践中提出大教育观。乡村教育是以全体农村人口为教育对象的教育，包括学校教育、面向广大成年农民的成人教育、社会教育、职业教育等，抗战时期演变为轰轰烈烈的民众教育运动。乡村教育派以救国为职志，在启发民智、促进教育普及、推动中国农村文化教育、完善我国教育体系等方面颇有创举，影响极其深远。

4. 乡村建设派

该派主张通过乡村改良方式来解决包括农村经济危机在内的整个农村问题，进而实现“民族复兴”与“民族再造”，梁漱溟、晏阳初、卢作孚等是其杰出代表。他们分别在山东邹平县、河北定县、四川巴县北碚乡建立乡村建设实验区，用不同的理念和实践方式，去探寻振兴中国农村之路，形成了三种著名的乡村建设模式：梁漱溟的文化复兴——乡村学校化模式；晏阳初的平民教育——乡村科学化模式；卢作孚的实业民生——乡村现代化模式。农村破落衰败的现实和知识界对农村重要性自觉体认相结合，促成了乡村建设派的形成，导致了历时弥久、内容广泛、影响深远的乡村建设运动。乡村建设派在建立农村基层社会组织、提高农民教育水平、引进和推广动植物良种、设立农村医疗保健体系、移风易俗等方面进行改革，推动了乡村进步。他们触及中国社会最底层生态的勇气和精神令人钦佩，他们的理论、实践及方法论思想的合理内涵，对于解决当代“三农”问题、建设社会主义新农村颇有裨益。

5. 农村合作派

该派以薛仙舟、寿勉成为代表，倡导通过建立现代农业金融体系来解决农村经济危机。他们认为，农业金融制度是救助农业、实现农业现代化的重要途径，因为农业金融能解决土地问题，改良技术，发展农业生产；也是促进农产运销的重要手段，解除高利贷的治本之道，因为只有建立通盘筹划的农业金融制度，才能充分发挥农村金融的职能，做到迅速筹集大量农业资金，支持农业生产；促使乡村金融与城市金融连成一片；促成各农业金融机关步调一致、合理支配农业资金。因此，农村合作派认为，农业金融制度能解决中国农村派与农业生产技术改革派所重视的土地与技术问题，是改善农业经济的唯一有效方法。这种观念与实践，在民国乡村建设运动中发挥了重要的作用，对构建现代农村金融体系功不可没。

6. 农业生产技术改革派

该派又称“农技派”或“农业派”，认为解决农业危机的最优策略是改善农业经营方式，提高农业生产技术水平，其代表人物为一些就职于大学的国内外农学专家，核心人物有早期留美归国的邹树文、邹秉文、沈宗瀚、钱天鹤、谢家声等农学家，也包括外籍专家卜凯等人。他们认为中国近代农业问题主要是经济问题，人口过多、技术落后是造成中国农业生产效率低、农民生活贫困的重要原因，因此，主张限制人口增长，集约利用土地，应用现代农业科技来提高农业生产效率，发展农村经济。乔启明认为农民问题的中心是农业技术落后，“今日我国最重要的问题，厥为农民问题，而农民问题的中心，莫若旦暮从事於田野，辛劳而无所得。考其原因，固非一端，而实以农业技术劣拙落后为最”。[①]“农技派”从技术创新的角度来谋划农业发展，以提高农业生产力作为振兴农村的根本出路。在实践中，该派复兴农村的计划策略大都倚重农业经济技术方面，如改良品种、改进农业方法、引进农具和化肥等，收效显著，深得农民信赖，是上述流派中最负盛名、最具影响者之一。

综上所述，各流派为解决农业、农村危机，仁智毕现，舒展了新型知识分子群体的救国情怀。对如何突破农业困境，总体可分为两种变革路径，一是从改变生产关系入手，即进行制度变革，包括土地制度、金融制度、乡村政治制度、教育制度等，改变农村落后面貌；二是从变革生产力入手，即进行技术变革，推行先进的农业科学技术，改良农业，提高劳动生产率，发展农村经济。诸改革流派都对当时改进中国农村经济、政治、文化、教育等产生了积极的影响。其中，进行技术变革的“农技派”成为复兴农村的主流派，它在人才、资金、组织以及与政府关系等方面都较其他流派有优势。事实说明，技术改革路径受到政府的认可与重视，成为民

① 乔启明著：《中国农村社会经济学》，上海：商务印书馆，1946年版，第343页。

国时期复兴农村的主导路径，贯穿始终。

（二）突破农业困境的技术变革路径

民国特定历史时期的特殊国情决定了解决农业危机的技术变革路径。封建土地所有制、小农生产、人口过剩、落后的科学技术是制约中国传统农业发展的主要因素，也是农村危机原因所在。究其影响来看，封建土地所有制衍生出来的租佃制度阻碍了生产力的发展。因此，突破农业生产困境理应率先从改变生产关系入手，即废除封建土地所有制，才能解放生产力，为农业技术变革创造条件。然而，这在民国时期是根本不可能的。美国学者杰西·格·卢茨曾对此一针见血地指出，国民党虽有援助农民和平均地权的设想，但“如果农民想受益于新技术的话，就必须进行社会体制的根本改革；关于改革权力结构或社会习惯的建议往往遭到当地既得利益集团的反对。国民党当然不愿意冒社会革命的风险，不愿意丧失那些给农村带来稳定的人们的支持，因而失去了建设农村的热情。”①

应该说，农业问题的解决和农业建设是一个庞大的系统工程，需要政府的政策、财力、物力的支持。民国时期，历届政府一直身处战乱局势之中，难以对农业问题投入更多的精力，制定出切实可行的改进农业政策。由于中国幅员辽阔，大幅度改变农村面貌所需财力将是巨量的，对南京国民政府而言，“在三十年代刚刚开始建立起一个管理体系，并且它的财政很大部分被转移到了国家统一和防卫的任务上去了”，② 所以，自顾不暇的政府很难为改进农业发展农村提供充足稳定的经费来源。国民党执政以后，其控制只及于政治表层，而未深入社会内部，没有触动既有的社会结构，封建势力和官僚资本依然是剥削阶层，一如既往地剥削农民。同时，近代中国工业化发育不良，又不能起到应有的推动农业发展的作用，因此，中国农村经济不具备复苏的政治经济条件。

既然封建土地所有制、小农生产和人口过剩都是南京国民政府无意也根本无法改变的现状，那么，农业科技的改良与推广便成为突破农业困境的唯一途径。依赖技术来改变农业发展困境，走技术兴农之路，成为历史

① ［美］杰西·格·卢茨著：《中国教会大学史（1850—1950）》，曾钜生译，杭州：浙江教育出版社，1987 年版，第 269 页。

② ［美］易劳逸著：《1927 年～1937 年国民党统治下的中国：流产的革命》，陈谦平等译，北京：中国青年出版社，1992 年版，第 274 页。

的必然。进行农业科技改良与推广，提高作物产量，会既受到地方统治势力的欢迎，也不触及既得利益者的利益，而且地主等既得利益者因为拥有大量的土地，推广新的农业技术，将使他们比一般农民获益更多。推广农业科技，尤其是推广作物良种，比较容易增产增收，推广成效较大，也能受到农民的欢迎。因此，“增进民食之生产，改进农民之经济，实以改良作物为捷径。”①

民国时期，留美教育培养的大批农科生回国，使技术改革由可能变成现实。民国成立后，为适应民族资本主义工商业发展的需要，各级各类学校重视自然科学的知识教育，大学中设置自然科学的学科和专业比重增加。由于农业的发展能够为工商业提供原料，农学因此受到重视。学习和引进西方先进的科学技术成为清末民初留学热潮兴起的动因。尤其是庚子赔款促成留美教育，农科成为留美生主要研习学科之一。“五四”前后，一大批学有专长的回国留学生登上了大学讲坛。在庞大的留学生队伍中，农科留学生所学科目以作物育种、土壤肥料、植物保护、畜牧兽医、园艺、林业等为主。他们组织全国性农业学术团体，创办农业科学刊物，组建全国性农业科研机构，积极引进、宣传西方先进农业科学知识与技术，完成近代农业科技体系的本土化建构，成为中国近代农业科技发展的主导力量。作为大学教师，他们很快成为众多新系科的创建者，而且结合本国国情，借鉴西方前沿自然科学知识，利用自己所学之长，编写新教材，逐步实现大学农学教材的本土化，培养了一批高质量的农业科技人才，壮大了农技派的队伍。此时，历届政府疲于应付战乱，对大学办学干涉较少，大学相对宽松自由的学术空间以及教授会制度、教师流动制度等大学制度的实行，使农学家能够充分施展才华。自20年代以后，中国农科大学的职能不再是仅仅培养人才，科学研究和社会服务的职能开始引起重视，教学、科研、推广相结合的美国办学体制被留学生引进中国，逐步得到农科大学的认同和效仿，为农技派进行农业科技的引进、创新和推广提供了制度空间。

从与政府的关系来看，农技派与政府走得更近。中央农业研究和推广机构的主要负责人，大多由大学农学院的教授和农学家来担任，例如，从

① 过探先：《金陵大学农林科之发展及其贡献》，《金陵光》，1927年第16卷第1期。

1933年开始，钱天鹤、谢家声、沈宗瀚等人都曾先后担任过中央农业实验所所长，该所的研究人员绝大多数是留学回国的农业科技人员。中央大学的赵连芳在抗战前和抗战时一直兼任全国稻麦研究所稻作组主任，[①] 所以，农技派对南京国民政府“复兴农村”政策影响最深。这些农学专家，坚信“科学救国”理念，凭着使命感和高度责任感，虽然饱受外敌入侵、军阀混战、政局动荡、经济拮据、机构变迁之苦，却始终坚持不懈地开展农业科技的试验研究，引领全国农业科技发展，推动近代农业科技进步。

第二节　乡村自治：政治之动因

民国时期大学投身于乡村建设，广泛开展农业推广，与南京国民政府实施的以乡村自治为核心内容的县政改革密切相关。大学农业推广在宗旨上与县政改革和建设目标有契合之处，这既是大学开展农业推广得到政府认可的政治基础，也是政府与其合作开展农业推广的政治前提。

一、从村治到县政改革

（一）北洋政府的村治与县政改革

民国伊始，乡村问题逐渐引起执政者的关注。以袁世凯为首的北洋政府接受清末官绅合治的地方自治思想，从1913年开始相继颁布了《划一现行各县地方行政官厅组织令》等一系列县政法规，使县地方行政开始统一。[②] 在袁世凯的默许下，定县知事孙发绪与米氏父子以日本模范町村为原型，于1915年在直隶翟城村以“官商合办”方式创办“模范自治村”，拉开了民国乡村自治的帷幕。与此同时，1917年，阎锡山开始在山西实施村治改革，建立以村为单位的基层行政体制，推动乡村社会变迁，这又是

---

① 沈宗瀚，赵雅书等编著：《中华农业史：论集》，台北：台湾商务印书馆，1979年版，第288页。

② 原来设为县的，仍然称为“县”；其他原设为州、厅的，名称一律改为“县”。

一次乡村治理的积极探索。之后，“中华报派”对村治思想继续发扬光大，[1] 他们设想由村治到国治，通过以村治为核心的社会政治改造，实现国家整治和民族复兴，再次探索了乡村政治的现代化道路，这有利于唤醒更多知识分子治国平天下的责任感。

（二）南京国民政府的县政改革

南京国民政府执政之初，即面临着内忧外患的重重压力。天灾人祸致使民不安生；土地高度集中，苛捐杂税繁重，更使许多农民破产，流离失所；地方分立主义削弱了中央政权，致使作为农业生产命脉的水利工程年久失修，无法抵御频繁的自然灾害；有限的农业生产技术的进步也抵消不了“三分天灾、七分人祸”的破坏。[2] “九·一八”事变爆发后，东北沦陷，中国的出口贸易骤降20%，国民政府的经济负担加重，面临着经济与政治的双重危机。

农业经济与农村统治的薄弱严重地威胁着南京国民政府的统治。就国家治理而言，在现代化的政治进程中，农村扮演着关键性的钟摆角色，其作用是个变数：它不是稳定的根源，就是革命的根源，“对政治体制来说，城市内的反对派令人头痛但不致命，农村的反抗派才是致命的，它是否能幸免于难，其政府是否保持稳定，那就要看它能否抵消革命吸引力，并使农民在政治上站到自己一边。得农村者得天下”。[3] 民为邦本，本固邦宁，本不固则邦不宁。国民党执政以来，其统治基础主要在城市，农村是其统治的薄弱之处，国民党推行依靠地主统治农民和稳定农村政策，延续了传统农村的旧统治秩序，引起了日益强烈的农村社会的震荡。中国共产党却另辟新径，采用革命手段推翻旧统治，建立农村新秩序和新政权，赢得了农民的拥护与支持。中国历来以农业为立国之本，国命所托，实在农村，政象康宁与变乱，决定于农民的安乐和农村的安宁。能否妥善处理好农村和农民问题，成为摆在国民政府面前的严峻挑战。这不仅关系到建国大业的成败，也决定了其能否维持统治，实现政治的稳定。于是，国民党开始

① 中华报派是20世纪20以北京《中华报》为阵地，阐述村治思想的儒家知识分子群体，其核心人物是米迪刚和王鸿一。他们认为近代欧洲强盛源于15世纪复古学派所倡之文艺复兴论，提出中国传统文化复兴论，因此又被称为“中国文艺复兴派”。

② 张剑：《三十年代中国农业科技的改良与推广》，《学术季刊》，1998年第2期，第157页。

③ ［美］塞缪尔·P·亨廷顿著：《变化社会中的政治秩序》，王冠华、刘为等译，北京：三联书店，1989年版，第266~267页。

对农村的地位重新进行评估，要稳固统治地位，首当其冲须加强对农村的控制。有鉴于此，国民政府着手进行县政建设，以期复兴农村经济，加强农村统治。

县政在广义上不仅指一个县的行政制度，也指一个县范围中包括乡镇在内的经济发展、文教卫生、乡村保卫等诸种事业。① 县政改革和建设，贯穿于国民政府统治大陆的整个历史时期。这场规模宏大、范围广泛、以地方自治为核心的县政建设运动，分为两个阶段循序进行。

1. 第一阶段：旧县制时期

以1928年9月颁布的《县组织法》为开端。南京国民政府秉承孙中山先生以县为单位实现民生、民权之目的地方自治主张，以山西村制为蓝本，初步规划县以下乡村自治制度。乡村自治遂成为人们普遍关注的问题，“村治”成为“中国社会上一种科学的名词”，② 名噪一时的“村治派”兴起。受社会诸多因素的制约，乡村自治制度成效不佳受到社会批判，国民政府重新寻找地方自治途径。基于对定县等以县为单位的乡村建设实验的考察，在1932年12月召开的第二次全国内政会议上，提出了以县为地方自治单位、各省建立县政建设研究机构和实验县的主张。1933年7月《县政改革案》的颁布，标志着国民政府县政改革正式启动，随后颁布了《各省设立县政建设实验区办法》，以指导县政建设。据此，河北的定县、山东的邹平与菏泽、江苏的江宁、浙江的兰溪等成为国民政府的五大县政建设实验县。此阶段，知识分子自发的乡村建设运动开始与国民党政府的县政改革合流，在20世纪30年代逐渐达到了一个改造乡村社会的高潮。县政建设旨在改进地方人民生活，实现政教富卫合一，逐步“谋农村之复兴”，至抗战前共有14省20个县划为县政建设实验县，规模甚为可观。

2. 第二阶段：新县制时期

以1939年9月颁布《县各级组织纲要》为开端。抗战初期，国民党政府被迫撤退到西南与西北，丧失了建立统治基础的经济发达的沿海地区

① 李伟中著：《20世纪30年代县政建设实验研究》，北京：人民教育出版社，2009年版，第17页。

② 段掖庭：《建设村治与村治前途的障碍》，《村治月刊》，1929年第1卷第4期。

和都市，使其需要寻求新的合法性支持。由于长期军阀割据和交通不便，造成西南与西北经济、文化、教育的落后，为了巩固统治，国民党不得不重视基层政权的建设。经济中心的丧失、庞大的军费开支和官僚资本家的掠夺，使国民党面临严重的财政经济危机，同时，兵源不足、社会动荡更令国民党不安。为了摆脱困境，弥补诸多建设之不足，国民党政府不得不将注意力转向广大的乡村，加强农业建设和对农民的掠夺。由于共产党在敌后根据地执行了正确的人民战争路线，实行减租减息的土地政策，赢得了广大人民的支持，壮大了革命队伍，也获得了一部分民族资产阶级、海外华侨的政治拥护和经济援助，敌后抗日根据地不断扩大。在这种情况下，把农村纳入自己的有效统治和支配中，对国民政府而言显得尤为迫切。

因此，为了改造基层政治，适应抗战需要，1939 年 9 月，国民政府行政院颁布实行《县各级组织纲要》，时称“新县制”。同年 12 月，行政院公布《县各级组织纲要实施办法》，规定各省无论敌后与前方，三年内各县一律完成以“管教养卫”为目标的新县制改革，由此，以地方自治为主要内容的新县制正式开始实施，截至 1943 年底，全国除东北及西藏等地外，其余 21 省全部实施了新县制。[①] 新县制不仅奠定了国民政府的统治基础，同时，也为民国时期大学农业推广创造了制度条件。

二、农业推广与地方自治的契合

南京国民政府建立不久，鉴于已有的农业推广实践，高教界提出在全国教育界开展农业推广的建议，得到正在寻求解决乡村危机策略的国民政府的支持。1929 年 3 月，国民党第三次全国代表大会通过《中华民国之教育宗旨及设施方案》，正式确定了农业推广的范围，将农业推广列为国家建设事业和教育事业的一部分。是年 6 月，国民政府农矿、内政、教育三部会同颁布《农业推广规程》（1933 年 3 月又予重新修订），成为当时全国各地兴办农业推广事业的法规依据。1929 年 12 月 25 日，国民政府成立中央农业推广委员会，作为全国农业推广工作的最高协调机关。农业推广事业因为其目的与国民政府“唤起民众，发动民力，加强地方自治事业，

① 王桧林主编：《中国现代史》，北京：北京师范大学出版社，2004 年版，第 82 ~ 83 页。

以奠定革命建国的基础”的县政改革基本精神不谋而合，自然得到政府欢迎与提倡。抗战之际，为了配合政府新县政改革，促进战时农业推广的深入进行，中央农产促进委员会根据战前乌江、江宁等地办理农业推广实验区的经验，根据《全国农业推广实施计划及实施办法大纲》第四条之规定，积极倡导并推动各地农业院校与地方行政机关合作建设农业推广实验县，先后在四川、广西、陕西、贵州、甘肃、河南、湖北等省建立农业推广实验县共计27个，践行以县为单位的农业推广实验。实施以县为单位的农业推广，其主要原因在于“县是中国社会结构中的一个自然单位，是全国人民日常生活的着落地。近年各省推行新县制，县又是地方自治的单位，因此，要求农业推广的充分实施，确实达到农村和农民，自然也必须以县为单位，然后一切计划和实施才不至落空。”①

以县为单位的农业推广与地方自治有异曲同工之处。人民生活艰苦，是地方实行自治的最大困难与障碍，故县政改革“管教养卫”四大目标中以“养”为首要。农民生活问题的解决是地方自治中“养”的建设的中心目标。农业建设对于解决地方自治中“养”的问题至关重要。国民政府《农业政策纲领》第一条就提出：“农业建设依据三民主义的原则，以建设现代化农业，提高农民地位，发展农村经济，配合工商需要，增进国民生活为目的”。② 地方自治中“养”的事业范围甚广，最基本、最关键的当推农民衣食住行基本生活需要的满足，这属于农业生产的任务，而促进农业生产的途径主要依赖于农业建设尤其是农业推广，农业建设要配合地方自治的推行，达到改善农民生活的目的。

农民生活的改善，乃至文化水平的提高和参政能力的训练，是完成地方自治的必备条件。农业推广恰是达到此目标的一个有效途径。因此，农业推广对地方自治具有重要的意义，它与地方自治的契合点在于：（1）广义农业推广除了改良农事，利用农民组织将农业科技推广于全体农民，发展农业生产，增加农民经济收益外，还要教育农民，组织农民，以改善其整个生活质量，农业推广的内容与地方自治的目标是一致的；（2）农业推广工作范围在农村，对象是农民，而地方自治注重基层建设，其对象也是

① 施中一：《县农业推广实施诸问题》，《乡建通训》，1941年第3卷第5~6期，第7页。
② 乔启明：《地方自治与农业推广》，《农业推广通讯》，1945年第7卷第6期，第3~4页。

农民，农业推广无形中成为推行地方自治的助力；（3）农业推广事业大多以农会为主要基层推行机构，农会具有地方自治的雏形，是促成地方自治的农村协进机构。[①]

在县政改革背景下，大学凭借科学知识和人才优势开展农业推广，既是重视实验研究成果推广普及之举，也是复兴农村经济、服务地方建设之行。大学开展农业推广和政府实施县政建设实验，因其目的、内容、途径有诸多相通之处，故而得到国民政府的认可、倡导和资金等的支持，为大学深入农村开展农业改良和推广提供了契机与平台。

第三节　体制创建：教育之动因

清末农业新政改革和留日农科生，推动了中国传统农学向实验农学的发展，经过留美农科生的努力，中国实验农学完成了从移植到本土化的体系建构，推动了高等农业教育的发展和大学农事试验的广泛开展。同时，学成归国留美学生大多数就职于大学，不仅引进美国大学服务社会的新的教育理念，还仿效美国，逐步建立了教育、科研和推广三位一体的办学体制，各大学都创设了专门的推广机构，使农业推广成为学校常态的办学行为。大学开展农业推广获得了合法地位，有了制度保障。

一、经验农学向实验农学的转变

经验农学是指基于整体观察、外部描述和经验积累的东方传统农学体系，实验农学是基于个体观察、内部剖析和科学实验的西方农学体系，经验农学和实验农学体系的差异是造成近代东西方农业科技巨大差距的内在原因。[②] 我国的传统经验农学一直沿着精耕细作、地力维持、选育良种、充分利用天时地利、发挥人力干预调节作用的道路前进，形成的农业生产技术和理论丰富多彩，在整个中世纪漫长历史中一直居于世界领先地位。欧洲文艺复兴之后，物理和化学等自然科学崛起，西方农学也随之发展起

① 乔启明：《地方自治与农业推广》，《农业推广通讯》，1945 年第 7 卷第 6 期，第 3 ~ 4 页。
② 时赟：《中国高等农业教育近代化研究（1897—1937）》，河北大学博士论文，2007 年，第 32 页。

来。1605 年，荷兰化学家赫尔蒙特进行了著名的柳枝试验，打开了欧洲实验农学的大门，逐渐把来自大田经验积累的中国农学抛在了身后，开创了人类农业的新纪元。

19 世纪中叶以后，生物学、化学、遗传学、生理学、昆虫学、土壤学、微生物学、气象学等自然科学研究成果及其实验方法逐渐被应用于农业，促进了西方农学研究从经验水平向近代农业科学的蜕变，以实验为基础的各门农业科学先后形成并逐渐传入中国。与西学其他门类相比，西方近代农业科学技术的引进和传播相对滞后，传播的主要媒介有教会与传教士、报刊书籍、留学归国人员等。据统计，1886 年～1918 年，美国通过志愿运动派往国外的传教士共达 8000 多名，其中有 2500 余名派往了中国，占总数的三分之一，司徒雷登、卜凯等就是在这一时期到达中国的代表性人物。[①] 在传教活动中，传教士们把国外作物品种带入中国，如 1889 年美国传教士汤普森和米勒斯把大粒花生引入山东，并向河北等省扩大种植；同时，近代中国早期翻译的农学书刊大部分也是由传教士完成的，由传教士创办的墨海书馆、格致书院等做了大量翻译介绍农学书刊的工作。

美国学者吉尔伯特·罗兹曼认为接受现代知识，是“社会变革过程中的首位实质性的步骤”。[②] 甲午战争的惨败使具有爱国思想和经世务实作风的知识分子认识到西方近代农业优越于中国传统农业，西方各国近百年来日新月异的原因，在于“讲求农学”，中国裹足不前皆因“农学不讲之故也”。戊戌变法时期，维新人士呼吁改革传统农业，提倡引进西方农业科学。上海农学会是国内最早创立的一个近代农业学术团体，翻译引进了大量西方先进的农业知识和技术，并设立农业学校、实验所、举办产品比赛会等，宣传和实践先进农业技术，其办学校、做实验、设农场、搞推广等设想与计划在后来的农业组织中得到实施，因此，维新运动为近代农业教育、实验与推广的兴起奠定了思想基础。

同时，以《农学报》和《农学丛书》为代表的近代中国农学专业期刊陆续创办，是我国全面引进和传播西方农学发展到新阶段的标志，形成了

① 顾长声著：《传教士与近代中国》，上海：上海人民出版社，1981 年版，第 257～258 页。

② ［美］吉尔伯特·罗兹曼主编：《中国的现代化》，陶骅等译，上海：上海人民出版社，1989 年版，第 672 页。

西方农业科技引进活动的第一个高潮，对传播、借鉴欧洲实验农学起到了重要的媒介作用，推动了近代中国农学由农业思想观念启蒙向建立近代农业科学体系的转变。大量农业书刊的翻译出版，促进了农业学校系统地发展农业学科教育。

20世纪初，清末农业新政改革，创办了中央和省农事试验场，做了大量的农作物优良品种培育和农业新技术引进、试验及推广工作，并派遣留学生赴日本学习农业技术，[①] 推动了中国传统农学向近代实验农学的转变。1903年《奏定大学堂章程》(癸卯学制)颁布，规定大学堂分为8科，其中之一的农科设为农学门、农艺化学门、林学门、兽医学门等四门。农学门21门课程中，已有植物学实验、动物学实验、农艺化学实验、农学实验及农场实习等农学实验课程的开设，以实验为基础的各门农业科学先后形成。

同时，庚子赔款促成留学教育转向美国。清政府为了鼓励留学生学习实际有用学科与技能，以便回国后服务于社会，同时防止文法科留学生滋生革命意识，特意限定留美学生必须“以十分之八习农、工、商、矿等科，以十分之二习理财师范诸学”。[②] 在1909年的47名庚款赴美留学生中，学理工农医的达39人，攻文学、教育、经济者仅8人，其中，就有邓植仪、邹秉文、秉志、吴党生、盘珠祁等多人攻读土壤、昆虫各科，他们回国后均积极致力于中国近代农业科学的创建与发展。[③] 民国以后，派遣留学生学习实用科学的传统基本上被保持下来。

1912年~1913年学制，农科大学课程中关于实验农学的课程有所增加。“五四”时期，随着留美农科生的陆续回国，实验法伴随着美国实用主义在中国的传播而逐渐被国人接受，实验农学获得了长足发展。留美生

---

① 1869年6月，日本明治政府实行维新改革，开始学习翻译西方著作；引进西方近代工业技术；改革土地制度，实施新的地税政策；统一货币，并于1882年设立日本银行（国家的中央银行）；撤销工商业界的行会制度和垄断组织，推动工商业的发展。这些改革举措有利于日本革除农业生产关系中的障碍，迅速学习欧美先进的农业科学知识和技术，推动了日本农学和农业发展。在此情况下，日本成为近代中国早期引进欧美先进农学的“文化中转站”，大批学生留学日本学习现代农业科学知识与技术。

② 林子勋著：《中国留学教育史》，台北：华岗出版有限公司，1977年版，第589页。

③ 李喜所，刘集林等著：《近代中国的留美教育》，天津：天津古籍出版社，2000年版，第187页。

在留学期间十分重视实地实验，如竺可桢在伊利诺农学院学农业的时候，每到夏天就冒着酷暑到美国南方的路易斯安那州和德克萨斯州考察水稻和甘蔗的生长情况，获取第一手材料。裘昌运在威斯康星大学攻读农业时，一到暑假就到农村参加生产劳动，实地考察农业生产。[①] 留美学生还十分注重科学方法，养成了理论联系实际、严谨务实的学风和独立研究的能力。

早期学成回国的农科留学生是真正意义上的近代农学事业的开创者。“五四”新文化运动让科学和民主精神传遍全国，大学成为传播新科学新知识的策源地。农科留学生回国后，大多供职于农科大学，践行美国农业注重实地调查和试验推广的理念和方法，用现代先进的科学方法，培育优良品种，在各地创办农事试验场，对培育的作物良种先进行驯化试验，试验成功再予推广；同时引进美国教学、科研、推广相结合的农科大学办学体制，在农业教育、研究、推广领域，奠定了近代农学的学术基础，也为大学开展农业推广提供了制度保障。大学各种农业科技改良与推广活动又反哺实验农学，促进了实验农学体系的丰富和完善。经过以留美农科生为主体的农学家的不懈努力，到20世纪30年代，实验农学伴随中国的近代农业科学技术完成了从启蒙到体制化、从引进到本土化的历程，最终形成了具有本土特色的实验农学体系，使民国时期大学开展适合农村实际和国情的农业科学技术试验和推广成为可能。

二、“三一制”的移植

（一）“三一制”的产生

美国是当今世界农业现代化程度最高的国家之一，这与近代美国高度重视高等农业教育，建立农业教育、农业科学研究和农业推广相结合的“三一制”办学体制密切相关。1862年~1914年，“三一制”在美国联邦政府一系列法规的颁布和实施中逐步形成和趋于完善。19世纪上半叶，美国的产业革命和西部开发，需要大量农业方面的专门人才。为此，1862年7月2日，林肯总统颁布了旨在促进美国工农业技术教育发展的《莫里尔

① 李喜所，刘集林等著：《近代中国的留美教育》，天津：天津古籍出版社，2000年版，第202页。

法》(Morrill Act，1862，又称《赠地学院法》)。该法案规定由联邦赠送各州公有土地，拍卖后作为办学筹集资金，使每州至少建立一所农业和机械学院。莫雷尔法案的实施，是美国高教发展史的一个重要里程碑，使美国高等教育由精英型开始走向民主化和大众化，而其中蕴含的为社会服务的大学理念最终经过赠地学院之一的威斯康星大学得到了弘扬光大。1875年，康涅狄格州的威斯康星大学率先在美国建立了农业试验站，向全州推广先进的农业生产技术，之后，纽约、新泽西等州也相继建立了农业试验站。

由于农业试验站的推广成效卓著，引起了国会重视，1887年，美国国会通过了《哈奇法》(Hatch Act，1887，又叫《农业试验站法》)。该法规定，为了获取和传播农业信息，向农民示范研究成果，促进农业科学研究，由联邦政府和州政府拨款，在每个州建立州农业试验站，由美国农业部、州和州立大学农学院共同领导，以农学院为主。各州试验站还在全州各地建立分站、实验室和农场。试验站以与本州农业生产有关的应用研究为主，农学院的教师有1/3~1/2参加试验站的研究工作。1890年，美国国会又通过了《第二个莫里尔法案》，政府为每所业已建立的赠地学院直接拨款，于是，东部和南部各州新建16所赠地学院。联邦政府开始时每年向各州的试验站拨款1.5万美元，后逐年增加。[①] 同时，各州也专门拨出款项资助试验站。

1904年，威斯康星大学校长范海斯(Charles R. Van Hise)提出，州政府在全州各个领域开展技术推广和函授教育以帮助本州公民，该计划被描绘成“把整个州交给大学”。1906年，威斯康星大学依此观念建立了推广教学中心，实施真正意义上的农业科技合作推广服务，为农民开设短期培训和提供咨询，使得威斯康星大学对于农民来说，就像猪圈和农舍一样近在咫尺。该州农业经济得到了迅速发展，各州立大学竞相效法，以至20世纪初在美国形成了著名的“威斯康星理念(Wisconsin Idea)”，即大学在教学和科研的基础上，努力发挥为社会服务的职能。

威斯康星大学的思想与实践在全国引起了极大反响，1914年，美国国

---

① 杨士谋：《美国的农业教育、科研、推广三结合体制》，《世界农业》，1982年第4期，第41页。

会通过了以促进农业生产技术推广、及时把农业科研成果转化为生产力为主要内容的《史密斯—利弗法》（Smith-Lever Act，1914），该法案规定，为帮助在美国农民中传播有用而实际的农业和家政知识，由联邦政府资助自上而下建立全国农业推广体系。为此，联邦政府成立了全国性的推广服务网，联邦农业部设立专门的“推广工作办公室”，在各州赠地院校农学院领导下设立州农业推广站，由州、县政府资助县建立农业技术指导员制度，由县政府直接聘请赠地学院和农业部任命的有关人员组成代办处推广站，作为最基层的农业推广组织。推广工作由农业部和农学院合作领导，由农学院具体负责。该法案以法律形式确定了美国各州统一的教育、科研、推广三位一体的合作推广体制，美国大学的服务社会职能在农业院校首先得到体现和实现。

随着农业推广活动的深入，美国的赠地学院（后升格为大学）建立了微观层面的“三一制”，各赠地学院的农业教育体系由教学、研究和推广三部分组成，形成一个稳定的三角形结构，每一部分既独立又相互支持。这一体系的组织机构是院长之下分设研究、教学和推广三部，各部设主任一人，分别处理全院的教学、科研和推广等行政工作。教学、科研、推广相结合的办学体系对大学教师和学生成长都非常有利。大多数赠地大学的教授通常都身兼三个职能中的两个，在某些情况下，可能一人身兼三职，即同时负责教学、研究和推广。这样，教师能有机会走出象牙塔，成为一个好的研究者，将农业方面最新变化带入课堂，将自己最新研究成果应用于教学，将最新学科知识传授给学生；同时也可以将学生带入社会，接触现实生活，亲身实践，将理论与实践紧密结合起来，学生也能够将教师的研究成果及时推广到乡村，以改进农业生产，带动乡村进步。这个体系既解决了大学教学、科研、应用相互脱节的矛盾，使教学、科研和技术推广成为一个完整有效的体系，又使大学为地方社会和经济发展提供了切实有效的服务。这种办学体系自20世纪建立以来，在美国沿袭至今，对世界其他国家产生了广泛而又深远的影响。

（二）“三一制”的移入

“五四”新文化运动使民主与科学精神深入人心，美国实用主义教育思想和教育革新理念传入中国，为正在寻求出路的中国教育界展现出新的曙光。20世纪20年代左右，以美国大学模式为范本的大学体制改革为

"三一制"移入中国创设了制度环境。美国"三一制"办学模式和社会服务理念随着美国高等教育制度移植到国内大学，日益为国内高等农业院校所接受。其间，留美农学生大批回国，主要职业流向为高等教育界，并逐渐取得优势地位，作为中西文化的载体和美国文化投资的结果，他们逐渐取代农科大学在华日籍教员，在将欧美新的教育理论、制度、价值观移植到中国过程中扮演了重要角色，在中国整体社会氛围对美国大学模式接纳中起到了促进作用，[①] 为中国高等农学取向于美国提供了契机和可能。

农学家邹秉文[②]

农学家过探先[③]

留美农科生是美国教学、科研、推广相结合的办学体制的积极传播者和践行者。其中，邹秉文首倡"为社会服务"的理念，认为农业教育唯一的使命是为农民服务。他借鉴康乃尔大学的办学经验，提出中国农科大学应设立研究部、教授部、推广部，论述了三者各自的职能及相互联系。过探先提出"农业推广教育是农科大学的责任"、"农业教育的宗旨，在扶助农民，改良农业，发展农村"。[④] 章之汶指出"在推广工作所遭遇之困难与问题，即以为进行研究之材料，复以研究所得而施于教学，则研究与教学，亦可不致落于空虚。是故研究、教学与推广，实为三位一体，互有连

---

① 周谷平，朱绍英：《美国大学模式在近代中国的导入》，《河北师范大学学报（教育科学版）》，2004 年第 4 期，第 24 页。

② 1918 年任南高师农科教授兼主任时摄，25 岁，此照片复制于《农业周报》1931 年第 1 卷第 9 期。

③ 周邦道著：《近代教育先进传略初集》，台北中国文化大学出版部，1981 年版，第 31 页。

④ 过探先：《农科大学的推广任务》，《新教育》，1922 年第 5 卷第 1、2 合期。

环性而缺一不可”。[①] 邓植仪认为改良农业之道，大要有三：一曰研究，二曰教育，三曰推广。在办学实践中，这些留美农科教授因为留学美国之缘故，多聘请美籍农学专家来华讲学，如世界著名遗传育种专家洛夫、昆虫学家吴伟士、植物病理学家博德、农业经济专家卜凯、棉作专家郭仁风、蔬菜育种专家马雅思、高粱与玉米育种专家魏更斯、农艺学专家祁家治，等等。这些农学专家在各农业院校或农事试验场讲授和指导作物栽培、育种、病虫害防治等先进农业技术及其推广，推动了我国大学农业推广的发展。

岭南大学里的木瓜园　高鲁普主编的农学杂志[②]

这一时期，教会大学也是美国大学模式和社会服务理念导入的重要媒介。中国早期的教会大学由一些来华的传教士创办。19 世纪西方传教士来华的唯一目的是传播教义，以基督征服中国。19 世纪下半叶，社会福音神学在美国兴起，基督教宣教目标和重点从拯救个人灵魂转向拯救罪性的社会，这种宽泛的拯救观使传教士把基督教的原则应用到社会生活，通过社会服务和社会改造来实践福音的目的，从而大大拓展了传教事业的范围，教会教育、医疗和农业得到重视和发展。美国教会界从 20 世纪初期开始转向农业传教。农业传教是指在基督教会资助的范围内进行的内容广泛的农业和乡村服务活动。19 世纪末 20 世纪初正是美国大量向海外派遣传教士的时代。最早来华的美国农业传教士创办了两所著名的农科——金陵大学农林科和岭南大学农科（1930 年后都改称农学院）。他们把美国农业高等

① 章之汶：《金陵大学农学院之成就》，见《章之汶纪念文集》，南京：南京农业大学金陵研究院，1998 年，第 43 页。

② http：//culture. ifeng. com/3/detail_ 2011_ 01/22/4405013_ 4. shtml.

院校教学、科研、推广体制引入中国，为中国农业高等教育发展、人才培育、科技推广及综合性的乡村建设等作出了杰出的贡献。毕业于宾夕法尼亚州立大学园艺专业的高鲁甫是第一位来华农业传教士。他于 1907 年来华，1908 年 1 月任教于岭南学堂，进行了诸多农事试验。如创建苗圃和农场，实验美国的化肥和农机；建奶牛场供学生实习使用；建立了一个柑橘引种站；从夏威夷引进了木瓜，改良当地品种，在广东大受欢迎，等等。

从 20 世纪 20 年代起，教会大学在中国经历了“非基督教运动”和“收回教育权运动”的巨大冲击，不得不走上中国化和世俗化的道路，重新给自己定位，确定为中国社会服务的目标，教会大学的决策者们一致同意发展的领域就是必须进行农业和农村的研究和实验，使它成为其他大学的典范和实验中心。[①] 直接为农民和乡村的社会服务，传播体现耶稣基督牺牲和服务的精神，推广实验区成为教会大学教学研究和实习的基地，因此，农业推广服务是在华基督教面对生存危机作出的世俗化、中国化的主动调适。

金陵大学校门[②]

① 刘家峰著：《中国基督教乡村建设运动研究（1907—1950）》，天津：天津人民出版社，2008 年版，第 111 页。

② 卢海鸣，杨新华主编：《南京民国建筑》，南京：南京大学出版社，2002 年版，第 165 页。

尽管美国教会大学带有明显的政治意图和宗教目的，但它引进并展示了美国大学教育体制和办学模式。传教士创办教会大学大多重视农科。1914 年，美国基督教会创办的金陵大学增设农科，其后岭南大学农科、燕京大学农科等陆续成立。这些教会大学农科都参照美国建立“三一制”。教会大学这种办学体制和农业推广活动，为国内其他大学农学发展提供了样板和示范。其中，金陵大学和东南大学率先建立教学、科研、推广相结合的办学体制之后，国内其他大学及农学院积极仿效。即便抗战结束后，学界还在探讨美国的农业推广制度。经过邹秉文、钱天鹤、沈宗瀚等留美学生多方努力，最终促成了中美农业技术合作团、农林部与美国万国农具公司合作、中国农村复兴联合委员会等中美两国政府农业合作项目，极大地促进了中美农业科技交流与合作研究，加快了中国近代农业科技的发展。可以说，整个民国时期，美国的农业推广制度一直是国内学术界和教育界关注和学习的对象。随着中美农业科技交流的深入发展，美国“三一制”和大学为社会服务的思想精髓越来越被国内大学所接受，国内许多大学结合国情和学校实际，探索出本土化的教学、科研、推广相结合的体制，创造出多种社会服务的形式和途径，为我国现代高等农业教育乃至高等教育社会服务职能的形成与发展打下了良好的基础。

第三章 民国时期大学农业推广的发展进程

近代中国农业推广发轫于清末。民国时期大学在完成了从移植到本土化的体制巨变的同时，承担起救亡图存的历史使命，特殊的国情使大学选择农业推广来复兴农村，拯救民族危机。由于时代和条件等不同，民国时期大学农业推广的范围、内容、特点、成效也各不相同，总体发展经历了发轫期、初创期、成熟期和转折期等四个显著的阶段。

第一节 大学农业推广的发轫期（1897—1911）

清末农业新政改革，掀起了兴办全国农务学堂、引进西方农业科技、建立农事试验场的高潮，而全国自上而下的垂直式新型农业行政系统的建立，使政府成为农业推广的主导力量，开启了我国近代由政府部门以行政力量主导农业推广工作的新的历史篇章。在此背景下，刚刚建立的为数不多的高等农业学堂、中等农业学堂开展了初步的农业推广活动。

一、清末农学教育的勃兴

鸦片战争之后，中国传统农业在西方商品经济的冲击下日趋衰落。清末人口剧增，自然灾害频发，波及地区广袤，致使民生日蹙，以田赋收入为财政主源的清政府陷入国库匮绌的窘境。甲午战争的失败促使近代有识之士反思洋务派“工商立国”理念，西学东渐促使他们逾越传统“重本抑末”的定势，形成以农业为“立国之本、富强之道”的新农本思想，大力提倡修农政。戊戌变法使“以农为本”成为更多人的共识。维新变法的精英们奔走疾呼，兴农会，办学堂，学习西方先进的农业科技，发展实业教育，以振兴中华农业。在维新思想推动下，1898 年 7 月 5 日，光绪皇帝谕令“各省府州县皆立农务学堂”，全国逐渐兴起创办农务学堂潮流。

1903 年，清政府颁布《奏定学堂章程》，把学堂分为普通学堂和实业学堂两大系统。普通学堂分为小学堂、中学堂、高等学堂、大学堂四级。大学堂内分设七科，农科是其中之一。农工商实业学堂则分为初等、中等、高等三级。农业学堂列“农工商”三种实业学堂之首，农业教育被正式列入我国近代学制系统，政府广设农业学堂的目的在于“广树艺，兴畜牧，究新法，济利源”。① 至辛亥革命前，我国的农业教育已初具规模，大抵形成了高级、中级、初级的三级农业教育体系。1897 年浙江蚕学馆、1898 年湖北武昌农务学堂的创办成为中国近代农业教育的起点。1902 年直隶高等农务学堂的创办，成为我国大学专科农业教育的开端。1910 年京师大学堂农科大学的创办，开我国农科大学之先河。1909 年，根据学部《第三次教育统计表》统计，全国有高等农业学堂 5 所，中等农业学堂 31 所，初等农业学堂 75 所，共计 111 所。② 高等农业学堂开展了初步的农业推广活动，开办农业讲习所或艺徒班，招收农家子弟，“以期农事知识渐次灌输与乡民”。③ 直隶高等农业学堂向农民传授栽桑简法，曾将所译的《栽桑捷法》、《育蚕捷法》大量向农民销售，并向各地发送优良桑秧，取得了一定的成效。

二、清末农事试验的推行

清末政府在兴办农业教育的同时，也重视农业推广试验，其中农事试验场成为农业科学技术引进推广与试验的主要机构。1898 年，我国近代第一所农事试验机构育蚕试验场在上海成立。1902 年，最早的省级农业试验机构直隶农事试验场成立。此后，清政府号召各省仿行，各省渐有农事试验机构成立。1906 年，农工商部成立附设中央农事试验场，这是第一个具有近代雏形的全国性农业实验场所。1911 年，全国 22 行省共建各类农业

---

① 罗振玉，徐树兰等：《务农会公启》，《时务报》，1897 年 12 月 5 日。

② 唐启宇著：《近百年来中国农业之进步》，南京：国民党中央党部印刷所，1933 年版，第 16 页。

③ 潘懋元，刘海峰主编：《中国近代教育史资料汇编 · 高等教育》，上海：上海教育出版社，1993 年版，第 563 页。

试验场98处。[①] 这些试验机构进行优良畜种、蚕种的试养与繁育、植树造林试验与林业技术推广、农业机械改良、分析化肥等活动，对农业改良起到了示范引导作用。有些地区农事试验场内附设农业学堂，试验场技师兼任农业学堂专业课程的教师。与此同时，许多农业学堂仿照日本附设农事试验机构，开展农业试验与推广。清末农业学堂或农事试验场还附设农业教员讲习所，造就农业学堂教员，因此，清末农业学堂和农事试验场都是集农业科技改良、推广和教育为一体的综合性机构。这样，清末的农业教育、试验、推广相结合的体系逐步形成，标志着中国近代农业科学从经验农学转向实验农学，推动了中国传统农业向现代化农业的转变，为民国农事改良奠定了基础。

三、新型农业行政系统的建立

为推动全国农业改良，晚清政府初步建立了自上而下的垂直式新型农业行政系统。1906年，清政府设立农工商部，下设四个司，农务司居首，主管全国农业行政。各省设立劝业道，附设劝业公所，各县设劝业员，负责农业推广。同时，1907年，直隶保定首先创立农会，开近代中国农会成立之端。清政府颁发农会简章23条，饬令各省仿行，省设总会，府厅州县酌情设分会。一时间农会风行全国。农会作为非行政性组织，多从事调查土宜物产、研究改良方法、条陈农务事宜以及发行刊物、巡回演讲、交换种子、展览农产等农业推广工作，在政府与农民间架起了桥梁，促进了相互沟通。我国近代由政府部门以行政力量主导农业推广工作自此开始，开展农业推广成为政府的职责之一。

清末农业推广从推广优良种子开始。如：鉴于亚洲棉亟须改良，两湖总督张之洞于1892年采购大批美棉，推广于湖北农民种植，开我国以种子实物推广之先声，但因未经驯化，试验失败。比较成功的是1901年张謇在南通试种美国陆地棉。清末政府在兴办农事实验与推广方面做了许多开拓性的工作，取得了一定的业绩。但由于清末农业推广的内容和范围非常有限，更多地表现为提出种种旨在促进农产的条款章程，仍然没有脱离封建社会的“劝农”方式，缺少专业的农业推广机构和精通农业技术业务的推

---

① 《各省已办农林工艺实业清单》，《大公报》，1911年4月12～18日。

广人才，其实际效果有限，因此，历史期盼着大学肩负起农业推广和民族复兴的重任。

第二节　大学农业推广的初创期（1912—1927）

1912 年~1927 年，中国历史进入了一段曲折动荡时期。政治上，中华民国临时政府昙花一现，北洋军阀轮流执政；经济上，民族资本主义起伏变化；文化上，追求民主科学的“五四”新文化运动轰轰烈烈，以实用主义为代表的欧美新思潮广泛传播。所有这些都对中国农业政策、农业科技改良和推广产生了巨大的影响，也对近代高等农业院校以及各项制度的建立产生了深远的影响。

一、北洋政府对农事改良与推广的倡导

第一次世界大战爆发后，中国民族资本主义进入了“黄金时期”。在科学救国和振兴实业的呼声中，北洋政府颁布多种奖励实业条例，使民族工商业迅速崛起，商品出口剧增，农业原料需求增加，加速了经济作物与粮食作物商品化的进程，促进了农业科技的改良与推广。为倡导农事改良，北洋政府改组农政机构。1913 年 12 月成立农商部，下设农林、渔牧司管理农业事宜。各省设实业司，县设实业科。1917 年省设实业厅，县设劝业所或实业公所，办理地方农务。1925 年颁布《县实业局规程》，规定各县设实业局办理地方实业行政。农会的职能得到强化，直接受农商部农林司监管，分为全国、省、府县、市乡农会四级，成为集调查、宣传、改良、教育为一体的综合农业机构。民国北京政府从中央到地方较为完备的农业机构建制，使农政事业做到了“事有专司，业有专管”。[①] 这为农业改良提供了制度保障。

同时，北洋政府积极推行农业推广。民国初期，农商部长张謇提倡“棉铁政策”，政府改组和新建了一批农事试验场。不少省也相继成立农业

---

① 曹幸穗:《从引进到本土化: 民国时期的农业科技》,《古今农业》, 2004 年第 1 期, 第 46 页。

试验场，至1927年，各地共设试验场约251处。[1] 农业试验场直接推动了地方农业生产改良，并为以后农科大学与各地合作开展农业区域试验和推广提供了条件和保障。为普及农业知识，指导农业技术，农商部于1915年7月设立农林传习所。到1917年8月，传习所"先后推广设立农民学校九所，并每年冬季与中央农事试验场联合开农产品评会一次，期以促进农民之知识、技术，力图农林之改良"。[2] 农林传习所是北洋政府实行农业推广教育的一种重要形式，在农业推广中发挥了重要的作用。

该时期，政府主要驯化推广美棉和改良蚕种。一战爆发使得棉花需求旺盛，因中棉品质退化产量低，棉花进口量大增。1914年，农商部试验引种陆地棉，[3] 但成效不佳。该时期一些国内外公司、商会、团体和个人，为获取原料，资助和联合农科大学共同开展农产改良与推广，使处于初创时期的农科大学能够较早结合国情，开展农业改良与推广。如上海华商纱厂联合会资助金陵大学和东南大学从事棉业改良和推广，卓有成效；中国合众蚕桑改良会资助金陵大学开展蚕桑改良；华南几家外商和华商成立大规模人造肥料公司，与广州岭南大学农学院合作，研制、推广化肥，作出了一定成绩。

岭南大学农学院[4]

① 章有义编：《中国近代农业史资料（1912—1927）》第二辑，北京：三联书店，1957年版，第182页。

② 中国第二历史档案馆编：《中华民国史档案资料汇编》第三辑（农商），南京：江苏古籍出版社，1991年版，第545页。

③ 陆地棉又叫美棉，是美国高原棉种，产量高，纤维细长，适于纺织细纱和细布。

④ 刘家峰著：《中国基督教乡村建设运动研究（1907—1950）》，天津：天津人民出版社，2008年版，第116页。

二、大学农业推广思想的萌芽

农业是一门实践性很强的科学，实地调查和试验至为重要。清末民初，高等农业教育创办初期，由于教师知识肤浅，注重课堂教学和书本知识，很少联系中国农业问题和生产实际开展科学研究，如中国最早农科大学教学摘用日本讲义，使用日本动植物标本以代中国实物。农场实习不过是播种、除草、施肥、收获等普通简单工作。“教授与学生对中国农业认识甚少，遑论研究改良”。[①] 20世纪20年代，陆续回国的留美农科生大多供职于农业高等院校，开始在对农业教育弊端的批判中反思农业院校的使命，“推广”被提上议事日程。

时任金陵大学农科主任的过探先一针见血地指出传统农业教育的弊端：“教者缺乏实地之经验，故不得不空袭东西之旧说，国内又绝少农事之研求，足供教材之选择，故不得不翻译国外之课本；学者亦毫无真实之目的，只求进身之阶梯，故实习则敷衍塞责，谋业则困难倍多，学非所用，用非所学，有来由矣。”[②] 所以，他强调农业教育不要局限于学校，“尤其应该在乡村去做，在农夫家里去做，去田间去做”。[③] 东南大学农科主任邹秉文教授认为，农科大学是改进发展全国农业之总机关，应设立教学、研究、推广三个部，承担四项基本职责：一为造就农民领袖及研究专家；二为研究解决农业上的困难问题；三为实行农业推广事业和农村成人农业补习教育；四为提倡襄助改良中国农业及农村生活的组织。[④] 国立中山大学农学院院长邓植仪指出：农业教育与农业建设当谋其沟通，农业教育要以整个农业为对象。高等农业院校所负使命，不仅造就专门人才，尤其需要负推进及解决地方农业问题之责。[⑤] 中山大学农学院教授丁颖认为，高等农业院校必须担负三项职责：一是为振兴农业，复兴农村，安定农民

① 沈宗瀚，赵雅书等编著：《中华农业史：论集》，台湾：商务印书馆，1979年版，第277页。

② 过探先：《讨论农业教育意见书》，《中华农学会报》，1922年第3卷第8期。

③ 过探先：《讨论农业教育意见书》，《中华农学会报》，1922年第3卷第8期。

④ 邹秉文：《吾国新学制与此后的农业教育》，见《中国农业教育问题》，上海：商务印书馆，1923年版，第53页。

⑤ 何贻赞，丁颖编：《丁颖、邓植仪农业教育论文选集》，广州：华南农业大学内部印行，1992版，第131页。

生活；二是为了解决农业技术推广问题；三是为了提高民族文化素质。[1]

农学家丁颖[2]

农学家邓植仪[3]

在农学家们的努力下，1921 年在济南全国农业讨论会上，通过了《实施全国农业教育计划大纲》，其要点有：一为农业教育应以改良农业为目的，以研究农业、造就人才、推广农业为方法；二为每省应从速成立农业大学一所，为全省农业改良总机关；三为各省设立农业高级中学，为一省之农业推广机关；四为提倡乡村农业教育。[4] 此次会议标志着农业推广在农业教育界开始得到广泛认可。

20 年代，农学家出于“科学救国”、“教育救国”、“农业救国”的崇高目的，从不同角度对高等农业教育的任务、责任、使命进行了诠释与探讨，廓清并强化了高等农业院校承担社会服务职能的认识，大学农业推广思想因此开始萌芽。农学家在研究和介绍美国农业院校农业推广的思想与实践中逐渐意识到农业推广的重要性，认为农业推广是高校不可推卸的历史责任，是消除传统农业教育与社会实际相脱节弊端的有效手段，是解决农业问题的有效途径。这为后来农科大学的教育、科研、推广三结合办学体制的形成奠定了思想基础。

三、大学农学教育、科研和推广体系的建构

1913 年，中华民国临时政府教育部《大学令》规定：大学以教授高深

① 何贻赞，丁颖编：《丁颖、邓植仪农业教育论文选集》，广州：华南农业大学内部印行，1992 年版，第 127 ~ 128 页。

② 黄义祥编著：《中山大学史稿（1924—1949）》，广州：中山大学出版社，1999 年版。

③ 黄义祥编著：《中山大学史稿（1924—1949）》，广州：中山大学出版社，1999 年版。

④ 邹秉文：《中国农业教育最近状况》，《农学》（东南大学），1921 年第 1 卷第 7 期。

学术，养成硕学闳材，应国家之需要为宗旨；大学以文理两科为主，文理两科并设者，文科兼法、商两科者，理科兼医、农、工三科之不等者，方得命名为大学。据此规定，许多低于大学办学条件的高等农业学堂改组为农业专门学校。1917 年，教育部公布《修正大学校令》，设立大学条件有所放宽。在知识界呼吁下，1922 年新学制规定单设一科的学校也可称为某科大学，从而引起专门学校升格大学的运动，农科大学数量随之扩大，截至 1927 年，全国共有高等农科和专门农业学校 22 所，其中本科大学 14 所。①

（一）大学农学系科的建立

从 1912 年到 1927 年，随着留学生归国任教，农科大学逐步开设了一系列新的课程，建立了基本的农学系科。（1）蚕桑系科。1918 年，金陵大学农林科与万国蚕桑合作改良会在国内高校率先合作创办蚕桑系。1923 年，岭南大学农科和东南大学农科也设立蚕桑系。（2）病虫害系科。1920 年，东南大学农科成立植物病虫害系。1924 年，金陵大学成立植物病理学组（实为系建制）。（3）生物系。1921 年，秉志、钱崇澍在南京高师创办国内大学第一个生物系，分动物、植物两部。（4）畜牧兽医系。1914 年，北京农业专门学校开设畜牧科。1918 年，南京高师农科设立畜牧组。1921 年，东南大学正式成立畜牧系。1928 年，中央大学农学院设立畜牧兽医系。（5）农业化学系。1910 年，京师大学堂农科大学最早设立农业化学系；1924 年，广东大学农科也设立该系。（6）森林系。1914 年，北京农业专门学校增设林科，1923 年改为森林系。1923 年，金陵大学成立森林系。（7）园艺系。1923 年，北京农业专门学校开办园艺系；1927 年，金陵大学成立园艺系；1928 年，中山大学、岭南大学农科也相继设立园艺系。（8）农业经济系。1921 年，国立北京农业专门学校和金陵大学农林科设立农业经济系。（9）农村社会学系。1927 年秋，浙江大学劳农学院率先建立农村社会学系。上述大学农学系科的建立和完善，使农业人才培养更具专业化，为大学开展农业推广提供了研究基础、技术支撑与人才保障，使得大学为社会服务的范围及其社会影响进一步扩大。

① 周邦任，费旭主编：《中国近代高等农业教育史》，北京：中国农业出版社，1994 年版，第 55 页。

（二）大学农业科研机构的建立

从20世纪20年代开始，各农科院校逐渐重视农业科学研究，创设了包括农事试验场在内的各类农业科学研究机构，农科大学遂成为农业科研的中坚力量。在作物育种、病虫害防治、土壤肥料、园艺、蚕桑、农业经济等方面都开展了不少研究活动，取得了一定成绩。

当时，大学创设专门农业科研机构主要有两种方式。[①] 第一，独立创建。一般是具备一定技术、设备、经费等条件的大学，如东南大学农科的生物研究所，是我国高校第一个农业科研机构。1920年，该所在江苏南汇县设立棉虫研究室，开创了我国运用近代科学研究防治作物虫害之先例。20年代初，东南大学农科蚕桑系创办了中国蚕桑试验所，在苏南、浙江一带改良蚕种和推广无病毒蚕种，取得了不少成果，以后逐步发展成为全国改良蚕种的供应中心。第二，与政府机构、企事业团体合作创立。大学在自身经费设备等条件不足的情况下，借助地方政府或企事业团体的支持开展研究。1922年，东南大学农科与江苏省政府、上海银行共同创办江苏省昆虫局，从事农作物病虫害防治研究。该局附设于东南大学，一切事宜皆由东南大学农科代办，后来浙、粤、湘、赣等省都曾效法江苏省成立治虫研究单位。[②] 再如，中山大学农学院与广东省建设厅、农矿部合办广东省土壤调查所，挂靠于农学院，院长邓植仪为首任所长，调查所内中高级科技人员主要由农学院教师兼任，调查所的工作与成效影响甚大。

这一时期，农科大学主要科研成就为农作物品种改良方面。我国近代作物育种工作是从南京和广州等地的几所农科大学开始的，除了地理原因外，主要是农业科学人才的相对集中和与美国农业大学的密切联系。育种工作主要集中于关乎国计民生的棉花、小麦、水稻以及水果蔬菜等主产农作物，不仅引进和驯化国外优良作物品种，而且开始培育了一批国产良种，使我国农作物产量和品质均有提高改善。农科大学研究者把近代先进的实验技术和科研手段逐步运用于农业改良，从而改变了中国几千年的农业生产方式，使近代农学逐步摆脱狭隘的“经验农学”，趋于科学化、组

① 曹幸穗等编著：《民国时期的农业》（江苏文史资料第51辑），《江苏文史资料》编辑部出版发行，1993年版，第97页。

② 章楷：《邹秉文和我国近代农业改进》，《中国农史》，1991年第4期，第60页。

织化、专业化和规范化。

（三）大学农业推广组织的建立

随着科学研究在农科大学的开展，受到美国教学、科研、推广相结合办学体制的影响，各大学农学院、农业专门学校等陆续成立了农业推广组织。1914 年以后，在重要的农业教育研究中心——南京，毕业于美国康乃尔大学农学院的美国农学士芮思娄担任金陵大学农林科科长后，积极引入美国模式，在中国最早建立起教学、科研、推广三结合的办学体制。1920 年金陵大学成立棉作改良部，聘请美国农业部专家指导中棉改良与美棉驯化工作；1924 年又成立农业推广部。1921 年国立东南大学设立棉作改良推广委员会，从事棉花栽培试验与推广工作；1926 年成立推广部。1923 年国立北京农业大学设立推广部。在另一个农业教育研究中心广州，1922 年岭南农科大学设教务部、试验部、营业部和劝业部（即推广部），1924 年国立广东大学农科设立推广部。此外，河北大学农学院、浙江大学农学院等相继成立了农业推广部，燕京大学、清华大学、山西农业专科学校等也建立了一定的推广组织或事业部。

1924 年 2 月 23 日，教育部颁布了《国立大学校条例令》，规定“国立大学校得附设各项专修科及学校推广部”，大学农业推广首次在国家层面上得到认可与提倡，并以法令形式得到了确立，农业推广逐渐成为学校办学宗旨的一部分。近代农科大学的教学、科研、推广三位一体的新体制已初见端倪。以国立北京农业大学为例，1923 年学校成立，大学事业概分试验、教授、推广三大部，设农事试验场、教务部、推广部，各总其成（其组织系统见附录一）。大学分别召开农事试验会议、教务会议、农业推广会议，每次会议农场主任、系主任和推广部主任都须参加，共同协商有关试验教授推广中的问题，足见大学农业推广的组织建构已经相当完备和富有成效。

四、大学农业推广的初步开展

（一）实施以农作物培育为中心的农业改良

民国时期大学的农业推广工作是从培育作物良种起步的。一方面，大学注重从本地实际发展的需要出发，采用科学育种方法，引进、驯化和选育成功了一批棉、稻、麦及其他作物良种。金陵大学和东南大学提纯驯化美棉，培育出首批棉花良种。金陵大学最早用近代科学育种方法先后育成十多个小麦良种。东南大学农科先后育成几种小麦和水稻良种。广东中山大学农学院最早采用杂交育种方法育成"中山一号"杂交种。西北农学院与中央农业实验所合作，育成"武功"系列大豆良种多个。岭南农科大学除培育出木瓜、荔枝等优良水果外，还建立奶牛场、养猪场、养鸡场，进行畜牧业和家禽的良种引进与培育工作；同时从美国引进割草机、播种机和除草机等新式农具，对美国的化肥进行实验等。这些良种的培育和农业科技试验，为30年代大学普遍开展农业科技推广奠定了坚实的基础。另一方面，农科大学将本校育成的良种分发给附近农民，使研究成果直接向地方推广。20年代，东南大学、金陵大学和南通大学等农科都曾把本校育成的优良棉种推广到农村中。

此外，农科大学的教师经常带领学生到乡村田间演讲农事，指导栽培技术，管理或协助大学农校与农业推广员进行农事指导，取得了一定的成效。大学还利用技术优势，帮助学校附近区域解决农业实际问题。1926年，淮河流域和苏南分别发生大面积蝗灾和螟灾，东南大学农科派出专家和技术人员奔赴灾区，帮助地方开展科学灭蝗灭螟，为农民减少了经济损失。

(二) 探索宣传农业科技的方法

在农业推广初创之际，为了让农民了解农业科技知识，鼓励农民采用新的农业科技和优良农作物品种，唤起社会人士对改进农业的兴趣，大学采取了多种方式宣传农业改良，普及和宣传农业科学知识与技术。

第一，开展多种多样的农业科普活动。与学校、教会和社会团体合作，利用各种机会与庙会、茶馆等场所，举行演讲会、展览会，放映电影、幻灯片，展示标本，宣传改进农业之优良方法，普及农业知识。1917年，广东省省长朱庆澜发起第一次全省农产品展览会，岭南学堂农学部就用幻灯片向人们介绍了农林畜牧科学知识，展示了种种让人们惊奇的农艺新品种。1924年~1926年，金陵大学面向中学生宣传，激发他们对农业改良的热情，吸引他们投考农业专修科，师生足迹北至北平，西到汉川，南达金华诸暨，使社会上相当一部分人对农业推广产生了兴趣。[1] 1926年，

[1] 《私立金陵大学农业推广部事业概况》，《农业推广》，1933年第4期。

东南大学与上海明星影片公司合作摄制中国农业改良电影，片长达5千多尺，并翻译美国农业改良影片11种，片长27000尺。这些影片在全国各地放映，用于新品种的推广。①

第二，出版发行各种农业报刊与书籍。中山大学农学院创办了《农声》、《醒农月刊》、《农业浅说》等农学杂志。东南大学编辑推广《植棉浅说》小册子10多种，刊行各种研究报告10多种。金陵大学编辑《农林科丛刊》45种、《农林科浅说》多种，1924年创办《农林新报》在全国发行，以后连续23年出了共774期，是新中国成立前农业出版刊物中期数最多、历史最久的出版物。②

《农声》

《农林新报》

（三）培养农村科技人才

20年代的中国农村以传统小农生产方式为主，农科大学采用多种形式，培养农村亟须的农业科技人才，把农业科技推广到农村。

第一，创办农业专修科。金陵大学农业专修科是全国农学院中创立最早、历史最长、成绩显著的农业专修科。1922年成立农业特科，1923年创办乡村师范科，1927年合并为农村服务专修科，以培养农业技术人才与乡村建设工作者为目的，采用选课制和工读并重，上午上课，下午实习，在农忙季节及暑假期间则停课实习农事开展农村服务。1922年春，东南大学举办棉植

① 费旭，周邦任主编：《南京农业大学史志（1914—1988）》（内部发行），1994年版，第159页。

② 南京农业大学校史编委会编：《南京农业大学史（1902—2004）》，北京：中国农业科学技术出版社，2004年版，第40页。

专科，共计录取9省46人，成为我国植棉业初期的技术骨干。[①]

第二，举办讲习所。1913年山东高等农业学堂附设农业教员讲习所和蚕科讲习班，至1921年，共开设农、林、蚕三科教员讲习所14个，培养学生615人，其数量几乎占山东农业专门学校学生总数的二分之一。[②] 1917年，北京农业专门学校在学校设立了农业简易讲习所，为附近农村传授农业生产知识，此种制度一直延续下来。1920年，东南大学农科开办暑期植棉讲习会、植棉讲习班，培养农民技术骨干。1923年，东南大学蚕桑系在吴江南浔开办蚕桑指导所。1920年，广东大学农科学院在靖远创办第一蚕种改良所，在粤西信宜县创立蚕业讲习所。浙江农业专门学校举办浙江省农业推广人员养成所。岭南大学蚕丝学院在广东乐从、关山等处建立了4个育种站、10个蚕种推广站、2个丝织厂和1个缫丝厂，[③] 对复兴广东濒危的蚕业、推动蚕业改良作出了贡献。

（四）乡村改进的初步探索

乡村改进是大学农业推广的一种新探索。金陵大学较早帮助组织农民合作社。1923年，金陵大学农科教授徐仲迪在南京联合菜农组织“江宁北城丰润农村信用合作社”，这是中国成立最早的农村信用合作社。1925年，金陵大学获得华洋义赈会5000元拨款，在江宁县的严家圩、淳化镇等8个村及高资等几个乡成立信用合作社18个。合作社对改善农民生活和促进农村经济发展具有一定的意义。1926年，中华职业教育社与东南大学农科和教育科合作，在江苏昆山徐公桥举办乡村改进实验区，推广新式农具，介绍良种，举办农产展览和耕牛比赛，办民众夜校、进行实用知识和技能的培训等。这是大学与社会团体农业推广的首次合作，对当时的农业推广产生了一定的影响和促进作用。

综上所述，北洋政府为挽救传统农业危机，颁布了一系列农业法令，自上而下设置农政机关，创办农学教育，进行了一些农业良种和技术推广的尝试，取得了一些成绩，但比较零散且规模较小。军阀混战使政府无力

---

① 校史编委会编：《南京农业大学史（1902—2004）》，北京：中国农业科学技术出版社，2004年版，第25页。

② 校史编委会编：《山东农业大学史（1906—2006）》，济南：山东农业大学电子音像出版社，2006年版，第13页。

③ 周邦任，费旭主编：《中国近代高等农业教育史》，北京：中国农业出版社，1994年版，第51页。

顾及农业发展，推广经费与人才缺乏，材料范围有限，“唯一的成绩，仅有在文字的鼓吹上，起了一个波澜，使全国上下知道中国农业的危机，是有待于科学的方法来改良挽救”。[①] 因此，农业推广工作主要由农科大学来承担。东南沿海几所创办较早的大学农科，致力于农业推广颇有成效。早年回国的留美农科生身体力行，积极引进吸收国外农学教育理论，引进西方农业科技，农业推广思想开始萌芽。对于当时的农业危机而言，单靠几所大学的力量是远远不够的。20 年代，大学处于创立时期，研究设备不充足，研究风气不旺盛，学校经费非常有限，他们所做的工作也只能在狭小的范围内起到有限的作用。因此，全国的农业生产基本上还是承袭几千年来的传统，近代的农业科技成就还不能普遍而又充分地播撒到这片古老的土地上来。

第三节　大学农业推广的成熟期（1927—1937）

南京国民政府成立后，面对农村经济极度崩溃的局面，开始重视农业和农村问题，建立了自上而下的农政组织和专门的农业推广机构，颁布了一系列促进农业推广的法规条例，为大学农业推广建立了制度环境。三民主义的教育宗旨颁布和注重实科发展的高教改革，使大学为社会服务成为可能。大学农业推广作为战前十年解救农业危机的主要策略，呈现出前所未有的繁荣，创造了高等教育通向农村的各种有效途径。

一、大学农业推广制度环境的形成

（一）国家农业推广体系的创建

1928 年 5 月在全国教育会议上，广州中山大学率先提出推行农业推广教育。1929 年 4 月，政府公布《中华民国之教育宗旨及其设施方针》，指出：“农业推广，须由农业机关教育积极设施。凡农业生产方法之改进，农业技能之增高，农村组织与农民生活之改善，农业科学知识之普及，以

① 方悴农：《农业推广的理论与实施》，《新农村》，1936 年第 2 期，第 95 页。

及农民生产消费合作之促进，须以全力推行，并与农业界取得切实联络，俾有实用。”① 自此，农业推广的内涵、范围与实施方针从政府层面上正式确定。这是南京国民政府直接插手农业推广的开端。是年6月，国民政府农矿、内政、教育三部会同颁布《农业推广规程》(见附录二)，成为当时全国兴办农业推广事业的法规依据，农业推广法律地位得以确立。不少省份先后设立了省农业推广委员会或农业推广处，各县设立农业推广所。1929年，中央农业推广委员会成立，负责指导和督促全国农业推广事业。至此，全国形成了自上而下相互连贯的农业推广组织体系：中央农业推广委员会——省农业推广委员会（推广处）——县农业推广所或农事试验场。

（二）农业推广的实施

1930年5月，国民党中央在“实业建设程序案”中首次提出农业研究与推广二者同时并进，要求国民政府拟定计划，限期办理。同年8月，中央政治会议通过了《实施全国农业推广计划》，其目标是增进生产、改善生活。规定农业推广原则是：指导及扶助，养成农民自动自助能力；教授农民新科学知识，推广本国的良好经验；用最少金钱、人数和最适当方法，来获得最大的效果；除指导扶助成年外，儿童和妇女方面，亦应有相当指导与组织。②《计划》拟定全国各省分4期于20年内完成农业推广的实施，并对指导人员、农业研究及试验、经费预算、经费来源等方面作出明确规定。《计划》成为全国农业推广的指南。

为了保障农业推广有效实施，国民政府先后颁布各种组织纲要。1930年开始，先后制定颁布《各省农业推广委员会组织纲要》、《各省农政主管机关农业推广委员会组织纲要》、《农业专科以上学校农业推广处组织纲要》。行政院令各省农业专科以上学校设农业推广处或农业推广委员会，与行政机构相辅进行。1931年，实业部公布《中央模范农业推广区组织章程》、《直辖农业推广实验区组织章程》。1931年内政部、教育部、实业部会令公布《各省训练农业推广人员办法大纲》，规定成立训练所或养成所，

① 教育部教育年鉴编纂委员会：《第二次中国教育年鉴》，上海：商务印书馆，1948年版，第5页。

② 章之汶，李醒愚著：《农业推广》，上海：商务印书馆，1936年，第27~28页。

就地实施农业推广，并作为全省办理农业推广的实验区。[1] 各种规章制度的完善促进了农业推广的规范化和制度化。

1928年～1937年这10年间，是民国农业科研事业发展较有成效的时期。1933年，全国最高农业科研实验机关——中央农业实验所在南京成立，对各省立农业试验场及其他公私立农业改良机关实施指导或合作研究，开中国农学研究之新风。随后，全国经济委员会设立中央棉产改进所，行政院设立全国稻麦改进所，还有实业部设中央种畜场、河北正定棉业试验所。该时期全国各省农业科研机构也有较大增加。全国特种及普通农事试验场，1926年为230余所，1934年增至552个。[2] 设立模范农业推广实验区是该时期国民政府农业推广实施的主要形式，分别建立了中央、省、县三级实验区。1930年，中央农业推广委员会与中央大学农学院合作建立了中央模范农业推广实验区。江苏省农矿厅在镇江设立第一模范农业推广区，开省模范农业实验区之先河。[3] 1932年，江苏省农矿厅又分别在金坛和南通等县设立两个县级模范推广区。这样，政府主导的农业推广在30年代初逐步开展起来。

二、大学农学教育体系的扩充与完善

（一）注重质量和实用科学的高教改革

鉴于学校教育与人民实际生活分离，偏重于高玄浅薄理论，未能以实用科学促生产发展等弊端，南京国民政府执政伊始就着手进行包括高等教育在内的改革。

第一，确立关注民生的教育宗旨。1929年3月，国民政府第三次代表大会提出三民主义教育宗旨："中华民国之教育，根据三民主义以充实人民生活，扶植社会生存，发展国民生计，延续民族生命为目的；务期民族独立、民权普遍，民生发展，以促进世界於大同。"[4] 据此，同年4月，

---

① 内政部、教育部、实业部：《各省训练农业推广人员办法大纲》，《江西教育行政旬刊》，1932年第1卷第2期，第1页。

② 徐廷瑚：《实业部农业改进工作报告》，见章元善等编：《乡村建设实验》第二集，北京：中华书局，1935年版，第270页。

③ 方悴农：《农业推广的理论与实施》，《新农村》，1936年第2期，第97页。

④ 教育部教育年鉴编纂委员会编：《第二次中国教育年鉴》，上海：商务印书馆，1948年版，第3页。

《中华民国之教育宗旨及其设施方针》公布，确定大学教育宗旨为“大学及专门教育，必须注重实用科学，充实学科内容，养成专门知识技能，并切实陶融为国家社会职务之健全品格。”① 从此，大学教育便进入了按照三民主义教育方针进行立法与管理阶段。大学教育走出象牙塔，关注民生问题成为一种可能，同时也有了法律依据和制度保障。

第二，提高大学标准，改革大学系科设置。1922 年新学制允许设立单科大学，导致大学滥设和盲目升格，因此，国民政府出台措施整理裁减不合格学校，提高大学设置标准。1929 年，教育部颁布《大学组织法》，取消单科大学设置，具备 3 个以上学院者始得称为大学。同时，改革高校系科设置偏重于文法科而忽视农、工、医等实科的现状，限制文法系科招生，添置实科专业，造就适用人才。② 1930 年，教育部规定大学分科改为学院，农学院的名称固定下来。为了加强对农业院校或者系科的管理，1934 年教育部设立农业教育委员会，推动农业教育与社会合作。经过改革，这一时期大学设置趋向综合，各地综合大学内陆续设立农学院，农科大学得以扩建，布局趋于合理。到 1937 年，大学农学院（系）在 1927 年 14 个的基础上新成立 14 个。其中，公立大学农学院 10 个：东北大学农学院、河南大学农学院、河北省立农学院、广西大学农学院、重庆大学农学院、国立山东大学农学院、省立安徽大学农学院、武汉大学农学院、新疆学院农牧系、江苏省立劳农学院；私立大学农学院 4 个：福建协和大学农科、私立福建学院农科、私立上海光明大学农学院、私立嘉应大学。新成立的农业专科学校和农业专修科共有 18 个。③

（二）大学农学教育体系的完善

1928 年以后，农科大学不仅数量得到较快提高，而且学科更加完善，师资水平不断提高，教材逐步本土化，开始实行学分制和选课制，教学科研质量稳步提升。东南大学、中山大学农学院首先实行学分制和选课制。

---

① 教育部教育年鉴编纂委员会编：《第二次中国教育年鉴》，上海：商务印书馆，1948 年版，第 4 页。

② 中国第二历史档案馆编：《关于整顿学校教育造就适用人才》，见《中华民国史档案资料汇编》（第五辑）第一编，教育（二），南京：江苏古籍出版社，1997 年版，第 1052 页。

③ 周邦任，费旭主编：《中国近代高等农业教育史》，北京：中国农业出版社，1994 年版，第 120 ~ 121 页。

1928 年 11 月，教育部召集各科专家制订统一的必修和选修课目。1932 年，教育部规定“实行学分制划一办法”，规定大学 4 年内须修满 132 学分，规定学生认定一个主系，一个辅系。大学农学院据此对本校课程和学分进行修订。该时期，针对外文教材充斥课堂的现状，农学家们致力于编写适合我国实际的教材，农科各专业教材逐步本土化，比较著名的有：陈焕镛的《植物学》，胡步曾的《应用植物学》，张之汉的《植物学》，朱凤美的《植物病理学》，蔡帮华的《昆虫学》，周如流的《作物学》、《稻作学》，吴耕民的《果树园艺学》，原颂周的《中国作物论》，王云森的《土壤学》，刘和的《土壤学》，陈植的《造林学概论》，金善宝的《实用小麦论》，卜凯、张履莺的《中国农家经济》，彭家元的《肥料学》，陆星垣的《蚕种学》，陈遵劝的《农业气象学》，等等。中华书局、商务印书馆、中华农学会、中华农业图书社等出版了一批农科大学教材和参考书。教材的本土化、规范化及其质量的提高，为农科大学教育质量的提升奠定了坚实的基础。

1929 年，国民政府公布《大学组织法》，规定大学必须设立研究院。1929 年，国立中山大学农学院将植物研究室扩充为农林植物研究所，在农科大学中最早设立研究所。1936 年，全国 12 所大学设有研究所 22 个，其中农科研究所 4 个，占研究所总数的 18%。[①] 这些研究所战前正式招生的只有中山大学和金陵大学，共招收了农科研究生 13 名，其中前者招收 10 名，后者招收 3 名。[②] 农科大学形成了硕士、本科、专科的人才培养格局。

（三）农业推广理论体系的形成

1924 年，金陵大学建立了农业推广系，农业推广作为一门科学进入大学校园。此后，各大学陆续开设了《农业推广学》课程，推动了农业推广理论的发展。农学家们经过数十年教学和推广实践，到 30 年代中期，农业推广研究已趋于成熟，形成了异彩纷呈的农业推广理论。在这些研究成果中，属于专著的有：章之汶、李醒愚的《农业推广》（商务印书馆，1936 年），储劲的《农业推广》（黎明书局，1935 年），悴农的《农业推广的理

① 杨士谋，彭干梓，王金昌编著：《中国农业教育发展史略》，北京：北京农业大学出版社，1994 年版，第 56 页。

② 周邦任，费旭主编：《中国近代高等农业教育史》，北京：中国农业出版社，1994 年版，第 145 页。

论与实施》（载《新农村》杂志 1936 年第 2 期），陆费执等编著的《农业推广》（中华书局，1935 年），管义达的《农业推广》（中华书局，1935 年），孙希复编的《农业推广法》（商务印书馆，1935 年版）等。其中，以章之汶、李醒愚的《农业推广》影响最大，是一部首次对民国以来的农业推广给予全面介绍和系统研究的开创性著作，标志着农业推广理论的成熟。这部专著作为当时出版的大学丛书之一，成为大学农学院《农业推广学》这门必修课程的通用教材。

同时，大学农学院的农学杂志不断扩充完善，继续承担宣传农业推广科研成果的重任。此外，还有一些专门的农业推广期刊面世。政府创办的学术水平较高的是中央农业推广委员会于 1930 年 4 月在南京创办的《农业推广》（季刊，最先由农矿部发行，从第 3 期开始由中央农业推广委员会主办发行），虽然只发行了 13 期共 12 本，但图文并茂，展示了当时全国各地农业推广实践和学术研究成果，对推动农业推广起到了示范和引领的作用。另外，部分省也刊行农业推广方面的杂志，如浙江省的《浙江农业推广》等，推动了地方农业推广的研究以及研究成果的推广与转化。学者们对于农业推广的研究涉及诸多领域，包括：农业推广的涵义、目的、意义、发展历史，农业推广的组织、设计、方法、材料、指导、经费、合作和人才培养等，研究内容丰富多彩，对同时期的大学农业推广起到了理论引领的作用。

国立中央大学农学院《农学杂志》①

国立北平大学农学院《农学》②

① http：//image. baidu. com/i？ tn = baiduimage&ct = 201326592&cl.

② http：//www. dachengdata. com/search/magazinfo. action？ biaoshi = 7040742.

三、大学农业推广的深入开展

（一）致力于乡村建设实验

1930年前后，农村经济的崩溃使救济农村、复兴农村和建设农村成为时代的重任。救济农村即拯救国家的普遍认识，成为知识界投身乡村建设运动的强大动力。一些带有资产阶级改良思想的知识分子和教育团体，本着为农服务理念，在全国发起了一场乡村建设运动，尝试各种方法或途径改良农业，改善农民生活，改进农村社会，以复兴农村。各种各样的乡建机构和实验区如雨后春笋般地成立起来。乡村建设实验区根据主办者的不同可划分为：教育和学术团体设立、大中专院校设立、行政机关设立、宗教团体设立、私人创办。[①] 这些乡村建设实验区有侧重乡村自治的，有注重经济建设的，有着眼于乡村教育的，有从事心理教育的，各派的教育理念和实践方式不尽相同，但改良农业、改善农民生活、提高农民文化素质却是共同的旨归，农业推广的内容在各乡村实验区都得到体现，并得以丰富和拓展。在上述类型的实验区中，大学合办与独立创办乡村实验区成绩比较显著（见附录三）。

根据创办动机的不同，这些乡村实验区可以分为农业推广实验区、乡村教育实验区、乡村改进实验区、乡村服务社；根据组织者的不同，分为大学与宗教团体合办、大学与政府合办、大学与教育团体合办、大学独办；根据实验区域的不同，又可分为以乡镇为中心的和以县为单位的农业推广实验区。因此，此时的大学农业推广其内容和形式都比20年代更加丰富，单纯的农业科技推广或教育推广活动已发展成为囊括经济、教育、文化、卫生等诸项事业的综合乡村建设实验。

为示范和倡导农业推广，探索农业推广及农村改良的方法与途径，大学与政府合作创办了模范农业推广实验区，其中有两个比较著名。其一，金陵大学农学院与中央农业推广委员会合作，在安徽和县乌江镇开办了著名的乌江农业推广实验区。其二，农矿部会同中央大学合作创办了以江宁第四、第八等区为工作重点的中央模范农业推广区。创办模范农业推广实验区的目的有三：一是实地举行农业推广以为全国倡导；二是实验农业推

① 章之汶，李醒愚著：《农业推广》，上海：商务印书馆，1936年版，第212页。

广最优良之方法；三是政府实地试办造福于农民的工作。①

乌江农业推广实验区大门②

（二）作物改良与推广取得较为显著的成效

稻子、小麦、棉花等中国最重要的粮食与经济作物自然成为大学农学院农业推广的重点。该时期改良和推广的品种不断扩展，育种工作以粮棉油大田作物为主，并取得了显著的成效。

稻作方面，中央大学农学院育出“江宁洋灿”、“东莞白”、“中大帽子头”等一批优良品种。“中大帽子头”产量高于普通品种20%，1936年~1937年曾在苏、皖、湘等省推广种植达21万余亩。③ 抗战前，中山大学除了“中大1号”，还育成有“黑督4号”、“黑督7号”、“东莞白18号”等多个品种。④ 麦作方面，1934年，金陵大学育出“金大2905”小麦，在长江流域各省大面积推广，仅1934年~1937年，推广总面积就达130余万亩，成为当时我国粮食作物中推广面积最大的，⑤ 被誉为“抗战前的绿色革命”。此外，西北农学院育成“武功3102”、“武功3120”等大麦品种，均有较好的抗逆丰产的特性。燕京大学选育的“燕京129”号高粱，

① 杨懋春：《中央模范农业推广区工作报告》，《农林新报》，1931年第2期。

② 校史编委会编：《南京农业大学史（1902—2004）》，北京：中国农业科学技术出版社，2004年版。

③ 赵连芳：《抗建下我国稻作建设》，《农业推广通讯》，1942年第4卷第7期。

④ 梁光商：《西南各省水稻改良种之来历及其推广》，《农业推广通讯》，1942年第4卷第5期。

⑤ 靳自重：《金大2905号小麦展览经过》，《农林新报》，1943年第4~9合期。

比当地品种平均增产五成以上。①

在农业推广初创期，农科大学主要是介绍和推广西方农作物栽培种植技术，进行引进良种区域适应试验，而在抗战前十年，大学在农作物品种改良培育方面，完成从引进到本土化的转化，作物良种几乎都是由我国农学专家们亲自培育。这些品种能够适合各地农区生产条件，有良好的栽培适应性，因此，比较容易增产增收，乐于为各地农民所接受，推广成效较大。1932 年 10 月，实业部为明了各处改良推广情形，向各大学农学院征集农产育种推广刊物，搜集各地农产育种的新发明以及推广实践经验，以便于完善推广内容、扩大推广范围、传播推广新知。② 该时期，高产量的小麦、大麦、高粱、水稻、玉米、大豆、棉花、小米等良种已育成，推广于农民，作物育种方法进一步科学化、现代化、标准化，大大增加了农作物产量。为此，时人蒋荫松评价道："高等农业教育是有成绩的，近如金大农科、中大农院等，对于棉、麦、稻三种重要作物及蚕桑的改良和推广，虽不能都满人意，而所育成的棉花纯种，能纺 40 支细纱，连年推广，成绩斐然；所改良的小麦和水稻纯种，连年推广六百余石，产量比农家种增加 20% ~ 30%，而蚕桑改良之成绩，能使日本来华调查的人望而生畏。"③

（三）大学农业推广范围的拓展

第一，推广内容由单一走向多元。在农业科技推广过程中，大学研究者和推广人员认识到农村、农民的问题绝不仅仅是科技与经济落后问题，相伴而生的，是文盲充斥、科学落后、卫生不良、陋习盛行、公德不修等不良现象，这些问题仅仅依赖于推广先进农业技术是无法解决的。因此，农业推广由农业科技改良逐步转向经济、文化、政治、教育等综合乡村改进，通过改进农业生产方法、普及农业科学知识、提高农业技能、健全农村组织、改善农民健康卫生、提高农民文化素质、促进农民合作、推进移风易俗等，促进乡村的全面协调发展。同时，大学在开展农业推广过程

---

① 郭文韬编著：《中国农业科技发展史略》，北京：中国科学技术出版社，1988 年版，第 454 页。

② 中国第二历史档案馆藏：《征集各大学农院等农产育种农院推广刊物》，全宗号四二二(2)，卷号 222.2。

③ 周邦任，费旭主编：《中国近代高等农业教育史》，北京：中国农业出版社，1994 年版，第 167 页。

中，还应该注意联系产业界、金融界等其他社会力量，合力推进农村改进和发展。

第二，推广区域由东南沿海向内地辐射。在农业推广的初创期，农科院校主要分布在东南沿海，但随着农科大学布局的改变、科研力量的增强，推广内容的扩大，农业推广区域开始向内地扩展，这主要是沿海高水平农科大学，通过与各地建立合作农场，进行农作区域实验，把现代科技传输到内地。同时，内地部分高等农业院校的兴建，也增强了本地区从事农业推广的科研实力。例如，为了改良西北农业，西北农林专科学校成立不久，即在陕西、甘肃、青海等省设立多处农事试验场，1936 年与北平研究院联合组建西北植物调查所，1939 年改为国立西北农学院，设农业推广处和农业推广委员会，选育“蚂蚱麦”等多种适宜西北环境的小麦良种，推动了西北地区农业科技进步。

大楼正门

新中国成立前西北农学院毕业纪念章　　新中国成立前西北农学院校旗

资料来源：关联芳编著《西北农业大学校史 1934—1984》，西安：陕西人民出版社，1986 年版。

第三，推广教育对象走向全民性。相比而言，青年农民容易接受新事物，所以，大学在推广区首先创办农民夜校、青年竞进团、青年励进社等，注重训练和培养青年农民，使之成为当地农民领袖，带动本地农业改良风气。后来随着农业推广的深入，推广教育对象逐步拓展到儿童、妇女、成人农民甚至婴儿，推广对象基本包括各个年龄阶段的农村人群。这种全民教育能够整体提高乡村民众的文化素质，实为一种可持续发展的策略。例如，北京大学农学院在京郊罗道庄建立“农村建设实验区”。实验区业务包括教育事业和社会事业两项。教育事业包括农村成人补习学校、妇女补习学校、儿童简易学校。

（四）推广过程注重宣传示范

伴随农业推广规模和内容的不断扩大，农业推广的方式方法也逐步改进。大学在汲取政府早期品种引进失败教训的基础上，重视推广的示范、宣传和指导，在向农户分发良种、派人从事田间指导的同时，还广泛采用诸如举办农事讲演会、农事讲习会、农产展览会以及建立特约农田与示范农户、农民补习学校、农民书报阅览室、巡回书库等方法，向农民宣传灌输农业科学知识，推动农村扩大良种种植和采用新技术生产。该时期各大学编印散发了数量可观的以“浅说”为主要形式的农业普及读物。各种“浅说”通常是用浅显的白话编成，内容形式比较切合农村需要，又大都免费分发，受到农户的欢迎。大学还建立推广实验区，以良好的收效来向农民示范。这些宣传示范方法手段的采用，构成了近代农业推广的重要内容，同时成为农业推广改进发展的重要标志。

（五）培养农业建设人才

为适应乡村建设运动的需要，二三十年代，全国各地相继成立了一批农村教育或建设学院，如河南村治学院、山东乡村建设研究院、四川乡村建设学院、中华职业教育社的上海农村服务专修科等。这些学校均涉猎农业教育或农村教育的内容，聘请农科大学的教师前去任教。1933 年后，教育部曾指定中央大学、金陵大学、武汉大学分别办理农艺、园艺、机械等职业师资科，培养训练农村职业学校教员。一些大学还设置了农业教育系，如金陵大学农学院、四川省立教育学院、福建协和大学、湖北教育学院农业教育系、国立青岛大学教育学院乡村教育系、江苏省立教育学院农事教育系等，以培养职业学校的师资和农业推广人才。有些综合性大学还设置了为农村培养人才的涉农学科和专科。此外，农科大学还直接从事农业推广人员的培训工作。金陵大学农学院受委托开办棉业合作人员训练班，开办高级农业合作金融训练班，举办高级推广人员训练班等。1930

年，浙江省教育厅以“中等农业教育甚切，省方一时无力举办”为由，委托浙江大学代办浙江省立高级农科中学，1933 年奉教育部令改称国立浙江大学代办浙江省立高级农业职业学校，1935 年改为国立浙江大学代办杭州农业职业学校，分高级、初级两部，[①] 1930 年至1935 年的招生情况如表1所示。

表1　国立浙江大学代办杭州农业职业学校1930 年～1935 年度学生数[②]

级别 \ 学生数 \ 年度		1930	1931	1932	1933	1934	1935
高级	男生	35	59	77	92	170	87
	女生	7	8	7	11	18	9
	共计	42	67	84	103	188	96
初级		无	无	无	无	54	146

抗战前的十年间，我国大学农业推广工作开展得有声有色，取得了一定的成效。该时期由于大学农学系科的完善和政府政策的支持，又有专门的组织机构，推广成效较大，是民国高等教育通向农村最活跃的时期，“此时各部门多有专才，应用新进的研究改良方法，孜孜奋勉，进步甚速，真是我国农业学术发展的黄金时代”。[③]

尽管如此，由于受到时代和社会条件的限制，也存在一定的不足。首先，农业推广范围比较狭窄，往往集中于城郊农村、经济作物种植区、交通便利的铁路沿线地区和农事推广机构所在地周围的农村，而经济落后、生产基础差、交通闭塞的偏远乡村和山区乃至一些边远省份，农业推广的影响则微乎其微。其次，推广中所形成的主要科研成就仍然局限于农作物的改良以及提高传统农作物单产量的范围内，对于其他农业改良重视不

---

① 国立浙江大学农学院编：《国立浙江大学农学院报告》，国立浙江大学农学院，1936 年，第345 页。

② 国立浙江大学农学院编：《国立浙江大学农学院报告》，国立浙江大学农学院，1936 年，第343 页。

③ 沈宗瀚、赵雅书等编著：《中华农业史：论集》，台北：台湾商务印书馆，1979 年版，第302 页。

够。第三，农校毕业生集中在城市谋职，无补于中国农业的改造。据1935年的一份统计显示，当年全国农业机关在职人员7678名，其中在中央及省府两级的农业机关工作的占70%以上。[①] 第四，政府对农业推广不够重视，资金投入不足，大学农业推广普遍经费不足，而地方农业推广机构的资金和技术力量十分有限，推广工作带有很大的分散性和盲目性。封建土地所有制、政治腐败、经济衰退、农村文化极端落后，导致高等教育通向农村的政治、经济、文化基础极其羸弱，也严重制约了大学农业推广的普遍实行。

第四节　大学农业推广的转折期（1937—1949）

抗战爆发使土地肥沃的长江、黄河下游各省及沿海一带沦为战区，农业损失惨重。政府被迫西迁至落后贫穷的西南地区，面临巨大的粮食危机，因此，农业推广备受重视。政府出台新的农业政策，构建战时农业推广体系，增加粮食生产。该时期，大学农业推广发生了巨大转折。由于西迁，大学设备损失惨重，科研条件不敌战前，直接开展大规模的实地农业推广实验几乎不可能，大学除在部分区域推广战前和战时研发的科技成果外，则更多地集中于农业科技研究与试验，负责农业推广实验县农业科技研发和辅导；开展战时农业推广理论研究；辅导和训练农业推广人才等。其间，金陵大学与农产促进委员会合作，实验以县为单位的农业推广制度，取得了一定成效。战后几年，高校忙于恢复重建，经费和人才不足，使农业推广开展缓慢，成效不明显。

一、战时政府农业推广体制的构建

（一）制订战时农业生产政策

“七七”事变爆发后，大片国土沦丧或成为战区。据统计，1937年~1938年，中国沦陷的土地面积达250万平方公里以上，战火殃及之农田多达40多亿公亩，约占全国耕地总面积的一半以上，[②] 农产品供给锐减。

---

① 郭文韬编著：《中国农业科技发展史略》，北京：中国科学技术出版社，1988年版，第465页。

② 李平生著：《烽火映方舟——抗战时期大后方经济》，桂林：广西师范大学出版社，1995年版，第197页。

2000多万人撤退到大后方，后方粮食需求剧增，因交通阻滞，外部来源断绝，几百万军队的军需物资严重匮乏。战前西南西北地区，军阀的掠夺和地主的剥削使得农业生产力遭到严重破坏，加上交通不便，科技落后，社会经济发展水平极为低下，所以，增加粮食生产迫在眉睫。1938年3月，国民政府武汉临时全国代表大会通过《抗战建国纲领》，把农业置于各业之首，旨在“谋农村经济之维持，更进而加以奖进，以谋其生产力之发展”。[①] 在此思想指导下，1939年4月，第一次全国生产会议召开，规划战时农业生产政策：以食粮衣料力求自给、尽量增加出口农产为中心工作；以改良农业技术、健全农业金融、改善农业组织、移民垦荒为重点。国民政府之后据此采取诸多措施增加农业生产，如大力开垦荒地，推广冬耕、双季稻等；加强农业科学研究和科技推广，兴修水利；改进地方金融机构，建立国家行局—合作金库—合作社上下联通的西南农村金融网，刺激农业生产。

（二）改建农政机构

为了实施战时农业政策，国民政府对农业机构进行了多次调整。1938年1月，将实业部改为经济部，设立农林司主管农业。同时，把稻麦改进所、棉业统制委员会、蚕丝改良委员会归并中央农业实验所，由经济部管辖。1938年5月，西迁途中于汉口设立直属行政院的农产促进委员会，统筹和督导农业推广工作。1940年成立农林部，制定《全国农业推广实施计划纲要》及《实施办法大纲》，把中央农业实验所划归农林部，作为全国农村技术之总枢，于各省设立工作站，协助各省农业改进工作。各省也将农业实验机关集中到省农业改进所，各县设县农业推广所，指导扶助农民改善耕作技术和经营方法，促进农业经济的发展。同时，农林部还增设了中央林业实验所、中央畜牧实验所等实验机构，在后方各省设立农业推广繁殖站，并特设粮食增产委员会，主持粮食增产工作。1942年农产促进委员会划归农林部，1945年又与粮食增产委员会合并，改称农业推广委员会，掌管全国一切农业推广事宜。

此外，政府还相继颁布了《修正农会法》、《调整乡农会原则》、《示

① 荣孟源主编：《中国国民党历次代表大会及中央全会资料》下册，北京：光明日报社，1985年版，第470页。

范县农会实施办法》等一系列法令，由省县推广所辅导农民成立县和乡农会，农会作为农业推广的基层单位得到强化。据1943年3月的一项统计，后方各省经政府核准的县农会有595个、乡镇农会8804个，农会会员发展到200多万人，[①] 自此，建立了中央农产促进委员会—省（农业推广委员会、推广处、繁殖站等）—县（农业推广所）—乡（农会）一套较完备的农业推广体制。国民政府中央和后方各省地方农政机构的调整、建立与健全，对于放任自流的后方地区农业有一定的督导、组织和示范作用，也有利于把战时后方农业纳入战时轨道，为战时全面的、大规模的农业改良推广奠定了组织和制度基础。

（三）建立农业推广制度

中央农产促进委员会成立后，先后建立各种农业推广制度。其一，分省督导制度。农产促进委员在后方已设立农业推广机构省份派驻专员督导农业推广事宜。为切实明了各省推广实况，派遣高级督导人员，定期到各省考察指导。其二，巡回辅导制度。组织农业推广辅导团，下设农业推广、农村经济、农业生产、作物病虫害、畜牧兽医、农村妇女等工作组，由各方面专家组成，分赴各省宣传农业推广，研究和辅导各地农业技术推广及农业推广人才训练等。[②] 曾三次组织农辅团，分赴川、陕、康等省巡回辅导，对树立农业推广的风气发挥了一定的促进作用。1944年，组织新疆蚕业督导团，协助该省栽桑、养蚕、制丝等工作。其三，设立省农业推广督导区。先后协助苏、浙、皖、川等11个省设立19个督导区，由省推广机关派专家前往督导区各县督促指导推广工作，各县分配推广人员到农村督导农会组织开展各项农业生产改良推广活动，农业推广工作分组负责，层层指导。[③] 为此，农产促进委员会委托大学专门举办了督导员、视导员训练班，培养相关人才。其四，设立农业推广实验县。与各地农业院校及地方行政机关合作，先后在川、广、陕、贵、甘、豫、鄂、闽等省设

① 郭文韬，曹隆恭主编：《中国近代农业科技史》，北京：中国农业科技出版社，1989年版，第630页。

② 《农业推广巡回辅导团办理计划纲要》，《农业推广通讯》“计划”，1940年第2卷第3期，第19页。

③ 曹幸穗等编：《民国时期的农业》（江苏文史资料第51辑），《江苏文史资料》编辑部出版发行，1993年版，第158页。

立27处，推行以县为单位的农业推广。

二、战时农学教育的发展

（一）战时大学农学教育体系改革

1938年4月，《中国国民党抗战救国纲领》颁布，要求各级学校推行战时课程，培训各种专门人才。同时，公布《战时各级教育实施方案》，修订大学教育宗旨，为研究高深学术培养治学治事治人创业之通才与专才之教育，要求纯粹学术与应用学术应顾及国家需要的缓急。各大学调整学科，增加战时实用学科课程，加强技能培训。以1938年9月教育部召开第一次课程会议为节点，教育部相继颁布大学各学院分院分系共同必修科目表，10月公布了农工商学院共同必修科目表。[①] 1938年秋，农业教育委员会成立，为使农学教育服务于抗战需要，该会先后草拟大学农学院分系必修科目（课程）表，各大学农学院用书的编辑方式，大学农学院及专科学校实习场所设备标准，与教育部会商《农林技术机关与农业教育机关联系与合作办法大纲》等。1940年，教育部根据该会建议，统一农业系科名称：农艺系、园艺系、森林学系、蚕桑学系、植物病虫害系、畜牧系、兽医系、农业工程系、农业化学系、农业经济系等10个系。1941年，教育部农业教科书编辑委员会下设农艺、园艺、蚕桑等10多个编辑组，规范大学农学院教材编写和使用。1943年，教育部制定颁布农业专科学校暂行科目表，统一各科名称。

（二）战时农科大学的变迁

抗战期间，农科大学除少数被迫停办或撤并之外大多撤退到后方，数量和规模有所增加。为了满足农业生产的需要，后方各省新建了一批农科大学。国立的有复旦大学农学院、英士大学农学院、中正大学农学院、西北农学院、贵州农工学院（1942年改为贵州大学农学院）、云南大学农学院等。省立的有湖北省立农学院、福建省立农学院等。新建的私立农学院有：福建协和大学农学院、华西大学农艺系、贵州定番乡政学院、铭贤学院农科、中国乡村建设育才院、私立川康农工学院。还有一些大学根据战

---

① 教育部教育年鉴编纂委员会：《第二次中国教育年鉴》，上海：商务印书馆，1948年版，第455页。

时需要新设立农业专修科，如中央大学农学院的畜牧兽医专修科、复旦大学农学院的茶叶专修科和垦殖专修科等。为收容沦陷区学生和培养技术人才，1939 年教育部公布在陕、甘、青、川、康、滇、黔七省设立农工学院。至此，全国大部分省份均设有高等农业院校，学生与系科都较战前有所增加，战前高等农业院校分布不均衡的局面得到改观。农科大学及综合性大学农业院系的西迁和战时新成立的农学院为各省培育了大批农业人才，促进了后方农业生产的发展。1947 年，全国已有各类高等农业院校共 35 所，[1] 为全国抗战的胜利作出了重要的贡献。

福建协和大学学生练习插秧[2]

（三）战时大学农业科学研究[3]

各农科大学在战时经费与设备较为困难的情况下，密切结合战时需要和大后方生产实际，坚持科学研究。研究内容广泛，具有较强的针对性，取得了较多的研究成果，为后方农业改良和推广提供了良好的条件，促进了农业经济的发展。各大学注意与其他学术研究机构开展广泛的合作研究，为师生教学科研创造了有利条件。战时大学农业科研，使得稻麦棉等作物品种改良取得新进展。水稻方面，四川大学农学院杨开渠等人培育出“川大大洋尖”、“川大白脚粘”等 15 个水稻优良品种，浙江大学农学院卢守耕等培育出水稻良种 5 个，广西大学农学院培育出“广西早禾 1–14”、“大王粘”等 30 个优良杂交水稻品种。小麦方面，中央大学农学院金善宝、蔡旭等人采用系统选育方法，选育出

① 曹幸穗，王利华等编著：《民国时期的农业》（江苏文史资料第 51 辑），《江苏文史资料》编辑部出版发行，1993 年版，第 129 页。

② 陈希诚：《福建协和大学农村服务工作》，《真理与生命》，1934 年第 8 卷第 6 期。

③ 周邦任，费旭主编：《中国近代高等农业教育史》，北京：中国农业出版社，1994 年版，第 200 ~ 207 页。

"南大2419"优良品种，金大农艺系沈宗瀚等育成"金大4197号"、"金大4318号"、"金大4372号"良种。棉花方面，中央大学农学院冯泽芳对云南木棉的研究，河北农学院王善荃对棉花管理技术和纤维品质的研究，浙江大学农学院孙逢吉等对美棉生长与气候关系的研究等，均有建树。

同时，病虫害防治研究也有较大进步。金陵大学农学院小麦杆黑粉病研究、柑橘烟草病害防治，四川大学农学院对小麦锈病、黑穗病和抗病试验研究，浙江大学农学院除虫菊枯病研究，广西大学农学院黄亮对柑橘类果园病害研究，河南大学农学院王鸣岐对小麦黄锈病、甘薯软腐病等研究，中山大学农学院蒲蛰龙对蚜虫的研究，四川大学农学院刘君鄂对柑橘褐天牛的研究，河南大学农学院陈振铎对豌豆象虫防治研究等，均取得可喜的成果。园艺方面，岭南大学农学院育成无籽的西瓜、黄瓜、辣椒等，贵州大学农学院对刺梨及其加工研究，金陵大学农学院和四川大学农学院优良甜橙育种，浙江大学农学院在贵州成功试种洋葱、番茄、甜瓜等，广西大学农学院研究出沙田柚储藏保鲜方法与技术，西北农学院培育成功水蜜桃、农院大葱、武魁番茄等果蔬品种。畜牧兽医方面，中央大学农学院畜牧兽医系引进4种牧草试种成功，在四川、广东推广。此外，中央大学、四川大学、浙江大学农学院对川黔土壤分析和肥料试验，也取得了一定的成效。

三、战时的大学农业推广

(一) 围绕粮食增产，开展农业科技改良与推广

抗战时期农业推广以粮食增产为主要目标，其他如棉业、蚕业、园艺、农村副业、森林、畜牧兽医方面也普遍开展。作物良种的推广是农业推广的重点，其产生的经济效益较为明显。迁移后方和新成立的农科大学，陆续恢复和创立农业推广部。为增产粮食，支援抗战，各农科大学力所能及地开展农作物的改良研究与推广，良种推广规模较战前大有增加。作物良种推广方面，战前选育的良种在后方得到大面积推广，增产效果明显。金陵大学战前育成的"2905"小麦，在川西和贵州中部9个县推广近200万亩，是我国粮食作物中推广面积最多的一个改良品种。中央大学战前育成的"矮立多"水稻在四川推广后，1942年又推广到南方8省；中央大学的"中大帽子头"、中山大学的"黑督4号"、"东莞白18号"等得到推广。杂粮方面，金陵大学"332号"大豆在四川推广，比当地土种增产

10%～20%；被推广的还有西北农学院的“武功509”大豆；铭贤学院的“金皇后玉米”1939年在山西平定、汾阳等7县推广，比当地品种增产46.8%～162.9%。在推广战前研发成果的同时，农科大学围绕粮食增产在作物品种改良研究与推广方面也取得较大成果。这些农科大学中，除了西迁后方的金陵大学农学院、中央大学农学院等继续取得佳绩外，后方各省建立的大学农学院和独立农学院因为未受到战争影响，在政府支持下，科研实力迅速提高，选育了不少良种，在后方广泛推广。如四川大学农学院育成水稻品种“川大1号”，在川西推广，增产19%；育成的秋玉米综合杂交种“川大201”，在成都东郊种植，单产增加40%。①

西北农学院育成的“武功27号”小麦、“泾阳302号”，都比当地品种增产10%；王绶教授育成的“白玉米”和“综交白玉米”，1942年～1946年在陕西关中地区12个县推广，比当地品种增产20%～30%。② 抗战时期农科大学的作物改良和推广对战后和新中国成立后的农业生产也产生了积极的影响。金陵大学农学院西北农场与陕西泾阳农场分别从“斯字棉”中选育出“斯字571号”和“陕斯棉”，一直推广到1949年。中央大学农学院培育的小麦良种“南大2419”，新中国成立后在我国20多个省市自治区推广，推广时间长达30多年之久。③

国立四川大学20世纪30年代的校门

① 张永汀：《打通一条血路：国立四川大学农学院的建设与发展（1935—1945）》，四川大学硕士论文，2007年，第30页。

② 《西北农报》，1947年第2卷第6期。

③ 周邦任，费旭主编：《中国近代高等农业教育史》，北京：中国农业出版社，1994年版，第210页。

国立四川大学校徽①

国立浙江大学湄潭时期的大门②

（二）辅导农业职业学校，训练职业师资

抗战期间，东部省份的中等农业教育被破坏殆尽，内地省份成为中等农业教育发展的重点地区。1938 年，为适应战时形势，国民政府颁布了《农工职业教育计划实施令》，提倡发展农业职业教育并通令川、康、陕、甘、宁、青、滇、黔、桂等 9 省执行，这些原先农业职业教育几乎处于空白的省份此时纷纷创办农业职业学校。为增产粮食，各地农业推广普遍开展，农业生产技能人才需求剧增，客观上促进了职业学校的发展。至 1941 年，全国已有高级农业职业学校 34 所，初级农业职业学校近百所。[③]“农业教育尤其是农业职业教育之未办好，其重要原因，厥为缺乏良好之师资。农民师资，须由职业学校培养，至职业学校之师资，则当由农学院农业教育系负责训练”。[④]培养职业学校师资，成为大学战时农业推广的重要任务。

1939 年 8 月，金陵大学农学院奉教育部令举办园艺职业师资科，开我国正式举办职业学校师资训练之先河。为加强职业师资培养，1939 年教育部将一些大学设立的与农业培训有关的农业专修科、乡村教育科等统一改

---

① 四川大学校史编写组：《四川大学史稿（1896—1949）》第一卷，成都：四川大学出版社，1985 年版。

② 贵州省遵义地区地方志编纂委员会编：《浙江大学在遵义》，杭州：浙江大学出版社，1990 年版。

③ 曹幸穗，王利华等编：《民国时期的农业》（江苏文史资料第 51 辑），《江苏文史资料》编辑部出版发行，1993 年版，第 142～143 页。

④ 章之汶：《本院农业教育学系的使命》，《农林新报》，1924 年第 25、26、27 期，第 13 页。

为农业教育系，职业学校师资的训练是农业教育系的中心任务，并提出设立职业科师资训练办法。1942 年教育部第二次农业教育会议决议规定：农学院农业专科学校必须设农业职业学校师资训练科。农业职业学校的教员应该参加农业教员短期进修班讲习会，其中优秀教员必须到农学院、农业专科学校或试验场作规定时期的进修；农业职业学校优秀毕业生在试验场所助理研究三年以上而有成绩者，得充任农业学校教员。

由于地方师资力量有限，因此，教育部委托农科大学或代办农业职业学校或辅导农业职业学校。中央大学农学院辅导巴县三里职校、四川省立万县高级学校、遂宁高级农校、南充高级蚕丝学校；金陵大学农学院受四川农业职业教育辅导委员会委托，对成都、遂宁、丹棱、眉山等 24 所高级、中级农业职业学校进行辅导；四川大学农学院受省教育厅委托，代办省立成都高级农业职业学校，辅导宜宾高级职业学校；浙江大学农学院辅导贵州高级职业学校；云南大学农学院辅导省立昆华高级农业职业学校、省立官渡农业职校；中山大学农学院辅导广东省立梅州、高州、喜泉农业职校；西北农学院辅导并附设高级农业学校；中正大学农学院辅导江西省立永修高级农业职校；广西大学农学院辅导省立农业职校和平乐初级职业学校等。这些大学农学院开展了为辅导学校提供教员、筹划农事实习场地、编写教材和吸收教师进修等活动。[①]

（三）训练农业推广人才

农业上一切研究成果，均以推广的结果被农民接受来决定其实用价值，农民因为自身知识水平的限制，在采用新技术过程中需要推广人员不断地指导，农业地域性较强，推广员需要具有一定的知识和能力。农业推广人才的数量和素质直接影响着科技成果的转化。因此，训练农业推广人才，是大学农业推广的重要内容。由大学农学院与农产促进委员会或当地政府合作开展不同类型的推广人员训练。

金陵大学与农产促进委员会多次合作举办各种训练班。1938 年创办高级推广人员训练班多期，受农促会委托举办普通农业推广人员训练班；1940 年合办农场管理人才训练班、川西园艺苗圃场，举办农业推广讲习

① 周邦任，费旭主编：《中国近代高等农业教育史》，北京：中国农业出版社，1994 年版，第 212 ~ 213 页。

会；1942年金陵大学受中国银行委托，举办初、高级农贷人员训练班；1939年，广西省政府委托广西大学农学院代办农林技术人员训练班，在柳州沙塘开办农事试验场。[①] 农产促进委员会商同西北农学院合办农业推广人员训练班，促进了该省推广事业。[②] 其他农科大学也根据地方需要，独立或合作开展农业推广人员训练。

（四）宣传农业科普知识

该时期，大学利用举办农民补习班、农事展览会、农村服务团、农事讲习会和开办农场示范园、组织合作社等方式深入农村，直接对农民进行农业知识的教育和推广工作。20世纪40年代，金陵大学农学院利用成都广播电台传播农业科普知识。西北农学院推广处指导农民成立了170多个棉麦生产合作社，督导社员种植优良麦种和棉种，植树，兴修引水灌溉工程，召开农产品评比展览会等，使农民得到合作的实惠。[③] 大学农学院还把自己的科研成果编印成各种浅显易懂的农业知识读物，介绍给农民，促进了农业新知识与新技术的传播。四川大学农学院根据杨开渠教授再生稻研究成果编印《再生稻浅说》，根据曾省柑桔褐天牛研究成果《治虫浅说之柑桔褐天牛》编著《实用活页教材之柑桔褐天牛》，供农民使用。[④] 西北农学院推广处编辑发行量较大的通俗读物有《田间选种法》、《治蝗浅说》、《造林浅说》、《植棉浅说》、《防除棉虫浅说》、《合作社簿记浅说》等。

（五）与地方合作开展农业推广

农科大学和大学农学院西迁所到之处，人生地不熟，没有农业推广的前期基础，加上设备经费不足，所以，借助政府及其他当地各方面力量，成为农业推广顺利开展并取得成效的一条重要途径。与地方政府合作开展农业生产的研究和推广，能获得资金和政策的支持。清华大学国情普查研究所在呈贡县政府行政支持下，有效地开展了调查工作，成为政府与学术

---

① 《各省推广概况》，《农业推广通讯》，1939年9月第1卷第1期，第12页。

② 《各省推广概况》，《农业推广通讯》，1939年9月第1卷第1期，第14页。

③ 关联芳编著：《西北农业大学校史（1934—1984）》，西安：陕西人民出版社，1986年版，第32页。

④ 张永汀：《打通一条血路：国立四川大学农学院的建设与发展（1935—1945）》，四川大学硕士论文，2007年，第30页。

机关合作之典范。[①] 四川大学农学院与财政部合作训练烟草技术人员和研究改进全川烟叶，成绩显著。[②] 农学院注重地方乡绅在对农民推广农业知识的过程中所发挥的中介与桥梁作用。四川大学在成都市华阳县狮子山创办了园艺畜牧实验场，设宴招待当地绅首及邻近果园经理，力陈农学院建立农场之意义，希望团甲、绅首律资推广，获得绅首的认可和协助。[③]

农科大学在后方的农业推广，既改良了当地农作物品种，增加了作物的种植面积和产量，为抗战作出了巨大贡献，同时也改变了当地单一的农业生产结构，对当地经济发展产生了深远的影响。大学对西部地区教育进行智力输入，提升了西部地区的教育发展水平。在推动地方经济发展的同时，农业推广对大学自身发展也产生了积极的影响，众多的合作研究和推广为师生的教学、实验提供了有利的条件，教师把推广积累的经验和遇到的问题带回课堂教学中，有助于培养学生专业学习研究兴趣，促进理论联系实践，带动了学术研究的风气，提高了科研水平。由于抗战农业科学研究与推广，农科大学扩充或新建了部分系科专业。

西迁之后，大学在抗战大背景下，开展的农业推广也有不足之处。一切为了服务抗战，使大学系科发展设置注重实用，与粮食增产有关的学科和专业得到长足发展，在其光环背后，是另外一些与粮食生产关系不密切的学科专业的萎缩或迟缓发展。科学研究如果过于注重应用研究，就有悖于研究高深学问的大学性质，纯学术研究受到极大影响，这对于大学整体学术水平的提高是不利的。加上设备资金的不足，大大限制了大学的发展，所以，抗战结束后，虽然多数大学迁回原址，但学术造诣和科研成效并没有恢复到战前水平，这不能不说是大学的损失，也是国家的损失。

四、抗战后的大学农业推广

抗战胜利后，为了开展收复区的农业推广工作，中央农业推广委员会曾在杭州、青岛、南京3处设置农业推广繁殖站，分别为华东地区、华北

---

① 北京大学、清华大学、南开大学、云南师范大学编：《国立西南联合大学史料》（教学、科研卷），昆明：云南教育出版社，1988年版，第695页。

② 曾省：《菸蟲问题》，《农林新报》，1941年第19、20、21期，第3页。

③《本校农学院欢宴狮子山团绅首志略》，《国立四川大学周报》，1937年第6卷第8期，第4页。

地区和苏皖一带供应推广材料。农业推广繁殖站原来由农林部直接领导，抗战胜利后改属农业推广委员会。苏、浙、皖等16个省农林厅（处）或农业改进所内附设农业推广机构，从1946年起推广的作物良种主要由各地区的农业推广繁殖站供应。中央农业推广委员会在南京建立首都农业推广示范区。为了改善农业推广材料的供应，农林部曾把分布在各地的国营农场等改为农业推广繁殖站，以便推广材料可以分区就近供应。这些推广繁殖站的主要任务是试验与繁殖良种，同时还协助各省培养农业推广人员。为了促进战后农村经济建设，1948年10月1日中美两国政府在南京联合成立中国农村复兴联合委员会。委员会由穆彭尔（R. T. Moyer）、贝克（J. E. Baker）两位美国委员和蒋梦麟、晏阳初、沈宗瀚三位中国委员组成，蒋梦麟先生为主任委员。1948年12月农复会随国民党国民政府迁往广州，1949年8月又由广州迁往台湾。

战后，中美农业科技交流频繁，对南京国民政府的农业推广产生了较大影响。1946年，国民政府与美国政府指派的专家合组“中美农业技术合作团”，开展农业技术合作，合作团6月27日正式开始工作，11月16日结束。先在南京、上海两地与政府要员、农业专家以及教育界、工商界、银行界各方重要人物商讨目前的农业现状以及与全国经济有关的问题。7月下旬全体团员分组出发，开展实地考察。主要考察农业教育、农业研究、农业推广、乡村生活、农业经济等问题。全团六组实地考察了15个省，考察完毕，各组重新在南京集合，分组草拟考察报告，每组的报告需经过全团会议通过才算定稿。报告书分中英文两份，分别呈送中美两国政府参考。1947年5月中美两国政府同时公布该报告书，中文报告书于1948年8月由上海商务印书馆出版发行。① 在调查的基础上，各类报告书分析了民国以来尤其是战前十年和抗战期间的中国农业教育、科研和推广情况的利弊得失，为今天研究者留下了宝贵的历史资料。合作团还与浙江省建设厅、浙江大学农学院合作，开展了以省为单位的农业推广示范。②

此外，中国农业生产还得到其他国际组织的支持。1947年联合国粮食

① 中美农业技术合作团著：《改进中国农业之途径：中美农业技术合作团报告书》，上海：商务印书馆，1948年版。

② 王希贤：《从清末到民国的农业推广》，《中国农史》，1982年第2期，第33页。

农业组织（FAO）派团访华，与农业推广委员会合作，贷给中国拖拉机和联合收割机20多台，在南京市八卦州创办农业机械推广示范区，赠给26架野外电影放映机，作为推广宣传之用。联合国善后救济总署运来了化肥、作物病虫害防治药械、种畜种禽、兽疫防治器材等物资。

抗战胜利后，回到原地的农业院校恢复建设，原有的农业推广实验区和农场破坏殆尽，因为国民政府忙于内战，对于农业推广在政策与经费上扶持不足，大多数学校农业推广工作到1947年才陆续开展，学校开展农业推广面临许多困难，所以，难以恢复到战前水平。中央大学农学院因复原学校经费极为困难，1947年与农林部棉产改进处订立合约，合办江浦棉场。北平大学农学院农业经济系1947年才着手开展农业推广，在西郊农村选点，但成效不佳；兽医系设家畜诊疗室，对外免收医药费，受到农民欢迎。金陵大学农学院在1947年后获得联合国援华救济总署资助，举办小型奶牛场，恢复乌江农业推广实验区，在乌江及附近地区组织农会，由农民银行发放贷款，给农民购买农具、肥料、种子；1947年，金陵大学农学院与中国农民银行南京分行合办乌江大树狄农场250亩，双方各出一半资金，推广优良棉花种子。总体而言，战后大学农业推广的内容与范围均不及战时与战前，仅有部分后方创办的农学院未受到战争影响，战后推广继续保持良好的状态。

第四章　民国时期大学农业推广的区域实验

民国时期大学农业推广起源于农事试验。[①] 为了满足教学和实习需要，农科大学建校之初都在学校附近建立农事试验场（简称“农场”），并将试验结果在学校附近小范围推广。随着农科大学办学规模的扩大，社会对农业科技改良需求的增长，大学农场纷纷扩建，建立了多种形式农场，各地农事试验场成为早期的大学农业推广基地。各大学建立的农场分布区域广，如金陵大学农场分布于苏、皖、鄂、豫、鲁、冀、晋、陕8省，工作人员百人以上，终年分散各地，院方专家巡回视察各场指导工作。由于这种分散式推广范围太大，耗时费力，收效较难，因此，至30年代，实施农业推广的大学院系逐渐放弃分散式推广，改为集中于若干地区选定理想区域进行实地农事推广试验，并在每一地区推广不同的重点项目，农业推广实验区成为大学集中式农业推广的主要形式。因为实验地区落后的教育、经济、文化等现状，使得农事推广障碍重重，促使单纯的农业科技推广逐步转向以科技推广为中心的综合乡村改进。从20年代到40年代，大学进行的推广实验，根据所办实验的区域范围不同，分为以县为单位、以区为中心、以乡镇为中心、以村为中心等几种类型，其中最有代表性、最有成效的是以乡镇为中心的农业推广实验和以县为单位的农业推广实验。本章从大学农事试验场、以乡镇为中心的大学农业推广实验和以县为单位的农业推广实验三个方面论述民国时期大学农业推广区域实验，以此为视角揭示民国时期大学农业推广的全貌。

---

① 试验与实验，在当时没有严格的限定，是通用的。本书引用过程中，遵从原作者的用词。就当时农业推广实际情况和性质来看，作者认为用“实验”一词更为妥当。

第一节　民国时期的大学农事试验场

近代农科大学和大学农学院建校之初出于教学和实习的需要，一般都在学校附近建立农事试验场，并将试验结果在学校附近小范围推广。随着大学数量和办学规模的扩大，社会对农业科技改良需求的增长，大学农场不断扩建，创办了多种形式的农事试验场，农事试验场的规模、数量在抗战前达到鼎盛时期。抗战时期，绝大多数大学被迫西迁，设备损失惨重，而设立的临时农事试验场，规模不大，成效较低。大学农事试验场主要从事作物品种的改进、培育、繁殖和推广等活动，成为大学农业科技研究和推广的重要基地，其积累的丰富的农业推广经验，推动了中国近代农业科技的进步。解决民国农业危机的技术派主导路径决定了农业科技研发在复兴农村经济中居于举足轻重的地位，农事试验场成为民国农业科技的策源地，在大学农业推广实践中发挥了重要的作用。

一、大学农事试验场的创办

(一) 农场实习的制度化和规范化

创办农事试验场是清末时期政府改良农业的一项主要措施。民国初年，北洋政府提倡“棉铁政策”，在改造清末中央农事试验场等农事试验场的基础上，又根据需要增设了一定数量的农事试验场，掀起了农事试验和科学研究的风气。至1927年，各地共设试验场约251处。[①] 这为以后大学与各地合作建立农事试验场，开展农业区域试验和推广提供了条件和保障。在此背景下，民初建立的农科大学、大学农学院一般都在学校附近设有农事试验场。民初南京是全国农业教育和科研的策源地。1914年，金陵大学农科成立时就在汉口路设立园艺试验场；1916年又在太平门外建立农事试验场总场。1917年，南京高等师范学校在南京成贤街建立农场1处。农科主任邹秉文认为，没有足够大面积的农事试验场，学生实习作业无法进行，科研和推广无从做起。

① 章有义编：中国近代农业史资料（1912—1927）（第二辑），北京：三联书店，1957年版，第182页。

“五四”运动前后，实用主义开始在中国传播，学校教育脱离社会实际的弊端引来国人的关注和批评，梁启超先生就曾指责学校教育太注重“纸的教育，不注重事的教育，动的教育”，只知“纸的学问”，不知“事的学问”，“学问不求实用”，培养的人不能为社会所用。因此，1918 年 10 月间召开的全国专门以上学校校长会议提出注意在大学开展学理研究，注重实习和实用教育。农场实习开始受到农科大学的重视，并逐步制度化和规范化。

各农科大学纷纷制定农场规则，如浙江大学农学院制订的《农事实习规约》（见附录四）就很有代表性。这些农场规则旨在规范学生的农场实习，使农场实习逐渐发展成为学校教学计划规定的一门课程。四川公立农业专门学校规定，每班所授课程除在校讲习及实验外，须由该科主任率领学生外出实地实习，学生实习均按《学生实习规程》、《农场实习规程》、《缫丝实习规程》、《养蚕实习规程》等组织进行。[①] 国立北京农业专门学校建校之初设立农学科和林学科，农场实习是农学科 30 门课程中的一门，造林实习和实地演习是林学科 29 门课中的两门。[②] 各农科大学对各专业农场实习的内容、时间和评定均有明确的规定。例如，1930 年中山大学农科学院制订了《本校农科学生农场工作规则及工作考成办法》，规定每个学生每星期劳动一天，每日 6 小时，因事请假批准后可于暑假补足，每日考评从量和质上评分，及格者给予学分。[③] 农场实习在农科大学教学中的地位得以提升，促进了农科大学农事试验场的发展壮大。

（二）大学农事试验场的发展

五四前后，留美农科生陆续学成归国，大多供职于传播新科学新知识的大学，实验法被传入国内，大学农学实验课程逐渐增加。留美农科生引进美国农业重实地调查和试验推广的理念和方法，采用现代科学方法，培育优良品种，他们在各地创办农事试验场，对培育的作物良种进行驯化试验，试验成功再予推广。同时，这些留美农科教授因为留学美国之缘故，多聘请美籍

---

① 四川农大校史编写组编：《四川农业大学史稿（1906—1990）》（内部资料），1991 年版，第 7 页。

② 北京农业大学校史资料征集小组编：《北京农业大学校史（1905—1949）》，北京：北京农业大学出版社，1990 年版，第 80 ~ 81 页。

③ 周邦任，费旭主编：《中国近代高等农业教育史》，北京：中国农业出版社，1994 年版，第 104 页。

农学专家来华讲学，如世界著名遗传育种专家洛夫、昆虫学家吴伟士、植物病理学家博德、农业经济专家卜凯、棉作专家郭仁风、蔬菜育种专家马雅思、高粱与玉米育种专家魏更斯，等等。专家在各农业院校或农事试验场讲授和指导作物栽培、育种、病虫害防治等先进农业技术，推动了我国大学农事试验的发展。留美农科生引入美国教学、科研、推广相结合的农科大学办学体制，为大学开展农事试验和推广提供了制度保障。

从20年代开始，大学农事试验场由学校附近逐步向更远的地域拓展，其中，企业的资助成为大学农事试验场扩展的重要动因。20年代初，一些知名企业、工厂为了获得稳定的产品原材料来源，提高农产品的品种质量，资助大学农科开设试验场，进行作物改良研究，于是，大学农事试验场规模因此逐渐扩大，从总场发展到分场。以东南大学农科为例，1920年，上海面粉公会资助东南大学4万元，专供小麦试验之用，成立了南京高等师范学校农事试验场第二分场。上海机械面粉公司商请东南大学（1920年12月南京高等师范学校改名为国立东南大学）农科附设小麦试验场，每年补助6000元。1921年5月，上海中国合众蚕桑改良会委托东南大学农科在南京太平门外设蚕桑试验场，后作为东南大学第三分场。1921年春，上海华商纱厂联合会将该会成立的植棉委员会及苏、冀、豫、鄂四省8处约1500亩棉场全部委托东南大学农科办理，[①] 每年资助2万元，大大推动了东南大学棉花试验与改良工作。1929年中央大学[②]农学院已拥有13处农事试验场。[③] 此外，金融界的资助也推动了大学农事试验的开展，如1934年中国银行资助河南大学农学院在河南省灵宝县设立棉作试验场，改进棉花纤维，终有其成；[④] 金陵大学乌江棉作农场也曾得到上海银行的资助。

为了开展区域试验，大学还注意与政府、社会团体、其他学校及其所设农场合作，设立农场分场和合作试验场，壮大了农事试验的区域和规

---

① 费旭，周邦任主编：《南京农业大学史志（1914—1988）》（内部发行），1994年版，第154页。

② 1927年国立东南大学与江苏境内其他8所专科以上学校合并，成立国立第四中山大学。1928年2月遵照大学院令更名为江苏大学。1928年5月改为国立中央大学。

③ 这些农事试验场包括：院内农场、大胜关农事试验场、劝业农场、洪武棉作试验场、江浦棉作试验场、杨思棉作试验场、郑州棉作试验场、昆山稻作试验场、成贤农场、丹徒畜牧试验场、太平门试验场、丁家桥园艺场、下蜀林业试验场。见《国立中央大学一览》（第六种农学院概况），1930年，第92~94页。

④ 校史编写组编：《河南农业大学校史九十年华诞》，郑州：大象出版社，2003年版，第18页。

模，提高了其他农事试验机构研究和改良水平。1922年后金陵大学农学院陆续成立各地试验分场及合作试验场，各就场地所在，改良作物，农场包括农事试验总场、临时试验场、农事分场、农事试验合作场、区域试验场、种子中心区等6种类型（详见表1）。除此之外，各系还建立各种农事试验机构，如农艺系自创立至30年代末，先后在华北、华东地区设立的各类农事科研试验点达20余处之多。[①] 合作农事试验一般由农科大学供应优良种子，担任技术指导，试验优良品系可以推广的区域与范围，合作单位提供场地、资金和人力。

救亡图存的历史使命也使大学重视农事试验和农场的创建。20年代末，农村经济崩溃、粮食大量进口，使得农科大学在提高教学和人才培养质量的同时，更加注重改良作物品种，改进栽培方法等科学试验，积极为当地粮食增产和经济发展服务，农场成为农科大学重要的科学研究试验场所和服务基地。1927年3月，中山大学农学院正式建立我国第一个稻作专业研究机构——南路稻作育种场。该校农科负责人认为：改良广东稻作应从产米最多的高州入手，然后推广他处，增加米谷收获，此举“既可解决民生问题，亦可抵抗帝国主义者之经济侵略。”[②] 农科学院后增设了4处稻作试验分场，对发展华南粮食生产作出了重要贡献。一些本无农科专业的大学为了复兴农村，也开展农事试验，如齐鲁大学和燕京大学都在金陵大学农学院的帮助下开展农事试验；福建协和大学在理学院下设农事试验场开展水稻蚕桑等改良研究。同时，1929年教育部颁布《大学规程》，规定大学农学院设农场林场，推动了各大学农场规模和数量的迅速增加。

抗战时期，大学颠沛流离，设备损失惨重，办学地点不固定，经费极为有限，一般设临时农事试验场，其规模与战前农场无法比拟，大学的农事试验研究及推广受到较大影响。尽管如此，大学仍力争与当地政府所办的农事试验场合作，从事农事试验，开展良种培育与推广工作，实现互惠互利。广西大学农学院因农场较小，不能满足教学实习和科研需要。他们与广西农事试验场合作，完成了许多科研项目，部分课程的田间实习和农

---

① 郝钦铭：《金大二十余年来之农作物增产概述》，《农林新报》，1942年第28～30合期。

② 《本校农科大学广东南路稻作育种场成立宣言》，《国立中山大学校报》，1927年4月18日第9期。

场实习都在试验场内进行；试验场的许多专家来院兼课，部分学生的毕业论文也是结合试验场的科研课题在该场专家指导下完成的；合作双方还合办了《广西农业》刊物，刊载农业科研成果，报道国内外农业科技教育的发展动态，成为全国性的农业科学重要刊物之一。[①] 总之，大学农事试验场为粮食增产、支援抗战作出了巨大贡献。

表1　1914 年~1944 年金陵大学与有关机构合作建立的合作农事试验场

类　型	场　名	地　点	备　注
农事试验总场	金陵大学农学院农事试验总场	南京城外	1916 年成立，共计 5 处
临时试验场	成都临时试验场	成都华西坝	1938 年金陵大学西迁后成立的总场
农事分场	开封农事试验场	河南开封	1923 年与南浸礼会合作
	燕京作物改良农场	北平海甸	1924 年成立，1931 年归属金陵大学
	乌江农业试验分场	安徽和县	1933 年成立
	西北农事试验分场	陕西泾阳	1933 年与西北农工改进会合办
农事试验合作场	南宿州农事试验场	安徽宿县	1922 年与北长老会合办
	江苏小麦试验场	江苏铜山县	1926 年成立
	铭贤农事试验场	山西太谷	1930 年与铭贤学校合办
	山东农事试验场	山东济南	1930 年与华洋义赈会合办
	青州农事试验场	山东益都	1933 年与齐鲁大学、胶济铁路合办
	周村农事试验场	山东周村	1933 年与齐鲁大学、胶济铁路合办
	定县农事试验场	河北定县	1933 年与平民教育促进会合办，又称“平民教育促进会农场”
	太嘉宝农事试验场	江苏济河镇	1934 年成立

① 傅硕龄主编：《广西农业大学校史（1932—1997）》，桂林：广西科学技术出版社，1998 年版，第 27 页。

（续表）

类型	场名	地点	备注
区域试验场	黄渡师范学校农场	江苏黄渡镇	1928年成立
	苏州农校农场	苏州	1934年成立
	芜湖农业职业学校农场	芜湖	1935年成立
	金口国营农场	湖北金口	1936年成立
	安县奠高农场	四川安县	1938年成立
	温江乡建会农场	四川温江	1939年成立
种子中心区	南京种子中心区	南京郊区	1934年成立
	兴隆集推广区	开封兴隆集	1934年成立
	宿县种子推广区	安徽宿县	1934年成立
	乌江种子中心区	安徽和县	1934年成立
	泾阳种子推广区	陕西泾阳	1937年成立，该区涵盖三原、富平、高陵等县
	温江种子中心区	四川温江	1938年成立
	安县种子中心区	四川安县	1938年成立
	南郑种子中心区	陕西南郑	1940年成立
	北平种子中心区	北平附近	不详

资料来源：郝钦铭等《卅年来之金陵大学各农事试验场》，《农业推广通讯》1942年第4卷第11期，第56页。《金陵大学20年来之农作物增产概述》，《农林新报》1942年第652~654期。《金陵大学农学院总场及各合作试验场第十届讨论会报告》，1935年。

二、大学农事试验场的农事活动

大学农事试验场是学生实习场所，也是从事作物品种的引进改良和育种试验的研究基地，早期研究工作主要是引进、改良和选育棉、稻、麦等作物品种，后来各农场开始繁殖和推广培育良种，推行先进的农业生产技术和方法。农事试验场逐步成为兼具试验、繁殖与推广为一体的机构。民国时期大学农事试验场主要开展了以下几个方面有意义的农事活动：

（一）改进和培育优良作物品种

20世纪20年代，中国纺织工业迅速发展，对棉花需求量很大，但是国内当时棉花品种变异退化严重，于是，农科大学审时度势，率先从棉作物试验改良入手进行农事改良试验。早在1915年，金陵大学农科就开始了中棉选种及美棉引种驯化。1919年在华商纱厂联合会资助下，从美国农业部购得8个品种的标准棉种，在全国8省26处农场进行试验，在美国植棉专家柯克（O. E. Cook）指导下，选育出“脱字棉”、“爱字棉”，分别适合华北和长江流域种植。在美国专家郭仁风指导下改良中棉，育成“金大百万棉”，这是中国近代农学家自己培育成的首批良种。以后又育成“金大得字棉531号”，适合于长江流域生长；“斯字棉4号”，适合于北方地区种植。东南大学、南通大学等各棉作农场育成青茎鸡脚棉、小白花棉、孝感长绒棉、江阴白皮棉等优良棉种。这些优良棉种的培育与推广，促进了近代棉纺织工业的发展。

稻麦是我国主要粮食作物，其良种选育成为农事试验的重要内容。各大学农事试验场开始运用科学育种法进行作物试验。南京高等师范学校农科最早开始水稻的育种工作，1919年在成贤街设立农场开展水稻试验。1920年设大胜关农场，先后育成“东莞白”、“江宁洋籼”等优良品种，这是我国用纯系育种法培育良种的开端。1926年，广东中山大学农学院稻作试验场育成“中山一号”杂交种，这是我国最早采用杂交育种方法育成的水稻良种。金陵大学最早采用近代科学育种方法进行小麦育种试验，经过7年试验，1923年育成“金大26号”。金陵大学从1925年起，先后与苏、院、鲁、陕等7省的农事试验场或合作农场协作进行小麦育种工作，先后育成十多个小麦良种，以沈宗瀚教授育成的“金大2905号”为最优。浙江大学农学院在麦稻育种方面也有突出表现，育成小麦良种“浙大26号”、“浙大445号”、“浙大446号”、“立夏黄”等；水稻良种有“浙大3号”、“铁犁头”、“雄町”、“大团圆陆稻”、“红谷糯糯稻”。①

此外，大豆、高粱等杂粮育种试验也取得较好成绩。北平大学农学院选育出“杂206”优良杂交玉米种子，比当地品种增产33.9%；燕京大学

① 浙江农业大学校史编写组编：《浙江农业大学校史（1910—1984）》，杭州：浙江农业大学印刷厂，1988年版，第12页。

农艺系育成的“金大燕京206号”、“金大燕京236号”玉米良种，产量比对照种高出43%～53%；金陵大学农艺系培育的“金大332号”大豆，比农家品种增产45%；1928年金陵大学各合作农场育成“金大燕京129号”、“金大开封2612号”、“金大南宿州2624号”等品种，推广面积大为增加。[①] 这些良种的培育，为大学普遍开展农业科技推广奠定了坚实的基础。

（二）繁殖和推广改良品种

分布全国各地的大学农事试验场在试验基础上繁殖优良品种，并把优良品种推广到农场附近的乡村乃至全国。1926年，东南大学各棉作推广区散发棉种51928斤，种植面积9769亩。1936年，江浦棉作场与中央棉产改进所合作，推广“脱字棉”达11省14000亩，棉农收益颇丰送匾致谢。[②] 东南大学太平门外的蚕桑试验场，制成无病毒蚕种60万～70万圈，约28000张，廉价发售给附近蚕农。中央大学农学院在赵连芳等规划下，1930年在安徽、湖南等各试验场普遍繁殖优良稻种“帽子头”，到抗战前推广区域几乎遍及长江流域各重要产稻省份。[③] 1923年，金陵大学农场和所属4个分场从事玉米品种比较试验，选育良种并扩大繁殖，每年繁殖3000斤～4000斤，分散到各玉米产区示范推广。1933年，金陵大学开封农事试验场开始繁殖推广育成的124小麦良种，4年间成效显著（见表2）。

金陵大学合作农场南宿州农事试验场育成小麦新品种61号，产量超过农家最优品种26%，1935年种植面积2万亩。[④] 金大西北农事试验场，推广美棉4号斯字棉，高出农家品种35%～40%，自1936年起，每年出产优质棉花100担，推广面积15万亩。1946年起推广良种小麦60号、129号、302号，产量比一般农家品种高35%左右，到1947年冬，已推广60万亩。[⑤]

---

① 南京农业大学校史编委会编：《南京农业大学史（1902—2004）》，北京：中国农业科学技术出版社，2004年版，第176页。

② 费旭，周邦任主编：《南京农业大学史志（1914—1988）》（内部发行），1994年版，第117页。

③ 郭文韬，曹隆恭主编：《中国近代农业科技史》，北京：中国农业科技出版社，1989年版，第21页。

④ 金陵大学农艺系编：《金陵大学农学院总场分场及各合作试验场第十届讨论会报告》，南京：金陵大学农学院出版，1936年版，第60页。

⑤ 校史编委会编：《南京农业大学史（1902—2004）》，北京：中国农业科学技术出版社，2004年版，第178页。

表2 1933年~1936年开封农事试验场124小麦推广实况一览表

年度	村数	户数	石数	亩数
1933	2	9	5. 3	306. 6
1934	8	55	128. 2	2743. 5
1935	25	285	453. 2	9077. 0
1936	50	553	948. 72	10340. 0

资料来源：金陵大学农艺系编《金陵大学农学院总场分场及各合作试验场第十届讨论会报告》，南京：金陵大学农学院出版，1936年版，第56页。

（三）定期交流农事试验和推广经验

各试验场为相互取长补短，扩大推广成效，定期互相交流成功的农业改良经验和交换培育出的优良品种。东南大学农科每年12月农闲时举办各棉场职员研究会，每期4周时间，各棉场的职员1~2人到会讲习，报告一年来场务情况和下年计划，互相讨论研究。[①] 金陵大学从1925年起连续十年每年或冬或夏举行农学院总场分场及各合作试验场讨论会，暨各农场年会，开我国作物育种讨论会之先河。讨论会期间，阐明方法，演讲学术，“因之所学得益新知，工作定有准绳，此利于各场进展”。[②] 并邀请专家讲授遗传学、育种学、生物统计及作物育种、植物病害防治、实验室研究方法等前沿学科科技知识，与会人员商讨各场遇到的育种困难问题及适宜繁殖推广的新品种，确定新品种命名原则及实行品种注册方案，建立农业推广组织，交流管理经验，解决疑难问题等。这种定期召开农事试验经验交流会的方式，有利于新的农业科技在全国范围的传播，促进了农业改良。

三、大学农事试验场的成效

（一）深化了学者对农业问题的认识

大学在各地设立农事试验场，使师生从象牙塔走向社会，关注和致力于解决民生问题，密切了大学与社会的联系，大学办学由封闭走向开

① 费旭，周邦任主编：《南京农业大学史志（1914—1918）》（内部发行），1994年版，第159页。

② 金陵大学农艺系编：《金陵大学农学院总场分场及各合作试验场第十届讨论会报告》，南京：金陵大学农学院出版，1936年版，第1页。

放。农场开展的各种农事试验和研究使大学教学做到理论联系实际，大学研究者在实践中对许多农业问题认识逐步深化。农学家沈宗涵通过多年亲历小麦改良试验，认为研究中国粮食问题关键在于粮食自给。就小麦而言，保证自给的主要措施有三点：增加生产降低成本，提高中麦品级并使之商品化，改良运销及捐税制度。增加生产降低成本的方法有推广改良品种、改良肥料、防止病害、改良灌溉及排水、改良杂粮等。对长期以来农业科技推广中良种推广最为成功的做法，沈宗涵以其亲身实践认为："增加生产最有效之方法，莫如推广改良品种，因改良品种产量既高，品质又好，且无病害，农人引用，不需额外资本，即可多收，此在中国今日农村情形之下，尤为适合。"[①] 由此可见，农学家在农事试验与推广实践中形成的真知灼见，对于引领全国农业推广具有较大的理论与实践指导价值。

（二）积累了一定的农业推广经验

大学农事试验场在实践中创造出"先试验—后繁殖—再推广"的科学农业改良步骤。农事试验场改良作物都是当地最主要的粮食作物或经济作物，如南宿州地属平原地区，小麦占该地栽培面积70%，故金陵大学农学院和南宿州长老会合作创办南宿州农事试验场，专门从事小麦改良。这样，能够培育出适合当地区域特点的优良品种，就近推广，直接提高了当地农作物产量，改善了农民生活。在场址选择上，各农事试验场选择作物种植区域最多、交通较为方便的地区进行良种推广。如开封农事试验场，选择兴隆集为新品种124号小麦推广中心区，因为兴隆集镇是开封县出产小麦最多之区域，种植小麦面积占60%，并且离开封县城较近，只有30里，火车20分钟可到达，也有通畅的大路，可通行人力车及汽车。[②] 这些均为后来大学开展以乡镇为中心的农业推广区域实验积累了经验。

为了便于统筹管理，大学农事试验场所设推广区域一般力求集中，采取波浪式推广方法，层层向外扩展，逐步扩大推广范围；同时邀请当地权威人士参与管理。金陵大学在兴隆集农事推广区，尝试选择一两个大公无

① 沈宗瀚：《中国粮食问题》，见金陵大学农艺系编：《金陵大学农学院总场分场及各合作试验场第十届讨论会报告》，南京：金陵大学农学院出版，1936年版，第5页。

② 毕永华：《兴隆集推广之实况及其困难》，见金陵大学农艺系编：《金陵大学农学院总场分场及各合作试验场第十届讨论会报告》，南京：金陵大学农学院出版，1936年版，第56页。

私而有声望的农民领袖，一方面按私人之友谊借以联系，另一方面以正式公函聘为农场推广顾问，“被聘者视此为无上光荣，收效甚宏，一切农情，顾问等无不彻底澄清一一为本场呈告”。[①] 各地试验农场还帮助推广实验区农民成立合作社，以合作社为联络纽带，借以组织安排良种发放、技术宣传指导等事宜。凡接受改良作物品种的农户，就近加入合作社，接受农场指导，各合作社由农场担保，向银行借贷生产放款，限购肥料及农具等，农民既得良种，又获经济补助。有的合作社还建立仓库，粮食入仓后向银行抵押贷款，既保存了良种，也解决了农户的暂时经济困难。这些成功做法提高了农业推广的成效。

(三) 改善了学校办学条件

民国时期大学设立的农事试验场肩负着增加创收补充学校经费的职责。国立北京农业大学组织大纲中就明确规定，“本大学经费以国款学费、试验场收入暨其他捐款充之”。[②] 据1930年《国立中央大学一览》记载，国立中央大学农学院1929年度的农场收入为3万元。[③] 据1925年岭南大学年鉴记载，岭大农场种植的木瓜，每当成熟就远近争购，每年为岭南大学赢得8万余元的收入。[④] 国立中山大学校长邹鲁提倡学校生产化，该校石牌新校址除建筑物外，其余全部变为农场、林场等。据邹鲁校长回忆，当时中山大学除了盐和煤之外，其他物品都有生产，“如米，除本校附近的农场外，尚有东莞农场、茂名农场，计划中的海陆丰农场，所入当能勉强敷用。他如蔬菜，遍地皆可种植，供给有余，肉食也可自给；而校内所出的牛乳，除供给学校需要外，还可销于校外”。[⑤] “以农养校”是民国时期大学产业化经营的一种可贵的尝试，成为增加学校收入、促进办学的有效途径。

① 金陵大学农艺系编：《金陵大学农学院总场分场及各合作试验场第十届讨论会报告》，南京：金陵大学农学院出版，1936年版，第56页。

② 王步峥，杨滔主编：《中国农业大学史料汇编（1905—1949）》（上卷），北京：中国农业大学出版社，2005年版，第274页。

③ 《国立中央大学一览》（农学院概况），1930年，第91页。

④ 倪川：《被遗忘的美国人：岭南木瓜的培育者高鲁普》，《羊城晚报》，2011-01-22。

⑤ 程焕文编：《邹鲁校长治校文集》，广州：中山大学出版社，2004年版，第65页。

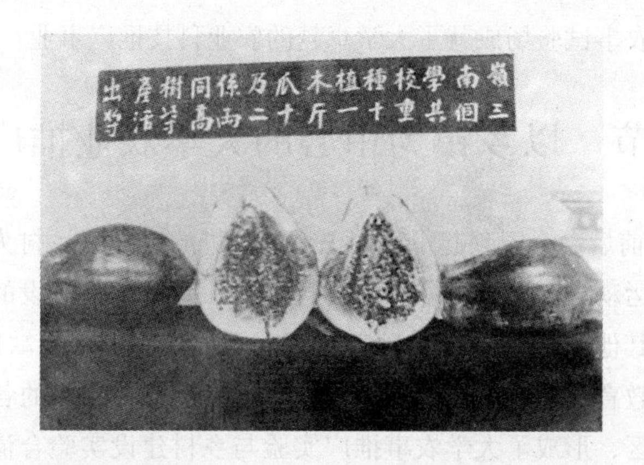

广东省农品展览会上展出的岭南学校种植的木瓜①

（四）改进了农作物品种

在不同时期和不同地区，大学农事试验场的推广工作始终以良种推广为先导和中心，农学家自育品种在推广过程中发挥着愈来愈突出的作用。经过连续多年的良种推广，粮食作物良种种植比例在推广实验区明显提高。若干地方品种通过多年科学改良和推种，在更广的范围内得到推广，几经换代更新的引进品种在很大程度上取代了退化土种和早期引进品种，为农家所广泛采用。因此，中国农业生产逐步走出传统社会的封闭型种植模式，中国农民的视野得到了扩展，观念发生了转变。良种引进和推广还促使经济作物的种植规模扩大，在农业种植结构中的比重上升，推动了商业性农业的发展。此外，病虫害的防治试验、化学肥料和农具的引进改造等，对农作物品种的改良和传统农业的现代化都产生了积极的影响。总之，各种大学农业试验场的设立，增强了中国近代农业科研水平，使得中国农业开始与世界先进的农业科技水平接轨，农业科技交流逐步增强。

综上所述，民国时期大学农事试验场在农科大学的教学科研和推广中扮演着重要的角色，使大学教学理论联系实际，培养了农科生改良农业的情趣和技能，为改善大学办学条件提供了一定资金的支持。抗战前，大学农事试验场是我国农业科技创新的主要策源地。农学家经过农场反复农事试验，培育和改良了许多作物品种，改进了农业生产方法和技术，并积极加以推广，提高了作物产量，产生了显著的经济效益，推动了农业科技进

---

① 倪川：《被遗忘的美国人：岭南木瓜的培育者高鲁普》，《羊城晚报》，2011-01-22。

步。因此，农事试验场成就了大学卓越的农业科技推广事业。

第二节　以乡镇为中心的大学农业推广实验

1930年前后，全国兴起了由知识精英推进的以复兴乡村为宗旨的大规模乡村建设运动，激发了更多大学投身波澜壮阔的乡村建设的热情，他们不但参与了其他团体建立的乡村实验区，成为其中不可或缺的重要力量，而且以农业教育、农业推广为基础，创建了以乡镇为中心的各具特色的乡村建设实验区，形成了大学农事推广实验与乡村建设实验合流、大学与其他乡建团体共同开展综合性乡村建设实验的新局面。各实验区工作侧重点有所不同，有的侧重教育，有的侧重经济，有的注重乡村自治，但基本上都涉及改良农业。抗战爆发后，以乡镇为中心的农业推广实验从高潮转入低谷，部分大学西迁途中在所到乡镇建立了推广实验区，如河南大学农学院迁至河南嵩县潭头镇、中山大学农学院迁至湖南宜章县粟源堡乡、广西大学农学院在柳州沙塘镇、福建协和大学迁至闽北邵武县等地，继续从事战前的农业推广事业，但规模和效应都明显不敌战前，实验活动中明显突出了“抗战救国”的时代主题。

一、以乡镇为中心的推广实验区的选定

（一）在哪里实验？——实验之区域

黄炎培领导的中华教育职业社是国内较早开展乡村改进实验的学术团体。1925年，教育家黄炎培为山西筹划《划区试办乡村职业教育计划》，率先提出划定区域，开展乡村改进实验。该计划虽未实行，但此设想成为以后职业教育社乃至其他社会团体举办乡村实验区的基本指导思想。1926年，职教社选择位于沪宁路边、地势平坦、土地肥沃的徐公桥开办实验区。1930年，金陵大学与中央农业推广委员会在乌江合办农业推广实验区。选择该区的优势在于，乌江离南京仅80里，交通便利，学校专家可常往指导及督促；乌江荒地较多，农业生产有增长可能；金陵大学在该处已工作9年，打下了良好的推广基础。与此同时，燕京大学建立清河镇推广实验区，也缘于该镇距北平较近，北平至张家口等地大道经过镇中央，交通便利；位于40个村庄之商业交通中心点，是农产品及商品的集散地；离

校八里，联络方便。同样，齐鲁大学选择龙山镇建立推广实验区，因为龙山镇距离济南不远，靠近胶济铁路，交通便利，又为商业、行政和社会活动中心，并且，之前齐鲁大学神学院在此地建立了农村服务社，奠定了乡村改进的基础。此后，北平大学、北平师范大学、福建协和大学、浙江大学等大学纷纷仿效，积极创建推广实验区。

推广区域选择适宜与否，直接关系到推广工作的难易与成效。当时农村信息和交通非常落后，选择离城市或本校较近、交通便利、商业经济较为发达的乡镇村庄开展农业推广实验，相对而言这些地区的农民更易于接受新事物和乡村改进举措，推广难度相对较低。实验区离大学较近，专家可经常指导，及时发现和解决问题，保证实验顺利进行。同时，民国地方自治改革也为推广实验区的建立创造了条件。1929 年 9 月和 10 月，南京国民政府先后公布了《乡镇自治施行法》和《区自治施行法》，对区和乡镇自治作出了制度设计。[①] 区和乡镇均为自治单位，区设区公所，乡镇设乡、镇公所，办理自治事务。区和乡镇两级行政得到统一和制度化，为大学建立以乡镇为中心的推广实验区提供了制度保障。乡镇所辖区域相对较小，可控性较强，易显成效。

（二）为何实验？——实验之目的

大学建立实验区的动机不尽相同，归纳起来主要有以下几种目的：

1. 出于学术之目的

（1）为学理研究而实验。如金陵大学在乌江建立实验区，是为学理研究而实验。实验区可作为实习地，达到学理研究和科学实验的目的，“庶使农学院年耗百分之五十之研究经费，可以用得其所。”[②]（2）为求真知而实验。如燕京大学社会学系在清河镇建立实验区，是为求真知而实验。实验的主要目标是在实际社会里面，建立一个适当的实验场，使校内研究社会科学的师生们不单从书本里寻死学问，而谋切合实际需要，更能从人群

---

① 区的划分：“各县按户口及地方情形分化为若干区，各区由十五个至五十个乡镇组成”；乡镇的划分：“凡县内百户以上村庄为乡，不满百户者得联合各村庄编为一乡；百户以上街市为镇，不满百户的编入乡；乡镇均不得超过千户。”见徐秀丽编：《中国近代乡村自治法规选编》，北京：中华书局，2004 年版，第 131 ~132 页。

② 蒋杰编著，孙文郁，乔启明校订：《乌江乡村建设研究》，南京朝报印刷所，1936 年版，第 57 页。

生活中求真知识。①

2. 出于乡村建设之目的

（1）为改进乡村而实验。如徐公桥实验区非常希望小小徐公桥实验得到圆满结果，各地农民，“由近及远”地闻风兴起。把乡村做国家的单位，把一乡村的改进，做全国改进的起点。②（2）为训练人才而实验。如北平师范大学设乡村教育实验区，除提供实习乡村工作机会外，为建设乡村而训练人才，从实验活动中培养学生解决乡村问题的智能，在乡村简陋环境中养成学生刻苦耐劳的精神，教员从实验中探求训练乡村人才的最佳方案。③（3）为改造农村而实验。如国立北平大学农学院成立农村建设实验区，宗旨是“实验农村社会之改造，与农民生活之改良，并谋学生实习之机会与场所。”④

3. 出于民族复兴之目的

如国立中山大学建立乡村服务实验区，目的在于培养民族复兴的力量，认为：“乡村是民族复兴力量之大本营，乡友之训练与组织，农村力量之培植，确是目前救亡运动一种重要工作。”⑤

金陵大学学生暑假在乌江实验区棉田实习

金陵大学学生暑假在乌江实验区稻田实习

资料来源：《农业推广》，1935 年第 9、10 期合刊。

① 张鸿鈞：《燕京大学社会学系清河镇社会实验区工作报告》，见章元善等编：《乡村建设实验》第一集，上海：中华书局，1934 年版，第 64 页。

② 田正平，李笑贤编：《黄炎培教育论著选》，北京：人民教育出版社，1993 年版，第 218 页。

③ 文模：《北平师范大学乡村教育实验区工作报告》，见章元善等编：《乡村建设实验》第二集，上海：中华书局，1935 年版，第 142 页。

④ 王步峥，杨滔主编：《中国农业大学史料汇编》（1905—1949）（下卷），北京：中国农业大学出版社，2005 年版，第 532 页。

⑤ 郑彦棻主编：《国立中山大学乡村服务实验区报告书（2）》，1937 年版，第 2 页。

综上所述，大学建立乡村实验区的出发点和实验内容虽有所不同，但实验区成为本校学生理想的实习基地，便于理论与实际相结合，这几乎成为所有大学创办实验区的共同动机。通过实验对乡村进行改进，以挽救民族危机，也是各大学开办实验区的共同目标。大学是研究高深学问的场所，实验区也为大学师生开展科学实验和研究提供了实践机会。在国家危难之际，大学出于强烈的救亡图存的使命感，尝试通过各种试验与改革，为改进乡村、复兴民族、建设国家而竭尽所能地努力奋斗，这充分展现了民国时期大学农业推广的社会价值。各种农业推广区域实验是民国时期大学农业推广的缩影。

（三）如何实验——实验之步骤

大学实验工作者通过实践对实验区工作步骤有了初步认识。

首先，获得农民的信赖和支持。推广新事物的首要任务是了解农民，获得农民的好感。只有得到农民的认可和配合，推广工作才能顺利进行。金陵大学初建乌江实验区，李洁斋干事为了解农民和乡村社会进行农家访问，深觉乡民需要医药甚切，就略备数种普通药品装在一个小皮箱，出入乌江附近各村代为诊疗，同时进行调查，历时未久即获好感，因此，“欲在当地进行推广工作，自非获得农民感情不可。”[①] 北平师范大学建立乡村教育实验区时，先聘请一位熟悉本地情形并与区内农民接见之乡绅，充任事务员，向农民作简单宣传开办实验区目的；再通过农村访问联络农民。访问分为农村社会访问及农村家庭访问，前者每周举行一到三次，后者大多由女生进行。

其次，确立工作目标和实验计划。实验工作者通过调查、宣传、访问等途径，在了解实验区农村社会和农民、农情的基础上，建立明确、可行的工作目标，有计划、分阶段地进行实验工作。乌江实验区建立初期，经过调查访谈，确定以增加农民生产、启发民众智慧、促进乡村卫生为主要事业，以乌江镇为核心，向南、西、北三方各发展十里作为农业推广区域。国立中山大学的乡村建设实验区工作分为两个阶段，第一阶段，接近乡民，熟习乡村情形，建立起良好基础。工作方式是开展各种宣传和知识下乡活动，调查农情和农民家庭情况。第二阶段，开展具体的乡村改进工

① 蒋杰编著，孙文郁，乔启明校订：《乌江乡村建设研究》，南京朝报印刷所，1936 年版，第326 页。

作，分为政治、经济、自卫与文化四个方面。徐公桥实验区以建成一个“土无旷荒，民无游荡，人无不学，事无不举，全村村民家呈康乐和亲安之现象”的理想农村为工作目标。

烏江鎮全景（有×處即本區辦公處）

资料来源：《农业推广》，1935 年第 9 期、第 10 期合刊。

二、推广实验的条件保障

决定农业推广成效的要素除了优良的材料和适宜的环境外，必须具有完备的组织、健全的人员、稳定的经费和有效的方法。

（一）建立完备的推广组织机构

完善的组织和管理体系是农业推广工作顺利进行的前提和保障。各实验区一般在实地调查基础上，确立实验具体内容，再据此设置若干工作职能部门，即成立若干专门工作组（股），各组（股）由专职人员长期驻守负责，招聘若干名职员。在各实验区中，乌江实验区的实验时间最长，从 1921 年在乌江镇推广棉种开始，直到 1937 年抗战爆发。农业推广实验取得显著成效，实验区组织比较健全是其中重要原因之一。乌江实验区，下设总务股、农村经济股、农村社会股和农村教育股。后实验区扩大，实验区下设总务、教育、生产、社会、经济、卫生和政治七个组，其组织结构如图 1 所示。除了建立健全的组织管理机构，各推广实验区还成立各种委员会，定期召开会议，制订实验区工作计划和协商解决工作中的问题。燕京大学清河实验区成立时设执行委员会，下设社会股、经济股、卫生股和调查股，并设顾问委员会及专门委员会，各股股长定期召集委员会会议。

（二）培养当地农民领袖人才

传播学认为，农村中先进受众对新发明的传播影响最大，他们在社区中是领导，在邻居眼中是“好农民”，是传播新技术的关键人物。① 在乡村，农民领袖作为先进受众者，比一般农民更容易接受新事物，他们对农业推广的开展起到至关重要的作用，因此，培养领袖人才是农业推广能够持续有效开展的关键因素，是为当地培育了实验的种子，能够有效地避免实验区工作“人存政举、人离政辍”的弊端。清河实验区规定的工作原则

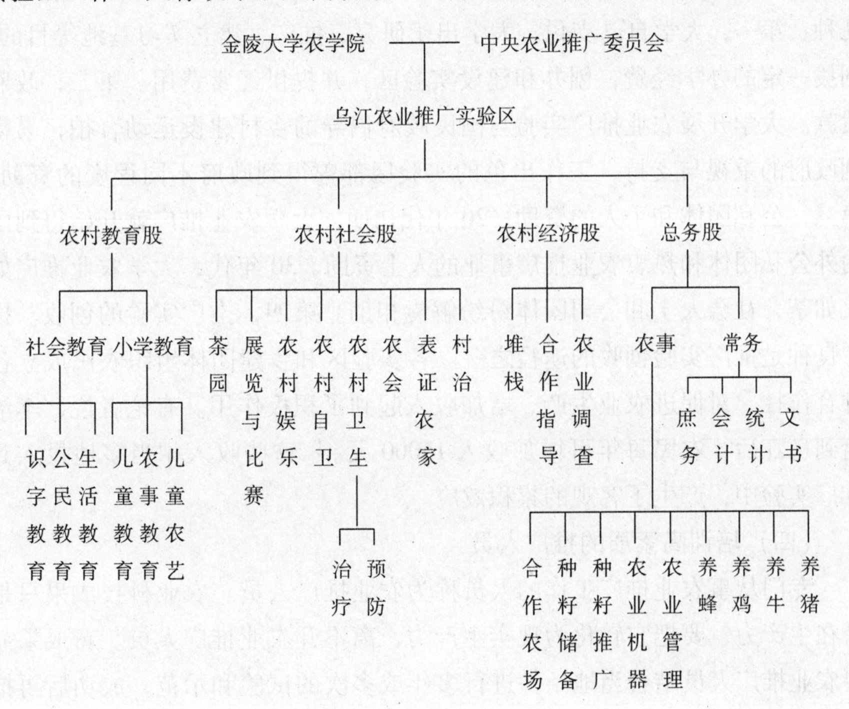

图 1　乌江农业推广实验区组织系统图②

---

① ［美］埃弗里特·M·罗吉斯，拉伯尔·J·伯德格著：《乡村社会变迁》，王晓毅等译，杭州：浙江人民出版社，1988 年版，第 260 ~262 页。

② 蒋杰编著，孙文郁，乔启明校订：《乌江乡村建设研究》，南京朝报印刷所，1936 年版，第 85 页。

之一就是尽量聘用本地人才，加以训练。本区所有工作计划、规则与本地人协商后作出决定。乌江实验区专收有一定知识的青年农民传授农业实用知识，培养优秀的新型农民，为将来农业改良由实验区主办向农民自办转化奠定基础。他们还在实验区建立了练习生训练制度，实地练习造就乡村服务人才。1932 年，实业部司长考察乌江时曾说：“我等在乌江工作已深入民间，唯今后应注意当地领袖人才的培养，以便在最短时间，将所有事业交还乌江民众，使有合办而促进于自办”。[①] 培养农民领袖人才，有利于实现从合办到农民自办的乡村建设最终目标。

（三）多渠道筹措推广实验经费

开展农业推广实验需要一定的经费保障，“经费是成绩的工具，成绩是经费的结晶”。[②] 纵观大学所创办的实验区，其经费来源渠道主要有以下几种：第一，大学自己支付。大学出于研究、推广、建立实习基地等目的，划拨一定的办学经费，创办和建设实验区，并提供经常费用。第二，政府拨款。大学开展农业推广实验与国民政府倡导的乡村建设运动合拍，易得到政府的重视与支持，工作出色的实验区都曾得到政府不同程度的资助。第三，公私团体和个人的资助。20 年代初期，大学农业推广就开始得到国内外公私团体和热衷农业推广事业的人士资助。30 年代，大学农业推广如火如荼，社会人士和公司团体纷纷解囊相助。第四，推广实验的创收。推广良种是推广实验创收的途径之一。各实验区和乡建团体组织农民成立各种合作社，对促进农业生产、增加收入起到了积极作用。有论者说，李洁斋到乌江后，农民每年可增加收入 15000 元。[③] 这些收入相当多地投入到推广实验中，产生了客观的累积效应。

（四）培训高素质的推广人员

专门从事农业推广工作的人员称为农业推广人员。农业科技成果只是潜在生产力，要把它转化为现实生产力，离不开农业推广人员。新成果需要农业推广人员结合当地条件进行多年或多次的试验和示范，成功后再推广普及，所以农业推广人员所做的工作是大学科研工作的延续。农业推广

---

① 王倘，姜和：《乌江农业推广实验区印象记》，《教育与民众》，1934 年第 10 期。

② 蒋荫松：《作物育种之先决条件》，《农林新报》，1930 年第 197 期。

③ 张剑：《农业改良与农村社会变迁》，见章开沅，马敏主编：《基督教与中国文化丛刊》第二辑，武汉：湖北教育出版社，2000 年版，第 273 页。

人员是农民与外界联系的沟通者和信息的传播者，通过多种方法向农民宣传新的农业技术，引导农民认可接受，改变行为，乐意在生产经营中采用，并与农业推广人员合作，取得综合实践效益，所以，农业推广也是一种教育性工作。农业推广成效取决于农业推广人员的素质高低。农业推广人员既要有系统扎实的专业知识，又要具备一定的农业常识和农业经营管理能力。民国时期的乡村极端贫穷落后，推广工作异常艰辛，对推广人员素质有较高的要求。学者蒋杰通过对乌江实验区的实地研究，认为推广人员须具备的素质有：(1) 会联络农民感情，了解农民心理；(2) 高尚的品性，丰富的学识，敏捷的思想，诚恳的态度，苦干的精神，创造的能力，公平正直，洁身自好；(3) 健全的体格。[①] 乌江实验区推广人员来往于实验区与母校，推广人员在乌江从事推广工作大多数坚持了十几年时间，使“青布长衫黄泥腿”学风充满金陵大学校园。党林涵根据多年亲身实践和体会，[②] 认为农业推广人员应具备的条件为：能吃苦耐劳，身体健康，学识丰富，口才流利，头脑灵活，品行端正，态度和蔼，能忍耐，有事业心。正因为有这些高素养的农业推广人员，才确保了农业推广的顺利开展，成效显著。

(五) 采用行之有效的推广方法

开展农业推广工作，正确的目的、完美的计划、丰富的材料固然重要，但未能应用良好的方法，则不易引起农民的兴趣，难以实现农业改进的目的。民国时期，大学采用的农业推广方法主要分为以下几类：(1) 实物法：主要是农事展览以及照片、标本、模型的展示；(2) 示范法：建立示范农场、示范农田、特约农田或者组织农民实地参观等；(3) 言语法：采用农家访问、办公室访问、公开演讲、巡回宣传、信函咨询等方式；(4) 媒介法：使用留声机、幻灯、电影、戏剧等先进的传播设备与方式；(5) 文字法：利用标语、图表、农林浅说、书刊、报纸、壁报、传单等进行宣传；(6) 教导法：通过短期培训、农事讲习会、平民夜校等教育培训农民。其中，采用普遍、持续时间长、影响范围广的主要有：

---

① 蒋杰编著，孙文郁，乔启明校订：《乌江乡村建设研究》，南京朝报印刷所，1936 年版，第 326～327 页。

② 党林涵：《十年来从事农业推广之观感》，中国第二历史档案馆藏，卷宗四三七，卷号 353。

第一，农事展览会。

各种农事展览会是广受农民欢迎的推广方式。“以实物表证之方法，特别适宜于中国情况者，首推展览会之利用”。[1] 农事展览会是农事机关将某一地区成功的农业生产技术、优良品种实物或图片、先进农具的实物、模型或图片定期地、公开地展出，将展览与竞赛评优相结合，以达到倡导和促进农业推广之目的。各地举办的农事展览分为固定展览和巡回展览。以固定展览为主，以乡村或市镇赶集之日为佳。为激发更多农民的兴趣，提高展览会的效果，展览会之前组织者一般要展开宣传，如国立北平大学农学院农村建设实验区为召开农产品比赛会而发布的一则征集公告就趣味横生。广告如下：[2]

农友们，我们又要开农产品比赛会啦！今年的比赛会是比每年早点儿的，在十月二十日（就是阴历九月二十三日）就要开啦！你们知道为什么要早开吗？因为在这个时候你们的农产品顶多顶全，拿来比赛那是最好不过的，今年的奖品要比去年还多呢。希望你们赶快把所要比赛的东西预备好了，到时候就拿来比赛吧。现在把交比赛品的日期、地址、种类和数量开列在下边：

日期：从十月十二日起到十六日止。

地址：罗道庄北平大学农学院农村建设实验区办公处。

种类：凡是地里种出的东西，同妇女们作的活计，都要比赛。

数量：成粒的东西以半斤为限，成穗成棵的以五穗五棵为限，成个的以五个为限，但是特别大的东西如大西瓜大南瓜等一个也可以。

国立北平大学农学院农村建设实验区启

展览会期间常常举办化装演讲、杂技表演、戏剧演出、播放电影等活动，开展各种竞赛会。展览会中的农产品展览比赛会对农民影响最大。实验区聘请专家评比参展农产品的优劣等级，颁发奖品、奖状和奖金，以激

---

① 周开发著：《中美农业技术合作团报告书——农业推广》，上海：商务印书馆，1946年版，第20页。

② 北京农业大学校史资料征集小组编：《北京农业大学校史（1905—1949）》，北京：北京农业大学出版社，1990年版，第312页。

励农民参加展览会的积极性。因为大部分展品来自本地农户，农民参观比较后不难判定品种和栽培方法的优劣。参展获奖者往往出自农户所熟悉的村镇，所以其经验容易为广大农户接受和仿效。这些展览会视听并茂，环境和气氛轻松愉快，易于吸引更多的农民参观参展，有益于技术的普及和推广。展览会提供了推广人员和农民的近距离接触和面对面交流的机会，有利于联络双方感情，使农民更多地了解新品种、新技术和新知识，为日后扩大农业推广范围创造了条件。

第二，特约农家。

农民思想保守是农业推广的障碍。为了消除农民的疑虑，大学采取契约方式，通过建立特约农家，将农家生产经营与农业推广项目相结合，在大学派出的推广人员指导下依靠特约农家的自身经营来对周围农民产生影响，从而带动农业推广。特约农家，又称特约农田或表证农家。由推广人员在实验区内选定勤劳诚实愿意接受指导的农民，与其订立至少一年的特约（契约），如金陵大学农学院农业推广部《特约农家规程》（见附录五）。设置特约农田以资示范。特约农田的选择有一定的标准，如划区整齐、地势良好、土质肥瘠适中、交通便利、面积在二亩以上十亩以下者。特约农田采用优良的种子、新式农具及一切改良方法，实地耕作，以期获得完善成绩，做农家模范。特约农田的种苗、防治病虫害的药剂以及耕种管理由农业机关供给和指导。特约农田所种作物的收入归农家所有，如产量不足，损失由实验区负责赔偿。实验区派专人负责在耕种前应将所办特约农田的地点、亩数、农户姓名、示范种类列表具报，收获后应将所有成绩专案呈报实验区。[①] 特约保证了合作农家的经济利益和推广试验的顺利进行。特约农家的意图是表证农业科技试验结果，使农民了解试验工作，接受试验精神和方法，鼓动全体农民进行农业改进工作。特约农家是实验区与农民之间联系沟通的桥梁。学者陆费执认为，因特约农民与普通农民感情融洽，能力、财力及栽培方法差不多，特约农民能行，其他农民亦能行，特约农民能获利，其他农民也会仿效，这比任何口头文字宣传方法都要好，“特约农民为改良农业的先锋”[②]，起到了很

① 中国第二历史档案馆：卷宗四二二（2），卷号1199。

② 陆费执著：《农业推广》，上海：中华书局，1935年版，第134页。

好的示范作用。

第三，公开演讲。

演讲是引发农民对新农技兴趣的最有效方法之一，也是最简便易行的方法。演讲地点一般选在集市、庙会等人多的地方，有时也巡回于田间地头，宣传先进的农业科学知识与生产技术等。在春季散发种子前，演讲次数最多，告知农民种植的方法。此法在推广之初采用较多。演讲一般采用图表、照片、标本、模型等辅助手段，有条件的大学，还使用幻灯、电影、留声机、无线电收音机等先进的视听媒介手段，或采用推广员化妆成农民演示等生动方式进行，并将演讲与农事展览会巧妙结合，宣传效果颇佳。

乌江农业推广实验区第一届农事展览会颁奖大会

资料来源：《农业推广》1935 年第 9、10 期合刊。

此外，农事讲习会也是常用的推广方法，大学农事试验推广机构定期或不定期派技术人员分赴各乡担任主讲，宣传有关农业科学知识，解答农民提出的各种疑问。举办的农事讲习会有多种形式，如齐鲁大学龙山农村服务社举办农事讲习会时，采取演讲与放映农业电影相结合的方式，结果吸引了众多农户前往参加，通常每村都在500人以上。[①] 另外，戏剧表演、组织各种集会、开办农民夜校等也是常用的推广方法。世界上或没有其他民族较中国民众对于戏剧、游艺及说书具有更浓厚之兴趣者，“戏剧方法可立加利用，以传导有用农业、家政及乡村生活最新而最好知识”。[②] 综上所述，大学农事试验推广机构因为经常综合运用各种宣传方法，使得宣传妙趣横生，为民众喜闻乐见，津津乐道，启发增进了农民对新型农业的兴趣和了解。

三、农业推广实验的主要内容

（一）改良农业

改良农业经济是农业推广的重心所在。各实验区改良农业的首要任务就是改良和推广良种。为此，不少实验区都设有试验农场，试验品种包括棉、麦、稻、蚕、大豆、玉米、高粱、各类蔬菜、各种水果以及猪、鸡、羊、牛、兔等家禽家畜。一些实验区的农场引进、培育出一批经济价值很高和推广前途甚好的优良品种，并指导农民栽培种植或养殖，积累了先表证后推广、先宣传培训后推广等宝贵的良种推广经验。二三十年代，农作物病虫害十分严重，徐公桥、无锡、乌江、清河、龙山等实验区都开展过防治病虫害的工作。徐公桥实验区经过几年努力，到1934年试验期满时，徐公桥螟害已经绝迹；为防治小麦黑穗病，实验区在小麦下种时，用碳酸铜粉浸泡麦种消毒，到1934年黑穗病减少了十之七八。[③] 农村副业是农村经济的重要组成部分，是农民收入的来源之一。20年代末30年代初，帝国主义经济危机对中国工业品、农产品产生了巨大冲击，农村副业趋于衰退。有鉴于此，不少实验区都提倡副业，根据地方特点帮助农民发展各种

---

① 阎克烈：《山东龙山农村服务社状况》，《农林新报》，1933年第10卷第9期。

② 周开发著：《中美农业技术合作团报告书——农业推广》，上海：商务印书馆，1946年版，第21页。

③ 郑大华著：《民国乡村建设运动》，北京：社会科学文献出版社，2000年版，第392页。

副业，包括养猪、养鸡、养蜂、养羊、养蚕，以及经营家庭手工业等，培养农民技能，增加农民收入。如清河实验区开办家庭毛织业训练班，举办家庭毛织业，生产手工地毯、国布印花与挑花、制造花生酱等。扶持副业培育了农村新的经济增长点，对于复兴农村经济起到了积极的促进作用。

（二）兴办乡村教育

各实验区兴办的教育主要包括儿童教育、成人教育和妇女教育。在教育对象上以青年农民为重点。做到因材施教，对农村青少年采用学校式教育，对成人及一般民众采用社会式教育，对妇女、幼童和老人采用家庭式教育等。

1. 儿童教育

民国时期，由于诸多原因，乡镇设立的国民小学很不发达，数量较少设备差，师资水平低，农村子弟失学者极多。为普及农村学龄儿童教育，各实验区量力而行，或新建、整顿扩建乡村小学，或改进私塾，增加农村小学的数量和规模。实验区注重通过建立规章制度来规范教学管理。徐公桥实验区分为6个学区，实行中心制，一切教育行政由中心小学校长主持，每月举行一次学区教育会议，并制定了《徐公桥中心小学区公私立小学视导标准》。同时，各实验区注重加强师资队伍建设，江宁实验区对教员进行登记和资格审查，对合格教师发给从教证书，继续留教，不合格教师及时撤换；还创办了教员讲习所，附设乡镇小学教员训练班。[1] 有的实验区采取奖惩措施，强制实施义务教育和就近入学制度。徐公桥实验区1931年7月颁布了《普及义务教育办法大纲》，凡能按规定送子女就近入学的家长，享受优先向合作社贷款、每亩每年少交一斗米的优惠。江宁实验区规定对不接受义务教育的对象，由学校通知警察机关强制执行，或罚荒学款1元~5元。

这样，实验区逐步形成了以公立小学为主、私立小学为辅的小学教育办学格局。小学经费投入和日常管理多数由大学负责，少数与当地政府合办，或由农民负担。小学教育主要是教会学生基本常识和识字、作文、记账，注重教学与生产实践。除了正规的学校教育，实验区还通过多种方式

① 黄祐：《民国时期乡村建设实验区的学龄儿童教育》，《教育评论》，2009年第2期，第134页。

进行儿童教育。从1933年起，徐公桥实验区在交通不便的村庄，设立流动教室，解决了偏远地区儿童的入学困难。实验区采用全日、半日、钟点三种学制，对普及义务教育起到了积极作用。乌江实验区成立儿童读书会，每周在整个实验区巡行一次，并提出“把书送到牛背上去”，成立“挂角读书团”①、儿童四进团等，成效卓著。

兒童四進團
職員合影

资料来源：《农业推广》，1935年第9、10期合刊。

2. 成人教育

民国时期，文盲、半文盲成年人占很大比重，实验区内农民素质差是农业推广的巨大障碍。无论是科技推广、卫生保健教育，还是乡村民主自治，都需要农民有一定的科学文化知识。为此，实验区创办平民学校、补习学校、农民夜校等成人学校，这些学校一般附设在乡村小学内，教员为小学教员及高年级学生，主要利用农民业余时间授课。成人教育除扫文盲教育外，还注重文化科技教育，使农民掌握一定的农业技术，增强谋生能力；同时，还关注农民思想和精神教育，通过对农民灌输时代知识，启发爱国主义思想，培养民族意识。有的实验区对成人实行强迫入学。1931年

① 赵石萍：《一年来乌江的教育》，《农林新报》，1935年第31～32期合刊。

7月，徐公桥实验区制定的《普及民众教育办法大纲》规定：从1931年起到1934年止，全区30岁以下的男女民众，必须分年就近入民众学校，在规定期内学会识字。违反规定者由乡镇长劝告、公安局警告、给以一定的经济处罚。[1] 因措施有力，实验区成人教育取得了显著成效。无锡黄巷实验区1929年到1932年，全区非文盲已由9.23%增至46.5%；文盲和半文盲则由67.81%和23.9%分别下降至49%和4.5%。徐公桥实验区文盲人数1934年比1930年下降了近50%，识字成年人数从1929年的560人增至1934年的1524人。[2] 实验区成人教育，扫除了众多文盲，提高了农民素质，实为培育新型农民的有效尝试。

3. 妇女教育

梁漱溟先生认为："妇女问题，也是社会问题中或说是文化问题中的一个问题，它是跟着社会大改造、文化大转变的问题而来的。"因此，"在社会上妇女的地位，妇女的生活，有改善的必要"。[3] 妇女教育是大学开展乡村实验的一个亮点。改善农民生活是农业推广的重要目标，只有妇女素质提高了，才能更好地改善农民家庭生活，因此，不少实验区重视妇女教育，提高妇女社会地位。清河、龙山、辛庄、故县等实验区都以不同的形式开展妇女教育，如：举办妇女识字班、女子手工班、家政训练班、妇女班以及召开母亲会等，教育内容包括识字、常识、手工、家政训练、社交等，旨在提高妇女文化知识水平，教会妇女处理家庭日常事务的常识、家庭管理能力，教授一定的生产和生活技能，解放妇女思想。有的实验区开展了反缠脚运动，引导妇女参加体育、游戏等娱乐活动，促进妇女身心健康。

（三）开展卫生保健

鉴于农村医疗卫生条件极差，缺医少药现象严重，各实验区都比较重视医疗卫生和保健工作。第一，建立医疗机构。为农民诊治疾病，解除农民痛苦。在清河、龙山、徐公桥、乌江、温泉、五里亭等实验区都设有乡村医院（诊疗所、保健所、医务室），其中，规模较大的实验区与市县大

---

① 郑大华著：《民国乡村建设运动》，北京：社会科学文献出版社，2000年版，第383页。
② 郑大华著：《民国乡村建设运动》，北京：社会科学文献出版社，2000年版，第486页。
③ 梁漱溟著：《梁漱溟全集》第五卷，济南：山东人民出版社，1989年版，第884页。

医院合作，逐层建立乡村卫生医疗系统。针对不少农民生活贫困无钱看病的实情，不少实验区实行免费看病制度，对于家境好一些的农民收药品成本费。第二，预防疾病。为农民接种牛痘，注射预防霍乱、脑膜炎、猩红热、白喉等传染病的预防针。1931 年～1932 年，徐公桥免费布种牛痘 1161 人，注射血清预防针 2230 针。[①] 五里亭实验区与福州协和医院合作设立诊疗所，种痘的儿童多达 1099 人。[②] 第三，开展卫生运动。实验区通过卫生演讲、卫生表演、家庭拜访、画片展览、标语传单、幻灯电影等方式向农民灌输卫生保健常识，还发动农民进行定期大扫除，开展灭蚊蝇、清洁饮水等卫生运动。实验区提倡科学接生并试行新法接生，举办产婆训练班。清河实验区聘请助产护士 1 人，专司助产工作，请护士定期主讲或指导，发放《孕妇须知》等宣传材料，分赠乡民；与宛平县政府及北平市公安局合办产婆训练班，凡年龄在 35 岁以上 75 岁以下，身体目耳健全者，接受两周训练，并须在助产士指导下接生三次，方可毕业。[③] 此外，有的实验区还注重学校卫生。龙山实验区为小学男女学生定期举行体检一次，凡患有疾病者即分别诊治，还注意培养学生刷牙的习惯。[④] 这些措施改善了农村医疗卫生的落后状况，提高了民众的健康水平。

（四）建立农村经济合作组织

进行农业经济改良，既要组织得力，也要有充裕的资金支撑。农民购买种子、肥料、农药、农具、发展家庭副业等都需要资金。当时农村经济发展缓慢，农民十分贫穷，农村银行信贷制度不健全，农民在借贷资金、购买农资、运销农产品诸多方面，常常受到高利贷和中间商的盘剥。因此，帮助农民建立经济合作组织，是解决这些问题的最好办法。南京国民政府建立后，为缓和社会危机，先后制定和颁布了《农村合作社暂行规

① 江恒源：《中华职业教育社之农村工作》，见章元善等编：《乡村建设实验》第一集，上海：中华书局，1934 年版，第 49 页。

② 福建福州五里亭农村服务部编印：《五里亭农村服务部报告》，1936 年版，第 15 页。

③ 张鸿鈞：《燕京大学社会学系清河镇社会实验区工作报告》，见章元善等编：《乡村建设实验》第一集，上海：中华书局，1934 年版，第 88 页。

④ 贾尔信：《齐鲁大学山东历城龙山镇农村服务社工作情况》，见章元善等编：《乡村建设实验》第一集，上海：中华书局，1934 年版，第 12 页。

齐鲁大学医学院学生为乡村小学生查体①

程》（1930 年）、《合作社原则》（1932 年）、《合作社法》（1934 年）等法律法规。这些法律法规的制定和颁布，为农村经济合作组织迅速兴起和发展提供了法律保证。实验区农村经济合作组织服务内容比较广泛，包括：金融信用、农产品生产和运销、水利浇灌、畜牧养殖、林业生产等，合作组织的类型也多种多样，如信用合作社、运销合作社、戽水合作社、养殖合作社、垦殖合作社、耕牛保险合作社、林业生产合作社等。其中，信用合作社最多，占 70% ~80%。信用合作社利率远低于高利贷，在一定程度上解决了一些农业生产者和小手工业者的资金问题。运销合作社也减少了商人的中间盘剥，提高了改良品种的收益，扩大了良种推广与技术改进的影响力和吸引力。因此，农村经济合作组织在农村金融流通、农副产品运销、农业生产技术改良等方面发挥了积极的作用。

同时，实验区帮助农民制订各种章程，建立完善的合作组织制度。龙山镇实验区农民合作组织章程中规定"辅助小本营业、家庭副业"，到 1936 年有合作社 50 多个，龙山地区几乎乡乡都有。② 在农村合作组织中，比较成功的是信用社。信用社设有监事和理事，定期进行民主选举。为了加强指导管理，1933 年乌江实验区将 32 个信用合作社组织起来，成立了一个信用合作社联合会，设理事主席 1 人，理事 6 人。③ 为了灌输合作知

---

① 刘家峰著：《中国基督教乡村建设运动研究（1907—1950）》，天津：天津人民出版社，2008 年版，第 121 页。

② 《龙山服务社报告》，齐鲁大学档案 9-1-132。

③ 马鸣琴：《乌江农业推广实验区工作报告》，见章元善等编：《乡村建设实验》第三集，上海：中华书局，1936 年版，第 526 页。

识，启发合作精神，训练经营方法，实验区开办合作社训练班。培训课程包括合作原理、合作章程、借贷手续、珠算、储金等专业培训，外加乡村问题、农业改良、各种常识等。1933 年，清河实验区与华阳义赈会救灾总会协作办合作讲习班，专为训练合作社理事而设，膳食及文具等费由实验区负责筹措。是年，乌江实验区举办四次合作社训练班，社员 600 多人；1934 年，又举行七次，该区合作社办有成效，因受训练之功居多。① 各种训练班培养了农民的合作意识和合作精神，提高了合作组织的办事效率。

除了上述推广活动外，各实验区还积极引导农民从事文明健康的文娱活动。举办民众图书馆、巡回书库、阅报室、书刊室、乡村壁报等，传播科学文化知识，提高农民文化素质；还开展禁止烟赌、缠足、早婚等移风易俗活动；举办运动会、联欢会、游艺会、音乐会、读书会、演讲会、乡民剧社等丰富多彩的业余文化活动；建立体育场、公园、棋社、茶社等公共健身、娱乐、社交场所。有的实验区成立农会等乡村自治组织，保护农民经济利益，提高农民社会地位。有的实验区还进行筑路修桥等公益事业，改善农民生活环境。

四、推广实验的成效与困难

（一）推广实验的成效

以乡镇为中心的农业推广实验，各项改进事业都对农民的生产方式、生活习惯、思想观念等产生了积极作用。帮助农民改良作物品种，有组织地普及农业科学知识，推广新技术，为农民示范科学种田，改变了传统的经验式生产方式，提高了作物产量；提倡副业，增加了农民收入。这些推广活动使农民切身感受到科技带来的种种益处，增长了知识，科学观念逐渐深入人心。组建农民信用合作社、运销合作社等农村经济组织，为农民解决种子、肥料、农具等资金困难，提倡合作，为农民提供了一种新的生产组织形式，改变了传统的一家一户的经营理念和模式，提高了农民的经济能力，使现代农业生产与营销模式渗入农村。实验区在进行农业改良的同时，非常注重乡村社会改良。创办各种教育形式，把近代学校办到乡间，为农民提供了平等受教育的机会；把医院办到乡间，免费就诊，农民

---

① 王倘，姜和：《乌江农业推广实验区印象记》，《教育与民众》，1934 年第 10 期。

生了病在实验区就能及时治疗，给看病带来了便利，使农村缺医少药的状况得以初步改善；注射各种疫苗，有效地控制传染病的流行；试行新法接生和群众性清洁运动，提高了农民健康水平和卫生意识，有助于养成良好的卫生习惯；教育妇女合理安排家庭生活，处理家庭关系，开展丰富多彩的文体活动，有利于改良社会风俗，提高了农民精神生活质量。

(二) 推广实验中的困难

大学深入乡间开展农业推广，愿望美好，意义巨大，但在乡村实际开展过程中，却遭遇到许多意想不到的困难甚至难以逾越的障碍。

资料来源：《农业推广》，1936 年第 12 期。

第一，农民的保守性。当时情况下，农民一般志向低下，缺乏革新精神，接受新的农业科学技术时，存在各种各样的怀疑和猜忌；不能延迟满足的心理特征，使他们只顾眼前利益，没有发展的眼光，诚如推广工作者章元善所叹言“我们所提倡的事业恰合于当地农民之需要，则事业必能不胫而走，畅行于各农村间，否则无论如何宣传提倡，亦必扞格不入”。① 乌江实验区工作者郝钦铭也认为“农民因知识简陋，思想狭隘，以致保守成性，不易接受新事物，往往对于改良种子，非但不愿试用，且常怀疑惧之心，即一再解释亦不敢轻易尝试”。②

第二，既得利益者的反对。美国学者杰西·格·卢茨曾指出，在 20 世纪 30 年代乡村建设运动中，即使是为农民做些不无小补的服务工作，当达

① 章元善：《中国华洋义赈救灾总会的水利道路工程及农业合作事业报告》，见章元善等编：《乡村建设实验》第一集，上海：中华书局，1934 年版，第 146 页。

② 郝钦铭：《改良品种之繁殖及推广》，《农林新报》，1936 年第 26 期。

到一定程度，使当地政府或代表农村封建地主阶级的势力感到触犯了他们固有的利益，或者经济与社会地位受到威胁的时候，他们采用各种形式表示反对。在乌江，办理运销合作社与商人发生冲突，“运销事业日趋发达，商人已纷起抵抗”。[①] 实验区给农民提供信贷，也引起高利贷者们的不悦。针对既得利益者的反对，齐鲁大学一位长期从事农村服务的工作人员回忆说：“三十年来我个人和一般农村工作人员都认定农村建设是国家一切建设的基础。我们的工作方向是为农村服务，究竟是为谁服务呢？我们心目中当然是农村中的劳苦农民。但在旧社会中的一切工作是不容易越过恶势力的范围。”[②]

第三，农村经济的衰退。当时农村深受帝国主义和地主阶级的双重压迫，“内忧榨取，外患侵略，两重剥削，农民痛无已日”。[③] 农民生活极端贫困，面临生存问题，因此，文化教育在某种程度上对他们来说是一种并不急需的奢侈品，“我的三毛的名字不要写上去，要放牛”，因此，无论是农业推广教育活动，还是乡村教育运动，试图从整体上提高农民的文化水平，难免落空。[④] 民国时期自然灾害频发，也加大了推广的难度，诚如乌江实验区干事孙友农所言“经费的困难、贪官劣绅的摧残、水灾的影响，都是我们的血路，是不容易杀出来的”。[⑤]

第四，农村文化的落后。经济衰退，政治腐败，高等教育通向农村缺少经济和政治基础；农村文化极端落后，高等教育通向农村失去了文化基础。据中华教育改进社 1927 年调查统计，不识字的人占全国总人口的 80% 以上，农村情况更糟。邓植仪指出：“国民程度低下，足以障碍一切新政之推行。……故无论何种农业改良方法，一推到农村，便发生多少障碍，而不易施行，此诚农业进展上之一大问题也”。[⑥] 正如梁漱溟所言：

---

① 蒋杰编著，孙文郁，乔启明校订：《乌江乡村建设研究》，南京：南京朝报印刷所，1936 年版，第 126 页。

② 《新齐大》，1951 年 10 月 10 日，齐鲁大学档案 9-5-15。

③ 《〈农声〉复刊词》，1940 年 1 月复刊第 1 期。

④ ［美］杰西·格·卢茨著：《中国教会大学史（1850—1950）》，曾钜生译，杭州：浙江教育出版社，1987 年版，第 280 ~ 281 页。

⑤ 孙友农：《安徽和县乌江乡村建设概况》，见章元善等编：《乡村建设实验》第一集，上海：中华书局，1934 年版，第 102 页。

⑥ 《农声》，1938 年第 218、219 期合刊。

"农民散漫的时候，农业推广实不好做。乡村有了组织，大家聚合成一气，农业改良推广的工夫才好做。举凡品种的改良，病虫害的防除，水利工程新农具的利用，等等，一切莫不如是……新事业的创新需要勇气，也必须人多了互相鼓舞，兴趣才浓，勇气才有。"①

第三节　以县为单位的大学农业推广实验

南京国民政府前后进行了两次县政改革实验，推动了以县为单位的农业推广的形成与发展。同时，发端于民间学术团体和个人的以县为单位的乡村建设实验，随着南京国民政府县政改革的实行，逐步汇入县政建设实验大潮之中，农业推广作为乡村建设实验的重要组成部分，也成为县政建设实验的一部分。这样，以县为单位的农业推广系统逐步形成和趋于完善。大学既是政府和其他团体县单位农业推广的合作者和指导者，同时也独立创办以县为单位的农业推广实验区。以抗战为转折点，之前，大学注重农业科技推广和乡村建设实践活动，之后，大学偏重于农业科技研发，对县单位农业推广制度比战前有了更多的理性思考和深入研究，在为各县农业科技人才和推广人才的辅导训练上积累了许多成功的经验。

一、县单位大学农业推广实验的形成和发展

（一）历史背景

民国时期，最早以县为单位的农业推广活动，是华洋义赈救灾总会1923年开始在河北各县创办农村信用合作社。1926年，平民教育促进会最先提出乡村建设要以县为单位进行实验，在河北定县首创以县为单位的乡村实验区。各教育和学术团体随后继之，河南镇平县、山东邹平县等县单位乡村实验区纷纷成立。各实验区都重视农业推广工作。教育和学术团体、个人创办的以县为单位乡村实验区的社会影响愈来愈大，使国民政府感到潜在威胁。为配合县政改革，1932年内政会议后，国民政府联合乡村建设团体，发起县政建设实验，除设立了代表官方立场的五大实验县外，还将全国11省的20个县划为县政建设实验县。农业推广成为这些实验县

① 梁漱溟著：《梁漱溟全集》（二），济南：山东人民出版社，1992年版，第426页。

县政建设的重要内容，全国县单位农业推广走向政教合一。1933年，南京国民政府颁布《各省县农业机关整理办法纪要》，[①] 大大强化了县级农业推广机构的职能，以县为单位的农业推广体系逐步形成。

抗战期间，西南、西北各省农业推广基础较差。中央农产促进委员会成立后，首先健全后方各省的各级农业推广机构，县级农业推广机构直接和农民接触，是最关键的环节，但却最薄弱，因此，健全县农业推广机构是抗战初期农政工作的重点。1941年行政院颁发了《县农业推广所组织大纲》，饬令各县成立农业推广所，开展各项推广活动。至1944年，后方各省共有县级农业推广所592处，专业推广人员3278人，经费近2000万元。[②] 为了配合政府新县政改革，促进战时农业推广，中央农产促进委员会根据战前乌江、江宁等地办理农业推广实验区的经验，为建立实验县单位农业推广制度，根据《全国农业推广实施计划及实施办法大纲》第四条之规定，与各地农业院校及地方行政机关合作，设置农业推广实验县，先后在四川、广西、陕西、贵州、甘肃等省设立农业推广实验县共27处。1945年2月，行政院颁布《县农业推广所组织规程》，进一步完善县农业推广所的职能，因此，政府主导的县单位农业推广在抗战时期逐步走向制度化和规范化，为大学开展以县为单位的农业推广提供了制度保障。

（二）形成与发展

早在20年代，大学农业科技推广的足迹就遍布许多县。1925年起，金陵大学在河北通县、保定、沧县、昌黎等县及山东济南、潍县、德州、泰安等县指导农民用碳酸铜粉拌种子防治小麦、高粱和小米黑穗病；在江苏武进、无锡、南通和江宁等县推广“金大26号”小麦良种及蚕种，在安徽合肥、安庆、和县等县推广小麦、棉花和玉米等良种。30年代，大学以县为单位的农业推广，除了流动巡回的农业科技推广，还开展多种驻地农业推广实验，其主要形式如下：

第一，独立或合作创办以县为单位的农业推广实验区。1930年，中央

① 按经费多寡，对之前设立的县农事试验场、农业改良场或农场、年经费在600～20000元之间的，改为农业推广所或农业指导员办事处；600元以下的改为示范农田或种子繁殖场圃。见方悴农：《农业推广的理论与实施》，《新农村》，1936年第2期，第98页。

② 曹幸穗，王利华，张家炎等编著：《民国时期的农业》（江苏文史资料第51辑），《江苏文史资料》编辑部出版发行，1993年版，第15页。

大学农学院与实业部中央农业推广委员会在江宁县合办“中央模范农业推广区”，围绕增加生产、改良农村经济、改良农村社会三项目标展开农业推广。1933年又与江宁县政府合作进行江宁县乡村改进工作，主要从事蚕种、稻麦棉的改良和推广，建立大小水电站28处，灌溉稻田4万余亩。[1]燕京大学因清河实验成效显著，1935年成立农村建设科，在山东汶上县建立起新的乡村实验区，清河实验区主任张鸿钧担任县长，进行比清河实验区更大规模和更深层次的乡建实验，成效显著，如在1个月内就为30个乡45000人种了牛痘，400多人戒了烟毒，2个月内疏浚125华里的泉河，在学儿童由4000人增加到24000人。[2] 1936年，国立中山大学与中国教育社、广东教育厅在龙翔市合办花县乡村教育实验区，旨在寻求推行普及教育的最经济办法以及适应生活需要的教育设施。

第二，与各地合作创办县农事试验场或实验区。中央大学农学院迁川前，园艺系与安徽萧县合作，创办萧县园艺场，研究葡萄栽培技术，使安徽省成为我国当时大面积种植葡萄的南缘。[3] 农学院还与江浦县政府合作建立江浦棉作改进实验区，推广“脱字棉”，农民受益颇多，敬献匾额，以资谢忱。1936年，国立四川大学农学院与四川省建设厅合作，在内江县创立甘蔗试验场，开展蔗种的改良试验与调查。

第三，参与其他县单位的乡村建设实验区工作。国立中央大学农学院农科教授傅葆琛担任定县实验区乡村教育部主任，冯锐担任定县实验区农业教育部主任，农业工程专家刘拓也参加了农业和乡村教育工作。[4] 山东大学农学院与邹平县乡村建设研究院在济南合办农事实验场。齐鲁大学与邹平县乡村建设研究院和邹平县政府合作，创办邹平县政建设实验区卫生院，各方共同承担医院的常年经费，实验区医院成为齐鲁大学医学院卫生实验区和学生实习基地。

---

① 《实业部中央模范农业推广区工作概要》，见章元善等编：《乡村建设实验》第三集，上海：中华书局，1936年版，第115～121页。

② 史静寰著：《狄考文与司徒雷登——西方新传教士在华教育活动研究》，珠海：珠海出版社，1999年版，第242页。

③ 南京农业大学校史编委会编：《南京农业大学史（1902—2004）》，北京：中国农业科学技术出版社，2004年版，第70页。

④ 杨士谋等编著：《中国农业教育发展史略》，北京：北京农业大学出版社，1994年版，第114页。

金陵大学农学院农具之一部（成都华西坝）

资料来源：《南京农业大学90周年画册》，南京农业大学出版社，2004年版。

抗战爆发后，大多数高校内迁，大学建立综合实验区开展农业推广实地实验相对减少，而主要开展农业科技改良与推广。战前没有进行的良种推广，这时在后方得到推广，良种推广规模比战前大有增加，良种推广大多数是以县为单位的。一些大学农学院在搬迁途中，根据学科和研究特长，有针对性地为所在县研究和解决农村实际问题，推动了地方经济、教育、文化的发展。如：中山大学农学院在云南澄江县、广东坪石县，浙江大学农学院在江西泰和县、广西宜山县、贵州湄潭县，河南大学农学院在河南嵩县，中央大学农学院在四川自贡县、三台县，福建协和大学在闽北邵武县等，播散科技种子，普及教育，提高农民文化素质。虽然大学设备损毁严重，办学条件艰难，但大学为国分忧、为民服务的信念却没有改变，都力所能及地开展各种农业推广服务。正如福建协和大学邵武县乡村建设工作者所说："因为人力与财力的限制，我们只得用精深的计划来推行工作。我们所抱的志愿，是出于'热忱改进农村的信念，愿意将我们的经验与能力，来教育农民建设农村'，我们所抱的工作态度，是'以最低的费用，而求最大的服务，以达建设新农村的经济目的'，力求使这次农村工作贴近实际，循序渐进，取得实效。"① 抗战时期，辅导和训练农业推广人才是大学农业推广在新形势下的新任务。除了合办各种初级、中级和高级农业推广人员训练班之外，农科大学受教育部委托还代办或辅导县立农业职业学校（具体内容见第三章），培养农业技术人才。

二、县单位农业推广实验的目的和意义

（一）实验的目的

以县为单位开展农业推广实验的原因在于，我国幅员辽阔，各地农业情形不同，只有在不同的重要地区分别集中实验，才能适应农业生产的区域性。县为地方基本行政单位，若干县农业推广实验成功，能以点带面，为当地进行农业技术改进、解决农业问题和改善农民生活发挥示范和辐射作用，为县政建设奠定稳定的基础。同时，农民因为保守和自由散漫，运用新的农事科学，容易各行其是，而借助县行政力量的配合，易于对农民和农业推广实行统筹管理，实施整个农村社会的改革。所以，农业推广实验县的农业推广所一般附设于县城或近郊，在重要乡镇分设若干中心推广区，实行分层管理。设立农业推广实验县，一般要求所选区域的环境能代表某地区，能起到核心作用，便于作波浪式向周围各县示范推广；所选区域先期要有较好的农业改进基础或是政治力量中心，才能易于推广。

（二）实验的意义

以县为单位农业推广的意义，具体而言分为四点：（1）促进全县的农业建设。建立健全灵活的推广机构，普及农业科学知识，实施生产技术训练，使农民具备科学的头脑和技能，能够主动自愿地投身农业建设；全力解决本县最迫切的农业问题，顺利推动农村建设。（2）研究全省最佳的农业推广计划和方案。县是省的下属行政机构，各县农业建设关系到全省农业建设，因此，集中人力、财力、方法、材料于农业推广实验县，形成好的实验程序、方法、经验，可以在全省其他各市县实际示范，依据实验结果制定出一套行之有效的推行全省的具体方案。（3）建立完善县单位农业

① 黄涛著：《大得是钦：记忆深处的福建协和大学》，北京：中国大百科全书出版社，2007年版，第454页。

推广制度。县级农业推广制度过去无成规可循，根据县单位农业推广实验的事实，逐步建立完善的县单位农业推广制度。(4) 证明农业推广对抗战建国的贡献。[①]

三、县单位大学农业推广实验：以温江县为例

抗战期间，以县为单位的农业推广实验比较出色的是金陵大学。为配合政府开办的农业推广实验县工作，金陵大学与中央农产促进委员会等机关团体合作，在四川的仁寿、温江、新都和陕西的南郑和泾阳创建推广实验区，推行县单位农业推广实验，研究县单位农业推广制度。同时，受邀负责四川省彭县和华阳两个新县制示范县的一切农业推广事项和干部人才培养。金陵大学建立的这五个农业推广实验县实验方式各有特色：温江县系辅导农会，以农会组织为核心，实施农业推广，使其逐渐达到自有自治自享；新都县最初以特约农家和组织各种农学团进行农业推广，后与县职业中学合作，设立农业推广处，成立职业中学学生农村服务团，建立乡推广站，开展下乡服务；仁寿县最初办理各种农学团，辅导中心小学，办理生产训练，后以教育为主要推广方式，包括学校式教育和社会式教育，推广区也是金陵大学农专学生实习推广场所，这与其在新都开展的农业推广一样以教育为出发点和推进方式；金陵大学与泾阳县农业职业学校合作，开展农业推广；与陕西省农业改进所合作，创办南郑县农业推广所，开展农业推广。泾阳、南郑实验方式大致与温江方式相同，只是更注重农业生产。总之，从实验效果和社会影响力来看，上述五个农业推广实验县中以温江县为最优。

(一) 温江农业推广实验县的建立

1938 年夏，中央农产促进委员会拟在四川省择定数地设置推广实验县，希望获得优良效果，以供其他县仿效，作为乡村建设、农事改进、农民生活改善的范本。温江县位于川西，依靠都江堰灌溉，土地肥沃，物产丰饶，素有“金温江”之称。因近几年天灾人祸，农民生活艰苦，尤以佃农最苦。县长陈志学与金陵大学农学院院长章之汶、农业经济系主任乔启

---

① 乔启明：《县单位农业推广之使命与方针》，《农业推广通讯》，1941 年第 3 卷第 2 期，第 3 ~ 4 页。

明商定，为适应抗战建国需要，谋求农村复兴，决定进行农业推广实验，由乔启明拟定了温江县乡村建设计划草案。经金陵大学筹设，1938 年 9 月温江农业推广实验县正式成立，由温江县政府、县党部、金陵大学农学院各派代表 1 人，地方法团公推代表 1 人，共同组成乡村建设委员会，县长任委员会主任，下设总干事 1 人，总揽推进之责，下设总务、经济、生产、社会、教育 5 组，各组设主任干事 1 人，干事助理、辅导员、练习生若干人。实验县农业推广的实际设计和执行者是金陵大学，金陵大学的任碧瑰任乡村建设委员会总干事。四川推行新县制后，乡村建设委员会奉令撤销，改组为农业推广所，推广实验几乎停滞。实验工作的经费来源于四个方面：县政府拨款，农产促进委员会的补助金，金陵大学农业推广部及农业经济系的津贴，互助社储押业务的盈余。除 5 组主任干事外，所有辅导员、练习生均以本地籍为原则，始终保持辅导员 6 人、练习生 8 人，分布各乡区辅导农会。农产促进委员会设立若干农业推广实验区，金陵大学农学院专门负责技术指导设计和研究事务。

（二）实验方式和内容

由于战前金陵大学农学院在乌江农业推广实验区，依靠建立农会组织，推动了农业推广工作，保护了农民的利益，“乡村建设须基于自觉自动自治自享的农民自有的组织，吾人认为农会就是可以担当乡村建设任务的这样的组织”，[①] 所以，借助乌江的成功经验，温江实验工作由辅导农民组织入手，以农会为事业核心，派员分赴乡镇宣传组织农会，通过促进农民组织建设而推动农村经济发展和文化教育事业。同时，训练地方人才，培养农民自治自给能力，实现由创办而合办乃至自办的目标，并且，为各大学农科教授学生提供实习和研究机会。在推广方式上，金陵大学先辅导农民自动组织乡农会，等乡农会组织健全后，再发动组织县农会，由县农会领导各乡农会从事农业推广各种活动，以农会完成农业推广任务，引发农民自力更生和自觉自治的意识。为了将来农会能够自立和自办各项事业，金陵大学辅导农会致力于经费和人才的自立。为追求经费自立，不仅引导农民自集财力，而且发展各乡农会经济事业，以获得的盈余办理教

① 任碧瑰：《以农会方式推动乡村建设之实施：一年来温江工作实施经验谈》，《农业推广通讯》，1939 年第 1 卷第 2 期，第 24 页。

育、社会等事业。为追求人才自立，一方面辅导各乡农会职员办理各项事业，在实际工作上学习训练自营能力；另一方面办理农业推广学校，教育训练农业青年，成为农业推广骨干。同时，利用冬闲招收年轻农民，办理农业推广讲习会，农业补习学校，实施短期集中训练，教授农业新法，指导实际经营技术，培养现代化的农民领袖。①

总体来看，农会办理的农业推广事业可分为社会、生产、经济、教育四个方面：第一，社会事业方面。建立农民组织，组织农会16个，农业青年励进团4所；开展卫生保健，协助成立县诊疗所及农会诊疗分所5处，举行大规模的防疫注射7次，共约1万人；建立休闲娱乐场所，成立乡村剧社4所，农民茶园7所；开展文体活动，举办农民节、歌咏比赛、清洁比赛、农民月会，组织农民旅行参观、壮丁集训、慰劳抗敌家属等。第二，生产事业方面。建立示范农场，推广良种，如“金大2905号”小麦、水稻、马铃薯、大豆、油菜、大麻、除虫菊等作物良种，猪种、来航鸡、北平鸭等动物良种，开展植物和动物病虫害防治，推广元平菌、骨粉；扶助副业，设立手工造纸厂各2所，创办手纺训练班。第三，经济事业方面。成立经济合作组织，建立合作社、互助社、农家记账团，成立简易农业仓库、特约仓库，办理农仓储押、节约储蓄；试行肥料、种苗、花生等实物贷放。第四，教育事业方面。调查全县私塾及小学状况；组织各种教育培训，如特约农业讲习班、农业实验补习学校、农业推广讲习会、农会成员训练班、农事讲习班、民众学校，自编出版教材，有《农人唱》、《新三字经》、《农民应用文》、《农家计算》等18种；举办大规模农业展览会1次，参观者约15000人，小规模3次，平均观众约3000人；举办巡回图书库、农会书报室；开展妇女教育，开设妇女识字班8所，训练乡村助产师7名，组织家事研究班2所；编辑《温江乡村建设》等乡村建设期刊；组织流动宣传队，公演救亡话剧、举办壁报等进行抗战宣传。②

---

① 《从温江农业推广新阶段谈到农业推广讲习会》，《农业推广通讯》，1940年第2卷第2期，第43页。

② 文华：《温江之实验——节录温江县乡村建设委员会实验工作总报告》，《农业推广通讯》，1941年第3卷第2期，第7~13页。

第一届农民周温江农会代表

资料来源：《南京农业大学90周年画册》，南京农业大学出版社，2004年版。

（三）实验成效、经验与困难

温江县农业推广实验取得了显著成效，形成了一些行之有效的推广方法。（1）农会组织建设方面。建立了自上而下的农会组织，培训农会会员基本工作技能，大大提高了农会组织的效能，并在农会人才和经费自立方面作了积极有益的探索。（2）生产事业方面。成功推行了水稻、小麦、大豆、大蔴、油菜、除虫菊、蔬菜、烟叶等粮食和经济作物良种，组织乡农会自行进行良种区域适应试验，以乡农会为单位进行耕牛、养猪等家畜连锁推广及猪丹毒、牛瘟的防疫防治实验，都较为成功。（3）经济事业方面。建立简易农仓，储藏粮食；进行优良种苗、肥料、花生、猪牛等实物贷放的实验，均获有相当成效；倡议推行节约储蓄，养成乡村节约储蓄的风气。（4）教育事业方面。除了辅导培训农会会员，在国内首创实验农业补习学校及特约农事讲习班等农业补习教育形式，并自编各种训练班教材，自给自足并供给其他机构使用。在乡村卫生与娱乐的提倡以及妇女教育方面，也有很多成功之举。

温江实验的经验在于：首先，抓住机遇，选择合适的实验区域。抗战期间后方农产价格高涨，市场对农产需求旺盛。温江自然环境良好，出产丰富，交通便利，开展农业科技推广有天时地利的优势。其次，联络沟通，争取多方力量支持。温江实验区不仅取得了县政府和县党部的支持，而且获得了地方士绅的竭诚相助，还获得了其他学术团体及农业推广机关的技术、材料及人力协助。第三，组织农民，建立完善的农业推广机构。温江实验区建立健全农会组织，作为农业推广机构，各乡建立农会，由县农会统一管理，各项事业进行均以农会为出发点，充分发挥农会组织的作用，故易得农民了解与欢迎。第四，实验与研究并重，运用科学研究方法，各项事业开展都带着研究的眼光，如每天做工作记录，每隔半月、一月或某项重要事业结束之后即作自我检讨，发现缺点及时纠正。所以，民国时期各实验区对实验情况的记载，温江实验区做得最好。各种新创的业务经干事会议决后，及时选择少数农会开始试验，并随时注意试验效果调查及事业统计与分析，取得成效后再扩大推广。第五，注意发挥榜样的示范作用。实验区和农会工作人员在推广过程中大多数意志坚定，吃苦耐劳，赢得了农民的信赖和支持。

尽管如此，温江农业推广实验中也存在着许多不足。（1）人员和材料不足。推广事业项目繁多，推广辅导人员兼任各种学校教师且数量不足，无充分时间和精力从事农业生产技术指导。种苗推广分布太广，未能集中一地举办，成效不够显著。优良推广材料不能满足农民需求。（2）农会组织不完善。部分农会选举职员往往徇私舞弊，难以选得为群众爱戴的领袖。有些职员自身素质不高，如个性太强、遇事独断专行等，影响了农会形象与农民信任。农会与合作社同时举办经济事业，不能相互团结，引发两个组织冲突。（3）缺少金融机构的了解和支持。农贷机关工作人员不常下乡，昧于农情，农贷机关及合作金库很少对农户贷款。在贷款的方式、种类、数额、需要等方面吹毛求疵，引起农民反感。（4）农民的保守。农民怀疑心重，常存观望，不能积极响应和协助。不计事业有无价值，只重个人的实惠；举办一项事业，九项得利，但一项结果宣告失败，则怨声载道，不加丝毫谅解。①

温江县农业推广实验，是在相对稳定的环境下开展的，在抗战时期大学开展以县为单位的农业推广实验中，内容和形式最为全面和完备，成效也最为显著。金陵大学借此充分进行县级农业推广制度的理论与实践研究，为抗战时期后方各省开展以县为单位的农业推广，在制度建设、推广

---

① 文华：《温江之实验——节录温江县乡村建设委员会实验工作总报告》，《农业推广通讯》，1941 年第 3 卷第 2 期，第 7～13 页。

方法、推广模式等方面提供了许多有益参考和可资借鉴的经验。

综上所述，以乡镇为中心的大学农业推广实验和以县为单位的大学农业推广实验，两者在农业推广的出发点上有共同点，都是为了发展农村经济、改良农业生产、增进农民知识和技能、改善农民生活、推动乡村进步。两者在推广的方式方法、推广的内容上也有相同之处。同样也遇到资金、人才的不足和地方势力的反对阻挠等困难。总体而言，大学以乡镇为中心的农业推广实验一般比以县为单位的农业推广实验持续时间更长，推广综合成效更为明显。

究其原因，第一，以乡镇为中心，往往以一个镇或数十个村为实验区域，区域相对较小，推广实验较易控制，大学又派人在乡镇常驻，直接指导，与农民接触较为密切，便于及时沟通和发现问题。但县单位农业推广范围过广，即使在若干乡镇设置了办事处，但实验还是较为分散，不容易集中管理和操作，难显成效。第二，以乡镇为中心的实验，政治干预较少，大学在整个实验中基本上能够做到自主自立，清河、乌江等部分实验区实现了多方合办到农民自办的目的。而以县为单位的实验，往往附属于政府县政建设，能否开展往往取决于县行政领导的个人喜好，如金陵大学幸遇热心乡村建设的和县新任县长刘光沛，才使乌江实验区得到扩大；遇到了有见识的县长陈志学，才有了温江农业实验。政治干预是柄双刃剑，一方面，借助行政积极力量，农业推广的阻力就会减少，也会得到经费上的支持，科技成果推广的速度更快、范围更广。如金陵大学2905号改良小麦，抗战期间通过县农业推广所，在川西及川北推广种植达36县，大大超过战前金陵大学自己推广的范围。只可惜，当时对乡村建设感兴趣、对农业推广意义有深刻认识的县长、省长太少。另一方面，政治干预也会阻挠农业推广的实施。如温江乡村建设委员会终因被诬陷“串通共匪”而遭查办撤除，致使温江实验近乎搁浅，因此，以县为单位的农业推广实验受南京国民政府县政改革影响可谓一波三折。第三，大学以乡镇为中心的农业推广实验高潮是在抗战前十年。大学在二三十年代完成了本土化的制度建构，相对独立自由的学术氛围，使教学科研蒸蒸日上，大学有能力去投身乡村建设实验，加上席卷全国的乡村建设运动，无形中推动了大学开展以乡镇为中心的农业推广实验。大学顺应时代潮流，深入乡村，建立稳定的实验基地，这是以乡镇为中心的农业推广实验取得成功的重要前提。但大学以县为单位的农业推广实验，虽然建立了各种农业科技推广实验区或实验区，但较少自主建立综合稳定的实验区，难以实施综合改进乡村的远大抱负。

当然，以县为单位大学农业推广实验，也有少数大学做得较出色，如中央大学农学院、浙江大学农学院、西北农学院等，都促进了地方各项事业的进步。从单纯农业科技推广来看，以县为单位的农业科技推广，一直保持良好态势，尤其是抗战期间，成效更为显著。因为围绕粮食增产的农业改良是抗战国策，从中央到地方完善的农业科研和推广机构，对包括大学在内的以县为单位的农业科技研究和推广起到了推波助澜的作用，以县为单位的大学农业科技推广为抗战胜利作出了巨大贡献。

第五章 民国时期大学校长服务社会办学理念与大学农业推广

大学办学理念是办学者对大学的精神、使命、宗旨、功能、价值观等大学发展基本思路的整体概括，体现了办学者对教育本质特征、教育功能和教育规律的把握。大学办学的具体目标、任务、体制、机制、方法以及校训、校歌、校徽、校园建筑等都是大学办学理念的承载与体现，因此，大学办学理念是大学的灵魂和生命力所在。先进的办学理念植根于现实，又超越于现实，具有前瞻性、超越性和引导性，是大学办学的动力所在。

大学办学理念是大学长期办学实践过程中逐渐积淀而成的，它的形成与大学校长息息相关。一所大学的办学理念是历任大学校长对“大学是什么”和“大学应该做什么”的理性认识，也是对“办什么样大学”和“怎样办好大学”的实践升华，是一种具有强烈主观色彩的大学理想和价值追求，直接影响着大学的办学行为和发展方向。大学管理首先是教育思想和办学理念的领导，其次才是行政管理。民国时期大学校长大多学贯中西，饱经儒学熏陶使他们拥有济世情怀，留学欧美使他们形成服务社会的先进理念。民族危难激发了他们科学救国、教育救国的使命感和责任感，形成服务社会的办学理念。执掌大学使他们有机会将理想付诸实践，开展为社会、为民众、为国家服务的办学活动。近代中国农村经济在内外夹击下走向崩溃，复兴农村经济，成为时代诉求。因此，许多著名大学校长秉持服务社会理念，引导大学开展农业推广服务，担当起救亡图存的神圣使命，在中国高等教育史、中国社会发展史上书写了恢宏的篇章。

第一节　民国时期大学校长服务社会办学理念的形成

一、中国近代大学社会服务的萌发

中国近代大学的社会服务发端于“五四”运动前后。“社会服务”概念最早出现于清华大学《清华周刊》1915年第55期署名“飞”发表的《学生之社会服务说》。1916年，清华大学学生组织消夏团，在北京西山开展社会服务，[①] 此后，清华大学组织了清华学生社会服务团，开辟了近代大学社会服务的新时代。1917年暑假，北平师范大学学生在北平以西大觉寺附近各村庄举办教育讲演会等农民教育集体活动，“为民众教育做成一个典型”。[②]“五四”运动前后，其他国立大学也开展了社会服务活动，基本集中于平民教育。1919年4月14日，在蔡元培的积极倡议和支持下，北京大学校役夜班正式开办。[③] 1920年，北京大学学生会教育股创办了平民夜校，希望以此增进平民知识，启发民智。举办平民学校成为沟通学校与社会的一个渠道、大学生为社会服务的一项重要措施，得到蔡元培的积极倡导。1921年4月，北京大学学生发起成立了以研究平民教育为职志的平民教育研究社。随后北京大学出现了举办讲演、开设各类补习学校、补习班及短期讲习班等多种社会教育形式。与此同时，南洋大学的南洋义务学校也应运而生。1919年暑假，南洋大学留校学生侯绍裘等人鉴于徐汇法华工人众多，大多数无智无识，于是，借校外宿舍新楼二间，开办暑期补习学校一所，每晚授课一时，书费学费均免，办学经费由大学学生会拨给。秋季开学后，学生会将暑期补习学校改为永久的义务学校，定名为南洋大学学生分会附设义务学校。1921年，义务学校与大学所办之校役夜校合并。[④]

---

① 《清华学生西山消夏团之社会服务》，《清华周刊》，1916年第81期。

② 章元善等编：《乡村建设实验》第二集，上海：中华书局，1935年版，第141页。

③ 梁柱著：《蔡元培与北京大学》，银川：宁夏人民出版社，1983年版，第69页。

④ 交通大学校史撰写组编：《交通大学校史资料选编（1896—1937）》第一卷，西安：西安交通大学出版社，1986年版，第688页。

各大学组织开展社会服务活动，引起了当时国内一些学者的关注。据目前所查阅资料来看，吴文藻是近代中国最早研究大学社会服务现象的学者，其文章《社会服务研究》[1] 引起其他社会人士对大学社会服务的注意。中国近代大学社会服务活动的兴起基本源于中国近代知识分子的爱国诉求，折射出新知识分子群体“达则兼济天下”的传统士人情怀，凸显了“重实行”风气下知识分子趋时而动的特征。中国近代大学早期社会服务的倡导者和实践者尚未把社会服务上升到大学职能的高度，主要是新文化运动推动下科学文化救国之举，社会对于大学社会服务不太关注，但是大学社会服务的窗口已经打开，逐步促成大学从社会边缘走向社会中心。[2]

二、民国时期大学校长服务社会理念的形成

民国时期，无论是国立、省立还是私立、教会大学，每一所大学的成长都与大学校长紧密相连，如蔡元培、蒋梦麟之于北京大学，梅贻琦之于清华大学，张伯苓之于南开大学，郭秉文之于东南大学，陈裕光之于金陵大学，邹鲁、许崇清之于中山大学，罗家伦、吴有训之于中央大学，萨本栋之于厦门大学，唐文治之于交通大学，王星拱、周绥生之于武汉大学，马相伯、李登辉之于复旦大学，熊庆来之于云南大学，陈垣之于辅仁大学，钟荣光之于岭南大学，刘湛恩之于沪江大学，陆志韦之于燕京大学，吴贻芳之于金陵女子大学，等等。历史证明，每一所卓越的大学无不有一位优秀的大学校长，而优秀的大学校长必定有自己独到的教育思想和办学理念，并甘于付诸实践。北京大学的成功在于蔡元培“学术自由、兼容并包”的办学方针，南开大学的成功在于张伯苓“允公允能”和“知中国、服务中国”的办学理念，东南大学的成功在于郭秉文“四个平衡”的大学理念。可以说，独特的办学理念及其成功实践，是民国时期大学蓬勃发展的根源之一。中国近代大学校长继承传统与吸纳西方大学先进理念，培育出近代本土化的办学理念。他们是筚路蓝缕、披荆斩棘的先驱者，为中国现代大学的奠基与成长呕心沥血、殚

① 吴文藻:《社会服务研究》,《清华周刊》,1921 年第 7 期增刊。

② 李瑛：《张伯苓的服务社会办学理念和实践探究》，《高教探索》，2010 年第 6 期，第 126 页。

精竭虑，卓有建树的著名校长和他们倾心经略的著名大学，在中国高等教育史上竖起了一座座永垂青史的丰碑，“他们教育思想的丰富精粹，办学理念的卓越高远，以及实践业绩的泽惠后世，至今仍然受到中外学者的肯定与尊重”。[①]

近代中国大学集中了一批学贯中西的优秀大学校长。这些优秀的大学校长成长于四书五经的传统文化中，饱经儒学熏陶，继承了君子、士人治国平天下的人格理想，并使之与现代知识分子的养成衔接，[②] 表现出强烈的“入世”精神和“以天下为己任”的情怀。在风雨如晦的岁月里，他们施展卓越的才华和超凡的人格力量，铸就了中国近代大学教育的辉煌，为现代高等教育的形成夯筑了厚重的文化底蕴。近代大学诞生于民族危亡国家衰弱之际，从创建之日起，就被赋予了拯救危难复兴民族的重任。因此，满足国家当前需要、为社会现实服务的大学教育理念成为时代诉求，尤显迫切与重要。面对身处危难的民族，大学校长们都有强烈救亡图存的使命感和责任感，发出“官可以不当，但国不可以不救；读书不忘救国，救国不忘读书”的铮铮誓言（蔡元培语），投身于火热的社会服务大潮中。

出于读书不忘救国的爱国情怀，这些大学校长在治校过程中都注意培养学生担当建设国家重任的社会责任感和使命感，逐步形成朴素而又执著的教育服务社会的理想和信念。尽管民国时期大学校长治校方略各具特色，但在大学利用自身的学术资源优势为社会提供服务方面几乎达到了高度的一致，他们不仅倡导为知识而求知识的学院式的学理研究，也特别重视国家社会的迫切需要，主张致力于解决现代社会的实际问题。大学校长社会服务办学理念的形成，对近代大学社会服务职能的确立，以及大学开展社会服务实践，都具有重要的引领作用。

民国时期大学校长的主体是留学归国的知识分子，而且多数是留学美国，不同程度地受到美国大学办学理念的影响。追溯国际高等教育办学史，洪堡之于柏林大学的改革，赋予了大学科学研究的新功能，使大学真

---

① 金林祥著：《思想自由兼容并包：北京大学校长蔡元培》，济南：山东教育出版社，2004年版，第1页。

② 杨东平著：《大学精神》，上海：文汇出版社，2003年版，第4页。

正成为研究高深学问的机构、科学与学术的中心，奠定了学术自由的价值基础。由此而形成的办学模式移植到美国后，由“赠地学院”衍生出的“威斯康星思想”与实用主义教育思想相融合，使大学教育拓展到校园之外，大学成为社会进步和社会发展的“服务站”，社会服务成为大学的一项新职能。及至中国，“五四”新文化运动为美国实用主义教育思想和教育革新理念的传入开辟了道路。“五四”前后，在早期回国留美学生引介下，杜威、孟禄、克伯屈等人纷纷来华考察讲学，宣传民主科学精神，批判传统学校制度，反对教育脱离实际，主张教育适应社会生活。这些观念顺应了当时中国变革传统教育的时代潮流，为中国批判旧教育提供了理论武器。因此可以说，实用主义弘扬了教育的实用性和工具性，为大学肩负社会服务职责提供了理论依据，成为民国时期大学校长服务社会办学思想形成的重要源泉和不竭动力。

就大学社会服务职能的发展来看，大学社会服务职能的确立始于美国。近代美国大学走出象牙塔，逐步迈向世俗化和大众化，形成直接为社会服务的职能，其起步主要在高等农业院校，最早体现于农业院校的农业推广工作。所以，农业推广是近代高等教育直接为社会服务的发端。近代中国大学的社会服务发端于平民教育，但大学社会服务职能的形成却源于大学的农业推广活动。中国以农立国，受美国农业教育制度的启示，在中国农村经济逐渐式微濒于崩溃的时代背景下，许多大学校长社会服务办学理念日渐明晰，在此理念指引下，农科大学和大学农学院师生深入乡村，对农业推广作了诸多艰苦探索，创造了种种适应当时中国农村特点的农业推广教育形式。乡村经济的衰退，也使最初的平民教育工作者把教育场域从城市转移到农村，演变为乡村建设运动，为大学开展农业推广提供了更多的机会与更为宽阔的平台，使大学社会服务职能得以彰显和最终形成。

本章循着出任校长时间顺序，分别研究邹鲁、陈裕光和竺可桢三位著名大学校长服务社会的办学理念和实践，以此为个案，探究民国时期大学校长服务社会理念的形成及其内涵，展示在他们服务社会理念引导下大学开展农业推广服务的真实的生活图景，揭示民国时期大学农业推广的内在运行机制，为今天高校更好地为社会服务提供启示和借鉴。

第二节　邹鲁的服务社会办学理念与中山大学的农业推广

邹鲁（1885—1954），名澄生，字海滨，广东大蒲县人，近代著名教育家，少年自觉天资鲁钝，改名为“鲁”。青年时期，在家乡自办乐群中学，“其教育思想欲师欧美”。②开创了当地私人创办新式学校之先河，后在广州成功创办了潮嘉师范学堂。两次办学经历对他以后的人生影响较大，使他与教育事业结下了不解之缘。

中山大学校长邹鲁①

广州的学习生活，使邹鲁较充分地接触了西方科学与民主主义知识，认识到教育才是救国救民的根本。受孙中山先生委托，1924年~1925年，经邹鲁精心筹划和治理，国立广东大学在成立短短两年内就成为系科和设备较完善的大学，为后来“国立中山大学”的发展奠定了坚实基础。1932年，邹鲁重掌中山大学，锐意改革，创建石牌新校址，大力延聘师资，扩充系科，增设研究院等，进行了一系列教育教学改革，直至1940年因病卸任，成为民国时期“国立中山大学”在任时间最长、贡献最大的校长，开创了新中国成立前中山大学的“黄金时代”。作为一名大学教育家，邹鲁能够超越政治偏见，在两度中大校长任期内，以其极富个性魅力的治校方法与独树一帜的办学思想，使中山大学不负孙中山之盛名，成为近代中国国立大学中屈指可数的名校之一。两次中大履职，邹鲁积累了丰富的办学实践经验，形成了具有本土化特色的大学教育思想，其中，社会服务办学理念是其中一颗璀璨明珠。研究其服务办学理念，既是题中之意，也有弦外之音。新中国成立以来，因为政治原因，邹鲁教育思想几乎是教育界研究的禁区，直到2004年中山大学80周年校庆时，作为校庆丛书之一、程焕文编辑的《邹鲁校长治校文集》的问世。研究旨在引起学术界对邹鲁教

① 黄义祥编著：《中山大学史稿：（1924—1949）》，广州：中山大学出版社，1999年版。

② 邹鲁：《澄庐文选》，台湾三民书局发行，1976年版，第314页。

育思想的重视，对其在教育史上的贡献给予重新认识和中肯评价。

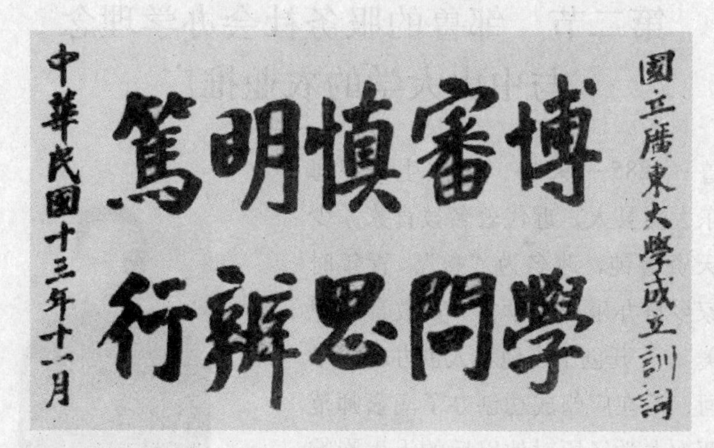

孙中山先生手写的训词①

一、邹鲁的服务社会办学理念

（一）“学校应负起社会事业的责任”

在任何社会中，高等教育机构往往都是一面鲜明的反映该国历史与民族性格的镜子。埃里奥特曾指出：“在这个变动不羁的国家里，大学与社会之间存在的这种变动应比那些较少变化的社会表现得更为灵敏、更为快捷。”② 近代中国大学诞生于民族危难之际，救亡图存成为其不可推卸的历史使命，大学与社会相互依存。邹鲁服务社会办学理念的形成，正是基于他对学校与社会关系的深刻认识。

邹鲁认为，社会和学校应该合为一体，学校所造就的人才直接供给社会，社会所需要的人才直接因诸于学校。学生为社会工作人员，不应再成为一个特殊阶层，只知书本理论，而不知应用方面的技术，为此，学生应该去实地实习，如学纺织机械工程的，以纺纱或织布厂为其实验所，学成后“经验必富，能力必强”，不但能立即运用机械，而且知道如何改良，以增加生产。因此，“社会即是学校，学校可成为真正改进社会的策源

① 黄义祥编著：《中山大学史稿：（1924—1949）》，广州：中山大学出版社，1999 年版。

② ［美］劳伦斯·A·克雷明著：《美国教育史：城市化时期的历程（1876—1980）》，朱旭东等译，北京：北京师范大学出版社，2002 年版，第 425 页。

地”。[1] 学校与社会应该发生密切联系，“学校应负起社会事业的责任”。[2]

邹鲁有着浓浓的忧患意识和爱国情怀，他认为大学生在社会发展过程中肩负着特殊使命。30年代初，中国经济尤其是乡村经济濒于崩溃。邹鲁认为，大学生受过高等教育，是社会的指导者，负有不可推卸的救国责任。大学生受社会的恩惠最厚，尤其要为社会服务。为挽救风雨飘摇中的中国，大学生首先必须具有爱国心，“我以为各位在校，科学固然要紧，而对国家社会的同情心，尤其要紧”。[3] 救国不能停留在口头上，救国要从本身做起，“要救国，必须自救，然后才能团结全国民众，使大家发生互信之心，一致去负起救国的责任”。[4] 作为学生，要负起救国的责任，就要做一个顶天立地的人，就必须在学问上多用功不可，有了真才实学才能救国。“有了救国的决心，而尤须有救国的能力；要有救国的能力，就须要努力研究学问”。[5] 而研究学问必须认清学问的用途，做到学以致用，“研究学问必须应用到社会发展上面，始能成为有益于人类生存的学问。这是社会改造的努力目标，也是研究学问的主要目的”。[6] 总之，邹鲁所言所行之大学教学、科研诸事业，归根结底是为社会发展服务，这是大学义不容辞的责任与义务。

（二）“到乡村去”

邹鲁认为，中国以农立国，民族的生命线在农村，农业的振兴是一切经济活动的枢纽。“农业是工商业之母”，农产物是工商业的源泉，农村一经破产，工商业也随之没落。农业兴则工商业才能发达，所以他主倡农业救国，认为恢复农村经济，复兴农村生产，完成自给自足需求，诚然是“处在有学识而居领导地位的我们同学无可诿卸的唯一负担，也是无可稍缓的唯一救国的途径”。[8] 邹鲁批评大学教育普遍存在教育内容与现实环境脱节的现象，“大学毕了业，也因所学不切实际，而且过惯了都市的繁华

---

① 邹鲁著：《澄庐文选》，台湾三民书局发行，1976年版，第50页。
② 程焕文编：《邹鲁校长治校文集》，广州：中山大学出版社，2004年版，第56页。
③ 程焕文编：《邹鲁校长治校文集》，广州：中山大学出版社，2004年版，第103页。
④ 程焕文编：《邹鲁校长治校文集》，广州：中山大学出版社，2004年版，第115页。
⑤ 程焕文编：《邹鲁校长治校文集》，广州：中山大学出版社，2004年版，第99页。
⑥ 程焕文编：《邹鲁校长治校文集》，广州：中山大学出版社，2004年版，第152页。
⑦ 黄义祥编著：《中山大学史稿：（1924—1949）》，广州：中山大学出版社，1999年版。

石牌时期的中山大学的校门①

生活，再也不能安心于乡村的实际生产工作，大家都往城市里奔走钻营，以从事于人与人争的生活。因此，乡村事业，日益没落；都市的斗争生活，日益剧烈。争来争去整个国计民生问题，依然得不到正当的解决。至于研究工作，自然很少，说到由研究而进于发明更谈不到，像这样的教育怎能负起救国的任务呢?”② 由于当时不少大学生以精英自居，很少与社会接触。邹鲁教导本校学生“得了学问替国家社会做事，须深入乡间及农村去，方是学以致用之目的”。③

邹鲁教导接受高深农业教育的农科学生，“自应身体力行，去提倡农业，转移风气，切实毅然负起改造农村的责任来”，④ 还多次表明要在各乡村设立农业学校，使学生或农民能学到有关农业知识。1934 年 6 月 18 日，中山大学快放暑假的时候，邹鲁希望学生们利用暑假回到农村的机会开展力所能及的乡村服务活动。第一是进行乡村实况调查，如农村作业、山麓森林、水利灌溉、土壤地质、物价涨落、人口增减等，了解人民生活近况如何，教育、交通、卫生如何，此举意义巨大，能增加关于中国实际情形的智识，可为今后改革社会挽救国家之张本；而且学生对乡间情形熟悉，更使调查进行容易而结果确实。第二是宣传抗日，以激发国民爱国心，使

① 程焕文编：《邹鲁校长治校文集》，广州：中山大学出版社，2004 年版，第 126 页。
② 邹鲁著：《回顾录（上册）》，台湾三民书局发行，1976 年版，第 433 页。
③ 程焕文编：《邹鲁校长治校文集》，广州：中山大学出版社，2004 年版，第 135 页。
④ 程焕文编：《邹鲁校长治校文集》，广州：中山大学出版社，2004 年版，第 128 页。

民众同仇敌忾，拒用日货。救国不一定要担枪才行，这种宣传“实较枪炮还来得切实”。[①]

1935年7月8日，中大学生毕业典礼上，邹鲁更是鼓励大学毕业生出校后不要贪享都市安乐生活，本着改良农村的勇气，一齐到乡村去，发展乡村，本着所学和创造精神“到乡村领导乡人，如何办乡村教育，如何创办乡村工业，如何设乡村保甲，更如何改良乡村农业”。[②] 他谆谆告诫学生们：“第一，不要奢望八十元以上的月薪。因为乡村里是很难找每月八十元以上的席位，若要为国家，为社会，又要为个人目前谋奢侈的生活，那是不行的。第二，不要存骄傲心。须知回到乡村去，我是子弟，对于乡中父老，要秉持谦恭态度，不可恃大学毕业便不可一世的样子，这样才可以得到老前辈的帮助，使诸位创造成功，否则他们便足为一切进行之梗。”[③]

（三）“学校生产化”

生产教育是20世纪20年代中期在职业教育的基础上嬗变而来的一种重要的教育思潮，主张运用教育方法来培养具有生产技能和生产意识的人才，以促进社会生产的发展，改善人民的经济生活。1917年，朱元善发表《生产主义之理科教授》一文，最早谈及生产教育问题。1926年，时任国民政府教育行政委员会委员兼广东省教育厅长的许崇清发表《教育方针草案》，提出将“生产”的作用正式列入教育方针之中，倡议学校内设置类似工厂、农场的环境，使生徒在日常学校生活内就能得到充分实际生活的机会。生产教育经许氏提倡，遂引起国人的注意，大学院院长蔡元培在1928年5月召集第一次全国教育会议时，即有“养成劳动习惯，提高生产技能，推广科学之应用，提倡经济利益之调和，以实现民生主义”的教育宗旨的规定。1930年，教育部长蒋梦麟召集第二次全国教育会议，通过《改进全国教育方案》，其中规定“在各级各类的教育内，都应注重科学实验，培养生产能力和职业技能”。[④] 在政府官员和众多教育界人士的大力提倡和鼓吹下，生产教育运动在全国蓬勃发展起来。30年代中期以后，生产教育思潮演进为民生教育思潮，

---

① 程焕文编：《邹鲁校长治校文集》，广州：中山大学出版社，2004年版，第135～136页。
② 程焕文编：《邹鲁校长治校文集》，广州：中山大学出版社，2004年版，第139页。
③ 程焕文编：《邹鲁校长治校文集》，广州：中山大学出版社，2004年版，第140页。
④ 张正藩著：《近卅年中国教育述评》，正中书局印行，1946年版，第553～554页。

注意国民生产能力的培养以及国民经济建设的促进。[①]

邹鲁之前，许崇清担任中山大学校长一职，其生产教育思想无疑对邹鲁产生了重要影响。邹鲁继任后大力倡导和推行生产教育，并创造性地提出“学校生产化”的办学理念，使学校由传统观念上的“消费单位”转变为“生产单位”。在筹建石牌新校址时，邹鲁把这种理念付诸实施，结果面积四万余亩的石牌新校址（包括林场）除建筑物外，其余都成为农场、林场、果园和花园。此举用意在于“学农业者，均需亲自耕种，以增加实际经验；并有实物成绩，使普通农民信服改良耕种法之功效；又赖生产之收入，以实现自给自足，或竟生利补助其他学校之经费。学水产者，亦须沿海捕鱼，制成罐头食物，或其他产品，销行于市。即大学中之学地质者，可实地调查地质，依此类推，结果学识经验俱能增加。将素来之消费学校一变而为生产之机关。”[②]

学校生产化，既为学生提供了充分的实习场所，有利于培养学生的生产技能和劳动习惯，在亲身实践和耳濡目染之中，激发学生为农业、农民和农村服务的热情，为学生毕业后从事农村建设做好思想、知识和能力的准备；同时，遍布校园内外的农场、林场及科学生产，时时处处为周围农民提供了农业科技示范，农场、林场区域试验成功的良种，能够及时地在本地区农村加以推广，迅速转化为生产力。并且，可以实现学校物质消费的自给自足，还能将富余的农产品贡献给社会，“补充本校消费部分的开支”。[③] 学校生产化使当时“国立中山大学”除了盐和煤之外，蔬菜、肉类、牛奶等日常消费品都有生产，基本实现了自给自足，有的还对外出售，为学校节约了大量办学经费。鉴于学校生产化对农科发展大有裨益，1934 年邹鲁撰文《国立中山大学新校舍记》，进一步强调“盖欲使消费之教育，化为生产教育，此后理、工、医各科，亦将分门计划，达此目的，是则鲁积年来之教育主张也。”[④] 邹鲁办学独具匠心，由此可见一斑。“学校生产化”是中山大学在中国高等教育史上的一大创举。

---

① 董葆良，陈桂生，熊贤君主编：《中国教育思想通史》第七卷，长沙：湖南教育出版社，1994 年版，第 192～201 页。

② 邹鲁著：《澄庐文选》，台湾三民书局发行，1976 年版，第 50 页。

③ 邹鲁著：《回顾录》，长沙：岳麓书社，2000 年版，第 328 页。

④ 程焕文编：《邹鲁校长治校文集》，广东：中山大学出版社，2004 年版，第 61 页。

石牌时期中山大学中区校园全景①

二、邹鲁时期的中山大学农业推广服务

"国立中山大学"乡村服务肇始于国立广东大学时期。1924 年 8 月 13 日，中山先生颁布了《大学条例》令，明确规定大学的宗旨："大学之旨趣，以灌输及讨究世界日新之学理、技术为主，而因应国情，力图推广其应用，以促社会道义之长进，物力之发展副之。"② 并训令国立广东大学校长邹鲁按"查照遵行"。于是，邹鲁拟定《国立广东大学规程》，规定："以灌输及研究高深学理与技术，并因应国情，力图推广其应用"为办学宗旨。这样，就将推广应用研究成果以法令形式确定下来。为此，中大当时在农科下设三个部门：教授部、研究部和推广部。推广部主要开展蚕桑和林业推广服务，先后在高州、梅县、清远等县举办修业期为一年的蚕业巡回讲习所，培养养蚕技术人才上百人。③ 在清远设立第一蚕种改良所，选育蚕种分发附近农民，农科每年派出教员分赴各地，教授蚕桑技术。每届毕业生必赴顺德考察蚕业和农民状况。设在各区的模范苗圃负责林业推广，培育优良树苗就地分送，并作技术指导和植树造林宣传。

20 世纪 30 年代，资本主义国家爆发全面经济危机，对中国疯狂倾销

---

① 黄义祥编著《中山大学史稿：(1924—1949)》，广州：中山大学出版社，1999 年版。

② 吴定宇主编：《中山大学校史（1924—2004）》，广州：中山大学出版社，2006 年版，第 6 页。

③ 张耀荣主编：《广东高等教育发展史》，广州：广东高等教育出版社，2002 年版，第 82 页。

产品，致使我国农产品市场价格持续下跌，出现谷贱伤农、丰收成灾的惨状。同时，中国农业频遭严重自然灾害和连绵兵匪战祸等天灾人祸打击，使衰退中的乡村经济雪上加霜。更有甚者，地方政府涸泽而渔，横征暴敛，农民入不敷出，购买力缩减，农村金融枯竭，农民生活条件恶化，背井离乡，大量耕地荒芜，各地粮食生产锐减，中国农村经济走向崩溃。解决农业危机成为社会各界关注的焦点。中山大学是华南地区大学重镇，作为充满爱国激情的大学校长，邹鲁服务乡村办学理念更加明确和强烈，采取有效措施，扩大农业推广规模，取得明显成效。

“国立中山大学”农学馆和农科研究所①

（一）完善农学院培养体制

农学院的前身可追溯至广东农林试验场和农林讲习所组成的广东农业专门学校，国立广东大学成立时，广东农业专门学校归并为农科。1926 年随广东大学易名，改为国立中山大学农林科。1929 年改称农科，1931 年改称农学院，石牌新校建成后全部迁至石牌。农学院成立时农业推广就被写进办学宗旨：“阐明农林学术，推广其应用，与养成各种农林技术及经济人才，以供农林建设上之需要为宗旨”；农学院所肩负使命为“非仅造就农林人才，而并负有解决地方上农林问题，与改建农林事业之责”，[2] 因

① 黄义祥编著：《中山大学史稿：（1924—1949）》，广州：中山大学出版社，1999 年版，第 234 页。

② 黄义祥编著：《中山大学史稿：（1924—1949）》，广州：中山大学出版社，1999 年版，第 234 ~ 235 页。

此，学校在农学院设立教务、研究、经营（生产）和推广四个职能部门，兼办农业专门部和专修科及短期农业讲习所，培养农业技术人才。

为了培养学生的实践能力，强化农科学生农场实习，1933 年 4 月学校公布《农学院学则》（见附录六《学生农场工作规则》），规定学生在修足规定学分外，还必须完成平时与暑假的农场实习，完成研究（毕业）论文和农场或林场的经营报告，成绩及格始准毕业。农学院在一年级开设农场工作课，每星期六有各股技术人员安排，与农场工人一起全天参加劳动，农场工作课的质与量的成绩考核各占一半，不合格者于暑假期间补做农场工作。邹鲁认为“农学院除造就人才外，对于农林事业，负有研究改良之责”。[1] 学校还特设研究委员会（后改为农林研究委员会），由教授与技师共同组织，担任各个农林问题之研究，其结果证明有效者，陆续介绍推广给农民采用，“以谋农林事业之逐渐改进”。1935 年，农学院奉令成立农科研究所，由此中山大学在农科大学中较早建立起了完备的硕士、本科和专科人才培养体制。

（二）拓展农业推广服务范围

1932 年，邹鲁修订《国立中山大学组织大纲》，规定“本大学各学院为便利学生实习及推广学术之应用起见，得附设医院、农场、林场、工厂、护士学校、助产学校、实业学校、讲习所及其他相类之机关”。为了便利农业研究和推广，学校扩建或新建各种农场、林场与试验场，包括附属农场、第一模范林场、南路稻作育种场、农林植物研究所、蚕种改良所、南路蚕业试验场、沙角沙川试验场、潮州苗圃。其中，第一农场因搬迁新校址停办；第二农场得到扩充，1936 年面积达 12100 亩。白云山第一林场于 1928 年开办，抗战前夕，面积扩展到 21800 亩，既作为全省示范森林，又作为农学院师生试验研究和演习场地。1935 年学校创办乐昌武水演习林场，营造杉木林和进行香菇繁殖试验。1936 年于惠州西湖创建第二模范林场，面积 9200 余亩。此外，还有潮州苗圃，设有树木标本区，并编辑《新苗月刊》及免费赠送林业知识资料。

华南是我国当时重要粮食产区，邹鲁上任后，鉴于“吾粤粮食缺乏，

[1] 程焕文编：《邹鲁校长治校文集》，广州：中山大学出版社，2004 年版，第 5 页。

稻种改良为治本重要问题”[1]，即在原有南路稻作育种场、石牌稻作试验总场、沙田稻作试验场的基础上，增设了东江稻作试验场和韩江稻作试验场两个稻作试验场。邹鲁在任期间，各稻作试验场育种试验研究有相当成绩，育成竹粘、东莞白、中山1号、黑督、银粘、丝苗等优良稻种。改良品种的推广，能够增加收获量百分之三十，部分稻种推广到广东、广西、福建及华北地区。[2] 还设立蚕种改良所，以研究所得之蚕种改良法，制造蚕种，推销给农民。广东南路，地多荒芜，然亦宜于蚕桑，故学校建立南路蚕业试验场，得到了省政府的辅助，建有缫丝厂。由于农场、试验场占地面积之大，当时流行有“中山大学校，半座广州城”之语。

为使学校负起社会事业的责任，邹鲁重掌中山大学后，把广东通志馆接收过来，拟订省志的总目录有20余门类，分别聘请人员及有关教授负责编辑，在1938年学校西迁前，全部编撰告罄；其次，邹鲁接收了两广地质调查所，由中山大学负责办理，以供学生实习之用，于1935底初步完成广西地质调查；再次，接管土壤调查所（由农林局1930年成立），组建了全国高校最早的土壤调查所，由农学院负责，也取得了佳绩。在院长兼所长邓植仪的带领下，从1930年至抗日战争前夕，完成了广东全省交通干线所及94个县60余万平方公里土地的初步土壤调查，详细化验后制成许多土壤图，并对番禺、中山等28个县进行了土样化验，刊印土壤调查报告书，陈列于室，以供参观和研究。

（三）建立乡村实验区

在1932年中大农学院总理纪念周的演讲中，邹鲁提出了具体改造乡村和救济农业的办法：“第一，应该保持数千年以来以农立国的精神，和‘出入相友，守望相助，疾病相扶持’的旧习惯；第二，择用科学的方法，改良耕种及农具；第三，设立农业银行，农村合作社，农村学校和图书馆，使一般农人的资本，生活知识，均皆向上；——这都是目前急切之图。”[3] 为此，30年代，“国立中山大学”建立了三个乡村实验区，来实现邹鲁校长服务乡村的美好夙愿。

1936年，“国立中山大学”师生以石牌附近10乡为范围设乡村服务实

① 程焕文编：《邹鲁校长治校文集》，广州：中山大学出版社，2004年版，第5页。
② 张耀荣主编：《广东高等教育发展史》，广州：广东高等教育出版社，2002年版，第89页。
③ 程焕文编：《邹鲁校长治校文集》，广州：中山大学出版社，2004年版，第127页。

验区，“图谋推广发展乡村事业”。[1] 实验区开展农民自卫组织训练；改进农业技术和病虫害防治；组织信用合作社，促进乡村经济发展；开办民众夜校、图书报处、壁报，普及文化知识；举行乡民联欢大会、读书会、演讲比赛、棋类比赛等，丰富农村文化生活；创设互助会、村友会、代笔处、农业问事处等，为农民答疑解难；并在每村设乡村公园，开展种痘、清洁活动，开辟乡村交通等，大大改善了农民生活。[2]“国立中山大学”师生还积极组织知识下乡，创办了两个教育实验区。1935 年，中山大学教育系及教育研究所与番禺县共同成立龙眼洞乡村教育实验区，下设康乐教育部、公民教育部、语文教育部、生计教育部。实验区在改进乡村社会实验、民族中心小学课程实验、乡村青年训练、推进义务教育、识字教育等方面都取得了较好成绩。[3] 1937 年 1 月 24 日，中国社会教育社与“国立中山大学”、广东省教育厅合办的广东花县乡村教育实验区正式成立。实验区以民众生计教育为中心，以复兴民族为鹄的，开展了乡村青年训练、乡村基础教育、乡村事业辅导三大实验事业。抗战爆发后，围绕抗日救亡目标各实验区继续开展乡村建设服务，其中，花县实验区成绩突出，在广东颇具影响。

三、邹鲁服务社会办学理念与实践评析

20 世纪 30 年代是中国现代大学制度的定型时期，也是中国现代大学精神的形成时期。中西文化的强烈冲突、碰撞与相互融合成为该时期社会环境的典型特征之一。邹鲁饱经中国传统文化的熏陶，信守儒家的“修齐治平”志向，青年时期的新式学堂学习和生活，尤其是后来的国外考察经历，使邹鲁教育思想和实践在承继传统的同时，明显注意吸收外来教育文化的合理因素，所以，他将大学诠释为：“大学为最高学府，国之文化，所借以为转移者也。若不能纳新于旧，以成适中之文化者，不能合于现在之国情；不能融合东西，已成为世界文化者，不能尽大学之职责。折中于

---

① 郑彦棻主编：《国立中山大学乡村服务实验区报告书（2）》，广州：国立中山大学出版部，1937 年版，第 2 页。

② 郑彦棻主编：《国立中山大学乡村服务实验区报告书（1）》，广州：国立中山大学出版部，1936 年版，第 217 页。

③ 《龙眼洞乡村教育实验区指导委员会二十五年度第一次会议录》，《国立中山大学日报》，1936 年 9 月 30 日。

创造因袭之中，为可久可大之画，斯可已，本大学用是以为志焉。”[①] 于是，在办学过程中，邹鲁不仅能够有效地借鉴西方先进教育理念，又迭出适于国情和社会之需的宏见伟创。

1928 年~1929 年，邹鲁考察各国教育制度，出游五大洲 29 国，参观了 80 多所各类学校，遍访各国教育官员和名校校长，开阔了视野，最后写成《二十九国游记》，为其日后治理学校和形成完善的教育思想奠定了深厚的理论基础。国外教育考察使邹鲁“始知我国教育制度，尚多未善。”切实感受到西方“教育方法注重实用”和“学以致用”，所以在办学中体现出明显的实用主义的价值取向，注意将学校与社会紧密联系起来，锐意为社会服务。根据国情，邹鲁开创了一个很好的服务社会的途径：到乡村去，通过开展农业技术改良、传授农民科学知识、建设农村经济合作组织等农业推广活动，来复兴农村和农业，达到救国之目的。为了使学校负起社会事业的职责，把学生培养成有科学知识和实用技能的生产者，来拯救积贫累弱的中国，邹鲁创造性地提出“学校生产化”的办学理念，实施将工场、学校、社会打成一片的办学方略，实行“将素来消费之学校，一变而为生产之机关”的生产教育，满足了学校办学的自给自足。这种独特的办学理念，对推动学生走出校门开展社会服务，尤其是开展乡村服务，以及促进“国立中山大学”整体水平的提高发挥了重大作用。

在历史语境下，秉笔直书，公正客观地审视和评价历史人物，这是史学研究的准则。[②] 抛开政治纷争，毋庸置疑，邹鲁作为中山大学的开创者，是出色的。在他执掌中山大学 8 年的办学生涯中，创建石牌新校、增添图书仪器、改革教育制度、发展研究事业，为中山大学的建设与发展立下了汗马功劳，可谓功勋卓著！当然，由于政治活动耗费了邹鲁大量的心血，加上体弱多病，使他没能集中精力一心一意地办教育，同时，也未能像同时代其他著名的大学校长如蔡元培、郭秉文、竺可桢、梅贻琦等那样接受过系统的高水平的东西方高等教育，因此，他对教育理论研究难免不够深入，缺乏深沉冷静的探颐索隐，教育思想的表述缺乏一定的理论深度和思辨色彩，直白倡导之语居多，未有梅贻琦“大师”、“大楼”之隽永哲思、旷世伟论，

---

① 张胜波，黄少宏：《民国校长邹鲁：筚路蓝缕开创中大》，《南方日报》，2010-07-01。

② 李瑛，金林祥：《中国古代治史修养论略》，《北方论丛》，2010 年第 6 期，第 87 页。

未及蔡元培那样提出“五育”并举的完整的民主主义教育方针，未能制定出张伯苓那样切合实际和扭转学校乾坤的“土货化”教育方针；表现在乡村服务办学理念上，则为理念论述不够全面、深刻和系统，更多的是理想主义的鼓动和号召。尽管如此，关照邹鲁人生经历，便可理喻与释然。从实践层面来看，或许，称其为“服务社会办学实干家”，更为名副其实。

第三节　陈裕光的服务社会办学理念与金陵大学的农业推广

金陵大学校长陈裕光①

陈裕光（1893—1989），字景唐，祖籍浙江宁波，出生于南京基督教徒家庭，著名科学家和卓越的教育家，中国近代化学奠基人之一。他8岁入朝天宫附近一所蒙馆，师从国学名家和知名诗人陈省三，接受儒学教育，过目成诵，勤奋好学，4年读完别人7年学通的书，12岁入美国教会创办于南京的汇文书院②附属中学学习。1911年，陈裕光升入金陵大学堂化学系学习。1916年毕业后，由学校资送美国俄亥俄克里夫兰克司应用科

① 王运来著：《诚真勤仁　光裕金陵：金陵大学校长陈裕光》，济南：山东教育出版社，2004年版。

② 1888年创立，1910年汇文书院与宏育书院合并为金陵大学堂。

学专门学校主修化学，后转入哥伦比亚大学研究院深造，获化学硕士和哲学博士学位。陈裕光留学期间崭露社会活动和组织领导才能，两次被公推为“哥伦比亚大学中国学生会”会长，荣任全美中国留学生主办刊物《中国学生月刊》（Chinese Students’ Monthly）总干事、“中国妇女救济会”主席以及“金陵大学留美同学会”会长。1922年，陈裕光满怀科学救国理想回国，任国立北京师范大学理化系主任兼教务长、校务会议主席，并两度代理校长职务，1925年秋返母校金陵大学任化学系教授和文理科主任。曾发起组织中国化学会，并连任中国化学会第一届至第四届会长。

1927年，陈裕光出任金陵大学校长，成为金陵大学的首任华人校长，也是教会大学任职最早、任期最长的华人校长之一。20年代中期，非基督教运动和收回教育权运动在中国风起云涌，他受命于危难之际，成功完成教会大学的中国化和本土化改革，起到了引领教会大学“中国化”的特殊作用。他以卓尔不凡的睿智，成功游走于宗教与世俗之间，娴熟化解自身“基督教信仰”与“中国文化”之间的冲突，缔造出“诚、真、勤、仁”的金大精神。他坚持学以致用、教学科研为社会服务的办学方针，结合当时中国农村和农业实际，探索出教学、科研与推广服务一体化办学体制，使推广和社会服务事业成为金陵大学的办学特色。陈裕光34岁到58岁任金陵大学校长，历时24年之久，把人生最美好的光阴和精力奉献给了金陵大学，功绩卓著，使金陵大学成为雄踞南国、饮誉世界的名牌大学。金陵大学成为中国近代大学农业推广的策源地，全国农业推广的一面旗帜，为推动近代农业科技推广、复兴农村经济作出了巨大的贡献。训练服务人才，让教育服务于社会和基层民众，是陈裕光作为一名基督徒知识分子的信仰，更是一名爱国华人大学校长的教育理想。

一、陈裕光的服务社会办学理念

（一）“我非役人，乃役于人”

但凡一所好学校，都有其独特的办学精神。陈裕光认为，大学教育是躯壳，而大学精神则为其灵魂。躯壳与灵魂齐备，大学教育才称完善。陈裕光根据多年的办学经验与体会，提出“诚、真、勤、仁”的校训，缔造了金陵大学之“魂”。陈裕光对四字校训解释为：忠信谓诚，求是谓真，业广谓勤，博爱谓仁。陈裕光告诫学生，要用金大精神去克服书本上的困难，将来毕业后服务社会，也应该以金大精神去克服工作上的一切困难。激励学生以振兴民族、建设新中国为职志，将来走上社会，继续发扬光大刻苦奋勉的金大精神，不要因为环境的变迁而改变报效国家的抱负，“凡我中华儿女，均应闻鸡起舞，引吭高歌，为国家为民族，卧薪尝胆，努力奋斗，誓将敌寇击退，失土收复，建立一富强康乐之新中国，共为人类社会造无疆之幸福始也已。此伟大之艰巨工作，与神圣之历史任务，实为吾侪（zhai）应负之责任，愿共勉旃（zhan）。”[①] 总之，“为学问而致力，为修养而淬力，为和平而奋斗，为服务而尽力”成为金大学子孜孜不倦追求的精神写照。

作为一名基督教信奉者，陈裕光特别重视学生仁爱之心的培养，倡导“我非役人，乃役于人”，由小我而推及大我，变利己为利他人，养成博爱、奉献、服务之精神。陈裕光以身垂范，学校从校长到一般员工、从教师到学生，大家“亲爱精诚，一团和气”，营造出温馨、仁慈、博爱的气氛。校园中树立的“人生以服务为目的，不以夺取为目的”的大标语，时时提醒学生，要爱人，不能“徇私循利，予求予取”，而是有所奉献；要奉献，不能“遁迹隐居，独善其身”，而应走入社会，服务民众。为此，学校专门成立社会服务处，号召和组织学生开展社会服务和爱心活动，如为失学儿童、成人办夜校，为黄包车夫组建合作社，为失业贫民募捐等，潜移默化地培养学生无私奉献和服务社会的精神。“何用持身，仁心是宅；何以涉世，圣哲可迹”，[②] 金陵大学社会系主任柯象峰赠给金大毕业生的这则题字，成为不少学生的座右铭，使他们受益终身。

金陵大学师生因此开展了各种救国救民的社会服务活动。如战前金陵大学社会福利行政系师生调查南京人力车夫的生活福利情况，成立人力车夫合作社；社会学系与农学院一起成立毛织试验所，改良旧织机和制造新机件，开办南京纺织服装生产合作社，对救济失业工人和振兴南京丝业均取得一定成效。抗战时期，内迁四川后，金陵大学社会服务事业更为活跃。如理科增加战时知识和实用技能方面课程，添设了汽车专修科和电化教育专修科，培养实用技术人才，巡回放映科教影片，进行科普教育和抗

① 陈裕光：《赠本届毕业生》，《金陵大学校刊》，第322期，1944年6月6日。
② 《金陵大学校刊》第366期，1947年7月8日。

日宣传；还设立变压器制造厂、化学实验工厂、中央蓄电池制造厂等，支援抗战建设。师生还热心社会教育事业，服务基层民众，如举办劳工教育班、工人子弟学校、成人补习学校、平民夜校、函授学校、儿童教育班、保育员训练班、警察训练班、民众阅读室、妇婴保健指导所、托儿所等，均收到了较好的社会效果。为此，教育部曾专函奖誉金大卓有成效的社会教育事业，并给予补助。[①] 文学院应成都广播电台之邀，轮流派各系教授每两周去一次，向民众进行抗战教育演讲。历史系受教育部委托，在成都举办史地教育讲演周，亦收到良好的社会效果。这些都展现了金大师生强烈的社会责任感和“我非役人，乃役于人”的服务与奉献精神。

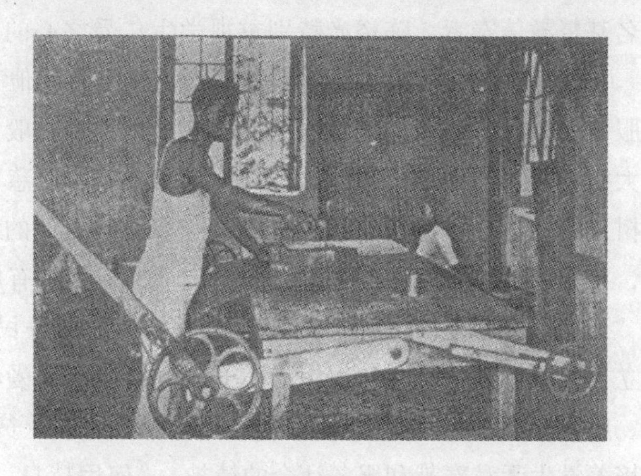

金陵大学社会学系和农学院合办的毛织实验所[②]

（二）“作育人才，济世惠民”

20 世纪 20 年代是中国教会大学命运攸关的 10 年。“非基督教”运动和“收回教育权”运动彻底改变了教会大学的组织建构与办学体系，直接导致了教会大学的“中国化”与“本土化”。华人掌校是教会大学“中国化”的重要标志，也是教会大学发展的重大转折点，教会大学因此逐渐步入中国国家教育系统和体制轨道。陈裕光临危受命，成为推进教会大学“中国化”最成功的大学校长之一。他上任后第一件事就是向中国政府申请立案。“立案之事，当刻不容缓”，[③] 坚信立案是收回和维护国家教育主

① 《本校兼办社会教育概况》，《金陵大学校刊》，第 247 ~ 249 期，1939 年 1 月 16 日。

② 《南京农业大学 90 周年画册》，南京农业大学出版社，2004 年版。

③ 《教育季刊》，第 3 卷第 3 期，1927 年 9 月。

权的象征，又是满足同胞民族自尊心和自信心的时代要求，也是金陵大学未来健康发展的必由之路。1928 年 9 月 20 日，金陵大学成为第一个在中国获准立案的教会大学，迈出了“本土化”的关键一步。立案之后，陈裕光结合中国国情，着手改革学校行政管理机构与学科设置。他向全校师生承诺：按国内情形，与时代之精神，社会急切之需要，切实培养人才。他明确指出：“教育非仅求知，乃所以加强服务意志，锻炼耐劳刻苦精神。教育本身，并非仅以增加知识为已足，而在作育人才，济世惠民。”① 培养训练人才，为社会和民众服务，一直成为陈裕光执掌金陵大学孜孜追求的办学目标。

陈裕光在长期的办学实践中，以学生整个人生作为教育目标，强调教与育并重，他说：“教育二字，包括两种意思，一为教导学识，一为陶养品格。二者并重，不可或缺。若仅有学问，而无人格，则于事于人，无所裨益。”为学与做人对学生而言都很重要，“本校办学启发知识以外，亦常以琢磨品性，阐明宗教伦理为职志”。② 陈裕光常常告诫学生，每个人对自己的未来、对社会应有清醒的认识，在没有进入社会以前，应先估计自己在大学 4 年中所受的训练，能在社会担任什么工作，方可对国家、对民族有最大的贡献，切不可为自己私利打算如何升官、如何发财。陈裕光叮嘱即将投身社会的金大学子，不要忘记自己肩负的济世惠民的神圣使命，“社会是整个的，大学所给予的训练，原是为这个整个的社会服务而准备。我们所担任的工作，只是社会的一角落，要认清我们这一角落小小的工作，是否能适应整个社会的要求，是否能与整个社会相配合。希望诸生今后本着一幅眼光，去贡献一己的专长，对着整个社会，要常常不惜牺牲小我，顾全大我，方不负国家在抗战正酣的时间，苦心焦虑地栽培她的青年，使他们得安心地受过 4 年可宝贵的高等教育。”③

为训练学生服务能力，养成劳动习惯，校内专门设有社会服务指导机构，教务处、各院系一般都能给学生提供一些按时计酬的勤工俭学机会。为了让学生对社会有深刻的认识，培养社会实践能力，学校组织安排各种

---

① 《陈裕光校长在金大举行 60 周年庆祝大会上的讲话》，《金陵大学校刊》，第 376 期，1948 年 11 月 30 日。

② 《陈裕光校长在金大举行 60 周年庆祝大会上的讲话》，《金陵大学校刊》，第 376 期，1948 年 11 月 30 日。

③ 陈裕光：《勖 1943 级毕业同学》，《金陵大学校刊》，第 310 期，1943 年 6 月 28 日。

外出社会实践活动。如金陵大学从1929年开始，历时5年时间，采用标准方法对辽、绥、晋、陕、冀、鲁、豫、湘、赣、川、皖、浙、闽、粤、苏等15省区的人口问题进行了专题调查。这是由一所私立学校进行的覆盖半个中国的人口大调查，是我国近代人口研究史上绝无仅有的创举。调查得出了极有价值的结论：我国短时期内难以实现农业机械化，在耕地面积有限的情况下，过快人口增长必将会酿成严重的人口问题。结果一公布，遂引起政府的关注。而农学院对水土流失问题的调查研究更发人深省。农学院师生利用多个寒暑假深入晋南、晋北和晋中三大森林区，考察了“森林面积与旱涝灾情的关系”，又研究“淮河流域冲塌及淤塞原因”，得出触目惊心的结论：人口猛增，耕地紧张，政府放任自流，人们纷纷焚林锄垦，导致森林蓄水能力丧失殆尽，造成洪水泛滥旱涝成灾，所以，师生高呼“焚林锄垦，后患无穷”。1931年，美国威斯康星大学农科主任罗素博士到金陵大学参观，认为这一研究“足为欧美各国政府借鉴”。抗战时期，为配合政府西部开发，社会学系师生在系主任何象峰教授的带领下，参加了由四川省教育厅主办的边区社会调查团，步行1000多公里，实地考察和调查民情、民意的同时，深入少数民族地区，开办民族学校，放映科技影片，积累了“可供研究边政者参考”的丰富资料。这些社会活动增长了学生见识，激发了他们服务社会和改造社会的责任感和使命感。

（三）“学以致用，知行合一”

金陵大学农科创立时，农科科长芮思娄以美国农科大学为样板而推行教学、科研与推广（服务）三位一体的教育制度。陈裕光掌校后，认识到向中国政府立案只是收回教育主权的开端，要使金陵大学这所教会大学实现中国化、本土化，就必须使学校与中国社会打成一片，服务于中国社会。于是，他积极倡导“三一制”，提倡研究、教学、服务三者成一联系，未尝偏废，并将“三一制”从农学院推广到文、理学院。旨在通过科研提高教学质量，促进推广事业；通过推广促进教学和科研，最终达到教学、科研、推广共同进步，培养改良社会造福人群人才的目的。

陈裕光说：“学以致用是我国先儒的一贯说法，本校也素常注意这一点”。[①] 他继承和发展了中国传统儒学的学以致用的教学思想和办学实践，

① 《陈校长讲教育的整个性》，《金陵大学校刊》，第271期，1940年3月10日。

认为学问所以求知，求知所以致用。学以致用不是学完之后重视实用，也不是在学的时候做用的准备，而是边学边用。教学、科研与推广（服务）三位一体办学体制的本质就是边学边用边研究。[①] 他认为，大学不能仅限于研究高深学理培养高级专门人才，要求教师和学生必须走出象牙塔，关心社会民生，注重社会调查与社会问题研究，并将科研成果推广运用于社会，使教育社会化、科研成果社会化，积极为社会与国家服务。在金陵大学，不管做何种学问，力求理论与实际并重，知识与力行合一，做到学以致用，教学做合一。

为了能够让学生学以致用，知行合一，学校设有专门的担负推广和社会服务的机构，计有社会服务部、社会福利行政组、教育电影部、农业推广实践区等。后又在这些机构的基础上，成立综合性的“推广部”，总体规划全校的推广服务事业。学校各科教学都注重密切联系社会实际开展社会实践活动。农科学生不仅要学好农学理论知识，还要从事田间林野活动，体验生产实践，参与农业科技推广。每年3月，农科生都要走出校门，到社会上去宣传造林。文科学生须参加社会调查，理科学生也要体验生产过程，所有学生都要参加社会服务。陈裕光认为社会是一所更大的学校，是社会化和大众化的学校，所以，学生需要在社会实践中边做边教边学。他希望学生毕业后，“君等习有专长，各将用其所学，走入广大的民间，为百姓服务，甘苦共尝，休戚与共，造福社会，报效国家”。[②] 40 年代出版的《私立金陵大学要览》总结了金陵大学学以致用的办学经验：“本校除努力于教学及研究工作，以期探求高深学理外，并力求教、学、做三者合一。举凡社会服务及研究工作，科学实用与提倡，及农事改进等项工作，无不积极推广，务期学校与社会打成一片，发扬文化与促进建设兼筹并顾。”[③] 正是在学以致用办学方针和上述教书育人、服务社会实践中，金陵大学形成了“求学本旨，在求致用，培育人才，服务社会”的办学特色。学者认为“金大农学院毕业学生的社会服务，其所以能理论与实际并

---

① 王运来著：《诚真勤仁光裕金陵：金陵大学校长陈裕光》，济南：山东教育出版社，2004年版，第149页。

② 陈裕光：《送给复员后的第一次毕业生》，《金陵大学校刊》，第370期，1947年7月8日。

③ 金陵大学总务处编：《本校推广事业概况》，《私立金陵大学要览》，1947年，第26页。

重，知识与力行合一，即系在此项综合体制下所培养而成者”。[1]

二、陈裕光时期的金陵大学农业推广服务

（一）完善农学院办学体制

在金陵大学各院系中，最早实行“三一制”、最富有成效、最具代表性的是农学院。金陵大学农科从裴义理招用难民在紫金山造林开始，短短十几年间从无到有地建成金陵大学一个有特色、有作为的系科，其办学宗旨是为国家解决农业问题。1921 年，北京教育部派员视察金大农科，对金大农科教学、科研、推广三者并重的做法大加赞赏，认为该科办学方法正确、经费充裕、设备完备，“不特为该校之特色，亦国内此项学校之翘楚”。[2] 陈裕光执掌金大，认为金大农学院重在联系中国农业实际，不尚空谈。其中对科技宣传和推广一项尤为重视，师生足迹遍及全国 10 多个省的农村，受到各地农民的欢迎。金大校誉鹊起，闻名国内外，农科是一主要因素。[3] 他总结了农科办学成功的主要原因：切合中国社会的需要，建立教学、科研、推广三位一体的体制，有较为充裕的经费来源，有得力的科务主持人和力量雄厚的教师队伍，所以，陈裕光上任后着手完善农学院办学体制，将农科办学特色继续发扬光大。

第一，明确农学院的办学宗旨。1930 年，学校正式改农林科为农学院，改文理科为文、理学院，形成金大“三院嵯峨”的基本格局。学校每年拨给农学院常年经费 5 万元，并结合当时中国农村、农业实际，制定农学院办学宗旨，把农学院办学与农业发展、农民生活联系在一起，确定农学院的办学宗旨为：“授予青年以科学知识和研究技能，并谋求我国农业

---

① 郭学敏等编：《章故院长之汶先生事略》，见李扬汉主编：《章之汶纪念文集》，南京：南京农业大学出版社，1998 年版，第 57～58 页。

② 1921 年北京教育部派员视察金大农科，“本年度该校农林科之预算为 44814 元，实较文科倍之有奇。农科大学之设立，宗旨在为国家解决农业问题，其事业应包括研究、教授、推广三种，此三者并重，其研究事业如棉、蚕桑等均颇著成效，其推广事业亦在开始进行中。办法既甚正确，但能经费充裕，不难力求进步。要之该校农科成绩较著，教科设备均较完备，不特为该校之特色，亦国内此项学校之翘楚。”南京大学高教所校史编写组：《教育部视察金陵大学报告》，见《金陵大学史料集》，南京：南京大学出版社，1989 年版，第 21～22 页。

③ 陈裕光：《回忆金陵大学》，见金陵大学南京校友会编：《金陵大学建校一百周年纪念册》，南京：南京大学出版社，1988 年版，第 16 页。

作物之改良、农业经营之促进、农夫生活程度之提高。”①

金陵大学农学院主教学楼②

第二，培养农业技术人才。到1930年，农学院本科设有8系2部，即农艺学系、森林学系、桑学系、农业经济学系、园艺学系、乡村教育系、植物学系、动物系、农业图书研究部和农业推广部，学科种类较为齐全。后来，为了适应农业推广需要，农学院不断增设短期培训班，培养农业技术人才，乡村教育系附设农业专修科，蚕桑系附设女子蚕桑职业班，农业经济系附设棉业合作训练班，森林系附设森林函校，园艺系设园艺职业师资班增设系科等等，至抗战前，金陵大学农学院已形成农科研究所、大学本科、专修科、短期训练班等多层次的人才培养规格。抗战期间，农学院与政府、金融界等合办了各种农业推广人员培训班。

第三，健全推广机构。农学院成立时在院务委员会下设有推广委员会。1931年11月推广委员会得到扩大，除各系主任为当然委员外，另推1人为委员，负责该系有关的推广事业。1933年，农业推广系改为农学院推广委员会推广部，又称农业推广部。迁川后，农学院农业推广组织仍由院长聘请各系专家、教授组成农业推广委员会，分设出版部和推广部。推广部主要任务为：辅助推广事业，农业推广研究，农业推广人才培训。各系均有专门负责协助推广部办理各种推广指导工作的人员。③

第四，兴办农场。“三一制”办学体制和学以致用的办学方针，使金

① 陈裕光：《回忆金陵大学》，见金陵大学南京校友会编：《金陵大学建校一百周年纪念册》，南京：南京大学出版社，1988年出版，第18页。

② 《南京农业大学90周年画册》，南京农业大学出版社，2004年版。

③ 张宪文主编：《金陵大学史》，南京：南京大学出版社，2002年版，第389页。

陵大学十分重视实验室和试验农场建设。农场就是农学院的实验室。陈裕光积极鼓励和支持农学院大力兴办农场，1930 年以前，农场面积已可观，其中太平门外的总场达 1400 余亩，还有分布在河南、安徽、江苏等省的多处分场。到 1937 年，农学院直属农场已达 1900 多亩，分别建成农艺、园艺、森林、植物病虫害等试验场及桑园苗圃等，同时还设有分场 4 所、合作农场 10 所、区域合作试验场 5 所和种子中心区 4 所，农场总面积达 4000 余亩。农场的设立为农学院各系教学研究和推广提供了有利条件。

（二）以研究推动农业科技进步

陈裕光认为中国的大学教育“对于‘大’字，确有相当成就，而对于最高学府之‘高’字，尚逊一筹。盖常见范围扩大，少闻学问湛深。换言之，研究的工夫，尚未充实。”[①] 他指出，中国物资丰富，但国内的衣食还有赖于盟国的救济，所以，今后办教育或建设学校，应该注重质量，提高研究精神。作为研究高深学理和培养闳才的大学，更需“加强研究精神”。金陵大学农学院自创办之始即非常重视研究工作，农学院的经费分配为：研究占 50%，教学占 30%，推广占 20%。抗战之前的研究事业经费高达全院经费的 54%。学院所有专任教授均参与研究工作；高年级学生也以研究工作为其设计实习及编著论文的资料。1936 年，农学院招收研究生，“该院研究生约占全校人数的大半”。本院研究分为三种：调查、采集和试验研究。[②] 抗战期间，农学院仍克服各种困难，集中力量对四川省农业问题展开研究，以建设抗日后方为己任。1943 年春，农学院鉴于此前的研究项目皆为各自设计，颇少联系，乃决定由专题研究改为以一种农产品生产为中心的综合研究，建立跨系的课题攻关委员会，当时综合研究的中心有稻作、小麦、棉花、柑橘和烟草等 5 种。

充足的研究经费、浓厚的研究气氛使金陵大学在作物改良、合作组织、森林、病虫害防治和园艺等研究方面，尤其作物改良研究方面成绩显著。先后育成各种作物优良品种 40 多个（小麦 15 个，棉花 6 个，大豆 4 个，小米 5 个，高粱 4 个，小麦 7 个，玉米 4 个）。战前金陵大学除了南京的作物改良站外，还有下属的 4 个改良站和 8 个合作的教会实验站，以及

① 《陈校长报告游美观感并述建校精神》，《金陵大学校刊》，第 345 期，1945 年 10 月 6 日。
② 金陵大学总务处编：《私立金陵大学要览》，1947 年，第 21 页。

华北、华中的12个种子试验站，共改良小麦、大豆、棉花、稻谷等8类作物品种36个，其中有27种得到普遍推广，最有名的是金大2905号小麦，比传统品种能增产20%。仅棉花、小麦两类金大就培育发放了11500吨种子，推广区内农民受益颇多。[①] 金大的研究成果为农业技术推广提供了物质材料，推动了近代农业改良。对此，曾任中央农业实验所副所长、国民党政府农林部次长钱天鹤先生说过："若无金大农学院农业改良成绩可资应用，则中农所实验工作，至少要延缓6年之久。"[②]

在研究中，金陵大学首开中国农业调查先河，如中国土地利用调查、中国土壤调查、1931年中国水灾调查、中国乡村人口问题调查、农民食物消费调查、鄂豫皖赣4省农村经济调查、四川省土地分类调查研究、成都附近7县米谷生产与运销研究等，填补了国内空白。农学院的中国农业经济调查研究在国内一直居于领先地位，农学院农业经济系在著名专家卜凯的指导下，在二三十年代对中国农业经济开展了详尽的调查研究，成绩卓著，1929年~1933年，卜凯带领学生对全国22个省168个地区、16786个农场的38256个农户进行了调查，编成《中国农民经济》一书。该书系取得许多研究成果成为至今留下的当时唯一关于中国农村情况的珍贵史料，为开展农业推广提供了具有较大参考价值的一手数据。

抗战时期，农学院为推进农业推广事业，充实推广辅导训练内容，不遗余力地进行农业推广的理论研究，颇巨成效，得到中央农产促进委员会及美国洛氏基金会的资助。

（三）引领全国农业推广

在陈裕光执掌金陵大学之前，金陵大学农林科的农业推广事业已颇具成效，已成当时农科大学的佼佼者，为全国农业院校的农业推广提供了示范和榜样。农林科师生经常巡回各地，介绍小麦及棉花、玉米等优良农作物品种及先进的农业技术，宣传提倡农业改进；还选择一些合适的地点派推广员长期驻守，实地指导农民改进农业技术，推广人员积极与地方行政、士绅接洽以获得地方支持，与社会团体和教会组织合作开展推广。在

---

① 刘家峰著：《中国基督教乡村建设运动研究（1907—1950）》，天津：天津人民出版社，2008年版，第112页。

② 费旭，周邦任主编：《南京农业大学史志（1914—1988）》，南京农业大学内部发行，1994年版，第22页。

有条件的地方建立学校农场分场、合作农事试验场等，进行推广项目的实际试验和示范，使推广区域的农民观念日渐转变，接受新品种和新技术的农户逐渐增多。仅 1924 年、1925 年，金大农林科就先后派员到全国 962 个县开展宣传推广活动，很受农民欢迎。陈裕光上任后，根据形势变化，征询农学院专家意见，对金陵大学的农业推广目标、方式、策略等作出及时调整，使金陵大学在农业推广事业方面继续保持优势地位，发挥着引领作用。

从 1930 年起，农学院改分散式推广为集中于若干地区的实地试验示范推广，与中央农业推广委员会合办乌江农业推广实验区，参加江宁农业推广示范县的农作物改良和信用合作组织建设，又将山东、河北的推广工作集中于龙山、潞河两处，并与齐鲁大学合作设立山东历城龙山农村服务区，与通县潞河中学合作设立河北通县潞河乡村服务部等，金陵大学农学院负责各处推广指导工作。金陵大学是 30 年代建立农事试验场最多、指导农业推广区域最广的农业院校，推动了全国农业推广工作的开展。内迁四川后，农学院又成为县单位农业推广的开创者，在四川的仁寿、温江、新都和陕西的泾阳、南郑建立了农业推广实验区，率先开展以县为单位的农业推广实验，并同时进行县单位农业推广制度的研究，为政府的农业推广实验县建设提供了决策参考和建议。

鉴于政府部门已经重视农业推广工作，四川省各县已建立农业推广所，金陵大学将所办的农业推广实验区实行改组，各归其所属县的农业推广所，并移交给四川省农业改进所继续指导办理，农学院及时将推广工作的重心由示范推广实验转为集中力量进行农业推广人才的辅导和训练，创办各种推广人员训练班和农业推广学校，培训农业推广人才。受四川省农业职业教育辅导委员会委托，对新都、眉山等县的 24 所高、中级农业职校进行辅导，培养了很多农业推广人才，有力地推动了后方农业生产。

抗战后，金陵大学迁回南京，农学院不久就恢复了乌江农业推广实验区，重新组织农会与合作社，推广良种，举办农贷，设立示范繁殖场，开办农民书报阅览室、暑期补习班和农产展览会，充分利用本院交流合作基础雄厚的优势，积极争取国内外政府机构、企业单位和社会各界人士的支持，或争取赞助经费，或参与合作研究事业，使教学、科研、推广三项事业逐步走上正常发展轨道。而当时大多数高等农业院校忙于恢复重建，开展农业推广者寥寥无几，即便有农业推广，其计划、组织、规模和成效也不及金陵大学。

三、陈裕光服务社会办学理念和实践评析

陈裕光执掌金陵大学后，拓展和深化了教会大学“中国化”的内涵，以服务社会为切入点，舍小我求大我的无私奉献和服务精神，秉持“作育人才、济世惠民”的教育信念，坚持学以致用、教学科研为社会服务的办学方针。在其办学理念指引下师生走出校门开展了诸多社会服务活动，农学院的农业推广服务尤为出色，农业推广服务范围遍及十余省，推广人员流布大江南北十余省，推广的作物良种涵盖了我国各种主要的粮食作物和经济作物，普及的农业新技术涉及农事改进诸阶段，并为农村培养了大批农业科技人才，使金陵大学成为中国近代大学农业推广的策源地和为“三农”服务的典范。

值得注意的是，就20世纪30年代的中国大学而言，教学是其主要职能，科研尚未被提升到与教学同等重要的地位，金陵大学领时代之先，坚定不移地推行教学、科研与推广相结合的“三一制”，使学校与社会息息相通，科技与经济互相协调，将教学、科研成果推广应用于社会，从而使大学集教学、科研和社会服务三项职能于一体，无疑具有划时代的开拓性意义。他将我国传统教育思想的精粹与西方教育的先进经验结合起来，形成了自己独特的办学理念和办学特色，较好地处理了大学制度建设中的西洋化和本土化、模仿与创新的关系。

陈裕光匠心独运，借其敏锐的洞察力，能够根据社会需要制定和调整办学方针，指引农学院推广工作与时俱进，即使抗战时期，金陵大学的农业推广事业也从未间断，为抗战时期后方农业生产作出了杰出贡献。陈裕光执掌金大后，金大的农业推广事业蒸蒸日上，一直引领全国农业推广事业，产生了很好的社会效益和经济效益。难怪胡适曾言民国3年以后的中国农业教学和研究的中心在南京，因有金陵大学农学院和南高师农科的出色表现。1943年，金陵大学假华西大学礼堂举行建校55周年暨农学院建院30周年纪念仪式，时任国民政府委员长蒋介石发来嘉勉电文，称赞该院成立以来，作育农业人才，改进农产品种，久负声誉。教育部也向金大农学院颁发褒奖令，称该院“在国内高等农业教育机关中，历史最为悠久。

历来培养农业人才，倡导农业改进，增加农业生产，裨益民生，功效昭著”。[①] 金陵大学对中国现代化最根本的贡献在于，坚持以人为本，培养了大批优秀的人才，并营造了适合青年人成长的环境、气氛和精神。这些不仅是对金陵大学农学院的赞誉，也是对金陵大学校长陈裕光及其办学理念与实践的盛赞。陈裕光服务社会的办学理念与办学实践，对于今天中国的高等教育仍可借鉴。

第四节　竺可桢的服务社会办学理念与浙江大学的农业推广

浙江大学校长竺可桢[②]

竺可桢（1890—1974），又名绍荣，字藕舫，出生于浙江绍兴东关镇[③]，我国著名的科学家和爱国教育家，中国近代地理学和气象学的奠基人，积极倡导与从事科学普及工作的开拓者。1910 年，竺可桢因中国以农

① 《农学院 30 周年纪念》，《金陵大学校刊》，第 307 期，1943 年 3 月 1 日。

② 张彬著：《倡言求是培育英才：浙江大学校长竺可桢》，济南：山东教育出版社，2004 年版。

③ 1954 年东关镇划为上虞县，故又有上虞人的说法。

立国万事以农为本，考取第二批庚子赔款入美国伊利诺伊大学农学院学习，1913 年夏毕业。由于对气象学的特殊爱好，1913 年～1918 年，竺可桢在哈佛大学地学系学习气象学。1916 年，参加任鸿隽、杨杏佛等人在美国组建的“中国科学社”，任《科学月刊》编辑，撰写了多篇气象论文，运用现代气象学理论解决实际问题。1918 年秋，获得博士学位，带着“科学救国”的热情回到祖国，谢绝任海关监督的邀请，应聘去武昌高等师范学校教授地理和气象学。1920 年，竺可桢转任南京高等师范地学系主任。1921 年创办东南大学地学系并任系主任。1925 年到上海商务印书馆任编辑，负责史地部工作。1926 年任南开大学的地理系主任。1927 年复任第四中山大学地学系主任，同年创建了中央研究院气象研究所并任所长。1928 年建成南京北极阁气象台。

竺可桢在教育方面的贡献，集中表现于 1936 年～1949 年担任浙江大学校长期间。竺可桢上任校长不久，抗战爆发，1937 年 11 月，他率全校师生员工及部分家属，携大批图书资料和仪器设备西迁，开始了艰辛的“文军长征”。[①] 途经浙、赣、湘、粤、桂、黔六省，行程 2600 多公里，最终于 1940 年初抵达贵州，在遵义、湄潭、永兴等地坚持办学 7 年，直至抗战胜利。浙江大学抗战前只有文理、农、工 3 个学院 16 个系，抗战后发展成为文、理、农、工、法、医、师范 7 个学院 27 个系，学生由 400 多人发展到 2000 多人。浙江大学作为一所“流亡大学”，在颠沛流离和战争环境下，奇迹般地从一个地方院校发展成为当时国内颇具影响的几所著名大学之一，被英国著名学者李约瑟称誉为“东方剑桥”。浙江大学创造了近代中国高等教育发展史上的奇迹，这不能不归功于校长竺可桢的呕心沥血与超人的办学智慧，竺可桢因此被称为“旧时代蔡元培以后，最杰出和最成功的大学校长。”[②] 目前，学界关于竺可桢高等教育思想研究的成果颇为丰

① 从 1937 年 9 月浙江大学一年级迁到浙江西天目山起，至 1940 年 2 月迁到贵州遵义、湄潭时止，历时两年半，他们西征的路线与五年前中国工农红军万里长征的前半段路线基本吻合，其历史转折点，又恰好是召开对中国工农红军长征和工农革命具有重要转折意义的“遵义会议”的伟大历史名城贵州遵义。因而使“浙江大学西迁可与红军长征相比，一文一武，都对沿途各省起到巨大的作用。”（彭真语）。见中国人民政治协商会议湄潭县委员会编：《永远的大学精神：浙大西迁办学纪实》，贵阳：贵州人民出版社，2006 年版，第 34 页。

② 中国科学院南京分院，南京竺可桢研究会编：《先生之风山高水长——竺可桢逝世 20 周年纪念文集》，合肥：中国科学技术大学出版社，1994 年版，第 116 页。

硕，但对其服务社会的办学思想关注甚少。本研究从这一新的视角来解读这位伟人及其教育思想。

一、竺可桢的社会服务办学理念的思想渊源

（一）学贯中西的成长经历

近代中国大学集中了一批学贯中西的优秀大学校长。中西文化的强烈冲突、碰撞、融合成为他们生活的社会环境的典型特征之一。这些优秀的大学校长成长于四书五经的传统文化之中，又多留学过欧美。中国传统教育中的人文精神与西方文化中的科学精神相融合，有效地内化为他们自身独特的人文修养，成为他们孕育大学理想的精神元素。竺可桢系统地接受了中西方文化教育，为其办学理念的形成奠定了良好的思想基础。他小学念过私塾，中学求读于上海澄衷学堂、复旦公学和唐山路矿学堂，1910 年以二期“庚款生”留美，先在伊利诺伊大学读农学，获得学士学位，后至哈佛大学研究院攻气象学获硕士、博士学位。饱经儒学熏陶，造就了其深厚的儒家文化底蕴和“修齐治平”的使命感；留学美国 8 年，接受西方科学文化教育，使其深谙美国大学求真务实的科学精神和为社会服务的教育理念，并创造性地将其吸纳、运用到日后的办学实践中，取得了卓越的功绩。

由于受到两种文化环境的浸润，竺可桢真正成为具有双重文化特质的时代精英，在审视与回归本土文化资源的时候，具有自己独到的见解和卓越的才华。他认为中国传统文化博大精深，与现代教育并非相悖，办理教育事业要从中国国情出发，在吸取传统文化教育精华的同时，必须借鉴国外先进的教育经验。他说：“我们应凭借本国的文化基础，吸收世界文化的精华，才能养成有用的专门人才；同时也必须根据本国的现势，审察世界的潮流，所养成的人才才能合乎今日的需要。”① 因此，培养能够适应时代和社会需要的人才，成为其办学孜孜追求的目标。正是这种学贯中西的成长经历，使得竺可桢具有了中西并蓄、放眼世界的非凡气度，使浙江大学能够走在时代的前列，创造出大学发展的奇迹。

① 竺可桢：《大学教育之主要方针》，《国立浙江大学校刊》，1936 年 5 月，第 248 期。

（二）救亡图存的爱国情怀

一个国家和民族的知识分子，无疑都有其历史上的文化传统和精神谱系。中国传统儒家文化塑造了古代知识分子“志于道”、“以天下为己任”的精神风范。在国家民族遭难的年代，中国近代知识分子不仅继承和发扬了我国古代士大夫的爱国优良传统，同时又本着求真、务实、求新、思变的精神，积极投身挽救民族危机的活动中，成为近代救亡图存支撑危局的先驱和精神领袖。民国时期的大学校长作为近代知识分子的杰出代表，继承了君子、士人治国平天下的人格理想，他们在动荡不安的社会环境和极其艰辛的办学条件下，在办学观念和实践层面上都体现了“以天下为己任”的爱国情怀，表现出强烈的“入世”精神。

浙江在历史上是汉族受外族入侵时退守的重心，因此成为报仇雪耻之乡，出现过无数英勇抗敌、舍生取义的革命志士。作为浙江人，竺可桢耳濡目染了地方文化中的爱国精神；荣任浙江大学校长时，受命于危难之际，愈发坚定了其救亡图存的使命感，在宣誓就职时，他引用了越王勾践卧薪尝胆、发愤图强、报仇雪恨的故事，表达自己的报国之志。抗战时期的西迁环境，使他形成更为强烈的爱国思想和民族精神，十分注重在社会实践中引领学生关心国事、体察民间疾苦、投身公益事业，培养他们以天下为己任、为国家作贡献的奉献精神与献身精神。他要求学生能“以身许国”，“不求地位之高，不谋报酬之厚，不惮地区的辽远和困苦，以自己的学问和技术为国家民族作最大之贡献。”[①] 因此，救亡图存的爱国情怀成为竺可桢办学理念的基调，使得浙江大学能够真正融入到社会之中，在近代中国高等教育史上书写出恢弘的篇章。

（三）求真务实的求是精神

浙江大学的前身是“求是书院”，竺可桢执掌浙江大学后，继承和发扬光大学校的求是传统，于1938年在广西宜山确定“求是”为校训。他认为“求是”两个字既是中国传统文化的精髓，又是西方近代科学的真谛，欲在继承传统文化的基础上学习先进的科学技术，必须把握住这个共同点。他倡导的“求是”精神蕴藏着科学精神、奋斗精神、牺牲精神和革命精神等丰富的内涵。这种大学精神一直贯穿于浙江大学办学理念、科学

① 樊洪业，段异兵编：《竺可桢文录》，杭州：浙江文艺出版社，1999年版，第113页。

研究、人才培养和学风建设之中，使之成为全校师生所追求的共同境界。[1]

竺可桢指出："所谓求是，不仅限为埋头读书或是实验室做实验。求是的途径，《中庸》说得最好，就是'博学之，审问之，慎思之，名辨之，笃行之'"。[2] 他认为，"笃行"是践行求是精神的重要途径，大学生应积极参与社会实践，既可改良社会、服务民众，又能将所学知识在实践中加以检验。这样，竺可桢不仅阐释了"求是"的涵义，而且，指明了其实施的理想途径和崇高使命：服务社会。因此，他所倡导和培植的"求是"精神，不仅成为浙江大学的治校方略，同时也成为全校师生为人处世和治学的准则。西迁期间，浙江大学每到一处都积极为地方建设作贡献，真正做到了为社会服务，充分体现出"求是"精神。

(四) 复杂动荡的办学环境

中国近代大学诞生于民族危亡国家衰弱之际，成长于内忧外患的动荡环境，因此，从创建之日起，救亡图存一直成为其不可推卸的历史使命，大学发展与国家命运息息相关，与社会相互依存荣辱与共。战争环境对竺可桢服务社会的办学理念的形成产生了重要影响。抗战爆发后，竺可桢毅然决定将浙江大学搬迁到从未有过大学的城镇，以至僻静的农村。这些地方远离战火，能为浙大赢得相对稳定的办学环境，同时，能使大学内迁与开发内地紧密联系，为地方发展服务。

在流亡的西迁路上，全校师生颠沛流离，行程万里，历尽艰险，所到之处多半是穷乡僻壤。这种恶劣的战时办学环境，使得师生们"得见乡郊之美，得知乡民困难和问题之所在"，"逐增长同舟共济为民服务的精神"，也使竺可桢服务社会的办学理念更加明确与坚定。因此，他勉励大学生要义不容辞地效仿当年的王阳明先生，身处逆境不改报国为民之志，以其学识和德艺教化乡里："如果各大学师生皆能本先生之志，不以艰难而自懈，且更奋发于自淑淑人之道，协助地方，改良社会，开创风气，那么每个大学将在曾到过的地方，同样的留遗了永久不磨的影响，对于内地之文化发展，定可造成伟大的贡献。"[3] 西迁过程中，竺可桢率领浙江大学师生不遗

① 张彬，付东升，林辉：《论竺可桢的教育思想与"求是"精神》，浙江大学学报（人文社会科学版），2005 年第 6 期。

② 樊洪业，段异兵编：《竺可桢文录》，杭州：浙江文艺出版社，1999 年版，第 111 页。

③ 樊洪业，段异兵编：《竺可桢文录》，杭州：浙江文艺出版社，1999 年版，第 109 页。

余力地实践着自己的理想和诺言，每到一处都致力于为当地人民办实事，真正留下了“永久不磨的影响”。

二、竺可桢服务社会的办学理念

（一）服务和引领社会是大学不可推卸的使命

竺可桢执掌浙江大学期间，不仅重视大学在培养人才和学术研究方面所负有的重大使命，而且提倡服务和引领社会也是大学不可推卸的使命。他意识到正值倭寇猖獗万方多难的时候，大学生的责任格外重大。因为大学生受过高等教育，是国家优秀的分子，也是国民中幸运的人，当然都要抱定以艰苦的环境“增益其所不能”为目标，而准备来担当国家许多“大任”。他激励大学生“每个人应该以使中华民族成为一个不能灭亡与不可灭亡之民族为职志”[①]。他认为，国难当头，国将不国，需要培养优秀的大学生“出而当国”，继承中华民族自强不息、奋发有为的精神，“并传播于各乡村、各城市、各机关去”[②]，从而实现齐家治国平天下。他常常以历史上的民族英雄为榜样激发学生的报国之志。1937年6月毕业典礼上，竺可桢要求毕业生今后为己应以曾文正公“有志、有识、有恒”为训，为人即在社会做事，应以“但知是非、不计利害”为训；要继承杀身成仁、舍生取义的精神，负起振兴民族责任，为社会、人群服务不计名利得失，不求地位之高，薪水之优。竺可桢谆谆教诲学生：“我们人生的目的是在能服务，而不在享受。”[③] 因为当今是竞争的世界，如果一个民族还是一味以享受为目的，不肯以服务为目的，必归失败，所以，大学生出校以后应该为社会服务，以享福为可耻。

作为一位有着多重文化教育背景的大学校长，竺可桢基于对中国历史和现状以及世界潮流的洞察审视，对大学的使命和责任有着深刻的认识，大学不仅要服务社会、服务人群，同时还要引领社会，即：大学是“社会灯塔”、“海上之光”，肩负弘扬社会道德、转变社会风气之神圣使命。因

---

① 竺可桢：《大学毕业生应有的认识与努力》，见樊洪业，段异兵编：《竺可桢文录》，杭州：浙江文艺出版社，1999年，第95页。

② 竺可桢：《大学毕业生应有的认识与努力》，见樊洪业，段异兵编：《竺可桢文录》，杭州：浙江文艺出版社，1999年，第95页。

③ 竺可桢：《竺可桢讲演词》，国立浙江大学日刊，1936年第18期。

此，他在日记中写道："在此乱世，道德日益堕落，大学应为社会树立风气做中流砥柱。大学是社会之光，不应随波逐流。"[①] 同时，"乱世道德堕落，历史上均是如此。但大学尤为海上之灯塔，吾人不能于此时降落道德之标准也。"[②] 面对内忧外患、国人道德感沦丧的国情，竺可桢倡导大学应该继承、弘扬明朝东林书院"裁量人物、讽议朝政"和黄宗羲"公其是非与学校"的民主精神，履行对社会批判与监督的功能。在竺可桢心目中，大学是社会的中流砥柱，不仅要不断推动科学文化进步，而且要做黑暗中的明灯，茫茫大海中指示航行的灯塔，为社会发展指明方向，同时，要不断地激浊扬清，弘扬社会正义，推动社会的文明进步与快速发展。

（二）培养担当大任、转移国运的领袖人才

竺可桢出任浙江大学校长之时，恰值日本帝国主义加紧侵华之时，国家危在旦夕。面对如此严酷的社会现实，竺可桢充满忧患意识。他抱定"拯救中华民族，唯有靠自己的力量，培养我们的力量来拯救我们的祖国"之信念，把培养人才与拯救中华、转移国运这一神圣的崇高使命结合起来。竺可桢认为大学教育的目标绝不仅仅是造就多少工程师、医生之类的人才，而主要是培养"公忠坚毅，能担当大任、主持风会、转移国运的领导人才"[③]，以挽救国家的命运。他强调大学生要做将来各界的领袖，必须具备一定的素质："你们要做将来的领袖，不仅求得了一点专门的知识就足够，必须具有清醒而富有理智的头脑，明辨是非而不徇利害的气概，深思远虑，不肯盲从的习惯，而同时还要有健全的体格，肯吃苦耐劳、牺牲自己、努力为公的精神。这几点是做领袖所不可缺少的条件。"[④]

每逢新生入学、老生毕业、新年致辞、联欢会等各种场合进行演讲时，竺可桢都会启发和激励学生树立救亡图存的社会责任感和使命感，反复强调大学生要涵养和锻炼自己成为领袖的素质。他曾告诫新生，到校后应该问自己两个问题，第一，到浙大来做什么？第二，将来毕业后要做什么样的人？"诸君到大学里来，万勿存心只要懂了一点专门技术，以为日

① 竺可桢：《竺可桢日记》(2)，北京：人民出版社，1984 年版，第 837 ~ 838 页。
② 竺可桢：《竺可桢日记》(2)，北京：人民出版社，1984 年版，第 840 页。
③ 竺可桢：《王阳明先生与大学生的典范》，《国立浙江大学校刊复刊》，1938 年第 1 ~ 3 期。
④ 竺可桢：《求是精神与牺牲精神》，见浙江大学校史编写组：《浙江大学简史》（第一、二卷），杭州：浙江大学出版社，1996 年版，第 292 页。

后谋生的地步就算满足。在这国难当头前方战士为抗日而浴血牺牲的时候，国家花这么多钱培植大家读大学，就是希望大家今后做社会的砥柱，拯救中华，转移国运。”① 他认为，大学为社会服务的途径之一就是培养训练具有知识和头脑的学生走向社会，达到改良社会之目的。大学生为社会服务，做各界的领袖分子，“使我国能建设起来成为世界第一等强国，日本或旁的国家再也不敢侵略我们。”② 当时的中国高等教育是典型的精英教育，以精英人才、领袖人才标准来要求大学生和培养大学生，这是符合当时国情的，也是竺可桢教育思想的高屋建瓴之处。

（三）担当服务地方、改良社会的重任

利用大学教师和学生所拥有的科学技术、文化优势，直接为社会及人民群众生活提供服务，是竺可桢引领浙江大学履行社会服务职能的又一重要途径。在竺可桢的办学理念中，培养各界“领袖”的大学目标，是与服务地方、改良社会的大学使命紧密相连的。面向学生的每一次演讲、致词、训话，竺可桢事先都精心准备，将之看成与学生交流的好机会，教育引导学生树立为国献身、为民服务的志向，担当起服务与改良社会的责任。令人可歌可泣的是，竺可桢带领文军长征③，一路播散科学智慧的种子，为沿途相对闭塞落后的农村地区输入了现代文明和科技文化的气息，解决了农业生产和人民生活中的许多实际问题。在江西泰和，他曾组织师生兴办澄江学校，修筑防洪大堤，成立江西省立沙村示范垦殖场，解决难民粮食等生活问题；还在上田村附近设民众图书馆，普及科学知识，传播抗战救国思想。迁校至宜山，竺可桢发动各系师生，广泛调查研究当地的气候、地质、风土人情、经济、疾病、教育等，开阔学生视野，培养实践能力；蚕桑系师生曾向当地群众公开展览与表演养蚕及缫丝技术，将江浙一带先进的蚕丝生产技术传授到广西。在贵州，他鼓动师生兴办群众夜校、引进和推广多种优良作物品种，协助修建湘江桥等，多次开展各种社会调查等，为当地做了很多有益的事情，对推动遵义地区政治、经济、文

① 浙江大学校友总会电教新闻中心编：《竺可桢诞辰百周年纪念文集》，杭州：浙江大学出版社，1990 年版，第 127 页。

② 竺可桢：《竺可桢全集》（第 2 卷），上海：上海科技教育出版社，2004 年版，第 462 页。

③ 中国人民政治协商会议湄潭县委员会编：《永远的大学精神：浙大西迁办学纪实》，贵阳：贵州人民出版社，2006 年版，第 34 页。

化、教育的发展，贡献巨大，影响深远。

竺可桢指出，以前有人批评国内的大学贵族化，崇楼高阁，画栋雕梁，内部设备又十足洋化。学生过惯了舒服的学校生活，连自己家庭生活都过不惯，更不必说“亲民”或深入民间。而在西迁途中，学生走了许多地方，通过耳闻目睹和为当地服务，渐渐能深切地了解民众的生活，与他们更接近了，“所以我们一方面在颠沛流离，一方面却在更进一步地亲民。这本身便是一种很可贵的教育，在平时是不易获得的。”① 作为教育家，他深刻地认识到大学在颠沛流离西迁途中开展社会服务活动，在造福地方的同时，对培养人才具有深远意义和巨大的教育价值。

三、抗战期间的浙江大学农业推广服务

（一）完善农学院办学体制

由于竺可桢早年对农业感兴趣，曾在伊利诺斯大学攻读农业科学，后来虽然从事气象研究，但对如何办好农业教育，使之为农业生产服务，他是非常熟悉的，因此，他在浙大任职期间，一直十分关心和重视农学院的教学、科研和推广工作。

首先，整合办学资源，调整系科设置。1936 年，竺可桢任职后，根据本校实际情况，将原有的农业植物系、农业动物系和农业社会系三系和下设的作物、园艺、森林、农业化学、植物病理、昆虫、蚕桑、畜牧、合作和农政等 10 组，改为农艺、园艺、蚕桑、病虫害和农经等 5 个学系，这样系科力量更为集中，又与全国农学院的系科设置统一起来。1939 年，在西迁途中，又根据需要增设农业化学系。1942 年，成立农科研究所农业经济学部，招收研究生。1947 年，增设森林系。这样，使得浙江大学初步建立起了比较完备的农业学科体系。

其次，充实师资队伍。竺可桢一上任，就旗帜鲜明地提出大学教育的实施，教授人选最为重要，“教授是大学的灵魂”，一个大学学风的优劣，全视教授人选为转移。拥有诸多博学教授，不但是学校的佳誉，也是国家的光荣，但荟萃一群好的教授，不是短时期所能办到的，需要学校长期提

---

① 浙江大学校友总会电教新闻中心编：《竺可桢诞辰百周年纪念文集》，杭州：浙江大学出版社，1990 年版，第 156 页。

供安定、民主、宽松的学术环境，为此，他竭诚尽力，豁然大公，聘请了国内诸多知名学者专家充实学校教授队伍。农学院迁到湄潭时，任教的专业教授达40名，各系均有知名的教授，如农艺系的卢守耕、孙逢吉、肖辅，园艺系的吴耕民、熊同和、林汝瑶，农业化学系的杨守珍、彭谦、罗登义，病虫害系的蔡邦华、陈鸿逵、祝汝佐，农经系的梁庆椿、吴文晖、张德粹，蚕桑系的夏振铎、王福山，生物系的贝时璋、罗宗洛、谈家桢等均为国内的著名学者，这样，农学院师资水平和科研力量大为增强。农学院基础课均由教授授课，大大提高了教育质量和科研水平。竺可桢在选留助教时，除品德、身体符合条件外，学业成绩必须名列前茅的才聘任，决不讲情面和照顾。

浙江大学农学院教师在湄江河畔留影①

第三，重视实验和农场建设。西迁途中，每到一地，即使只有二三个月的定居时间，竺可桢也要求立即布置实验室，因陋就简地开展实验。有时因搬迁等原因，不能按时开出，就利用假期补做，从不降低实验教学质量和对学生的要求。遵义湄潭时期，虽住房紧张，但教室和实验室优先予以安排，师生实验之风极盛。竺可桢认为农场是农学院特殊的实验室，是教学、科研、生产和示范推广的重要场所，也是理论联系实际的基地。在

① 中国人民政治协商会议湄潭县委员会编：《永远的大学精神：浙大西迁办学纪实》，贵阳：贵州人民出版社，2006年版，第125页。

杭州时，农学院校内有华家池农场约1000亩，校外有湘湖农场4500亩，还有凤凰山农场879亩，临平林场1377亩。在西迁路上，不论学校经费怎样困难，只要暂时定居下来，竺可桢就选择地点建立农场，如江西泰和华阳书院农场、广西宜山标营农场、贵州湄潭牛郎背农场。虽然农场规模不大，但对保持作物品种、进行教学实习和科学研究，起到很大的促进作用，特别是在湄潭期间，办学时间较久，生活安定，学校建立了200亩农场，可作大田实验，各系还设立自己的农场，为教学和科研提供了优良的条件。

第四，教学和科研并重。竺可桢认为，一所大学如果单纯地传授零星专门知识，缺乏学术研究风气和无科学方法训练，那么，学生的思想难以收到融会贯通之效。所以，大学必须重视科学研究，然后才能有良好的教学质量，他将科研和教学比作为源和流的关系，曾引朱熹诗句"问渠哪得清如许？为有源头活水来"来说明科研的重要。无论学校经费多么困难，只要教学科研所需材料，竺可桢都设法解决，如植物生理实验要用蔗糖作分析，竺可桢就派人购买四川白糖提炼。所以，学校科研活动生气勃勃，学生学术活动也是丰富多彩，如农化系的土壤肥料、生物化学和农产制造三个读书会，每周一次，由学生轮流报告心得，然后教师同学展开热烈讨论，大大激发了学生研究的兴趣。这些都充分印证了竺可桢的"大学之能发扬光大在于研究"的伟大论断。

（二）赣江逐浪：泰和县农业推广活动

为抢救和保存我国文化教育命脉及民族元气，东部沦陷区的许多高校在战乱中进行了历史上罕见的大迁移行动，走上颠沛流离的西迁之路。其中100余所高校进行了300余次搬迁，迁校3次以上的就有19所，浙江大学等8所高校迁校达4次之多。[①] 浙江大学西迁途中，以在江西泰和县开展的社会服务活动影响最大。

1938年2月，浙江大学迁到江西泰和县，遵照竺可桢校长"教学科研必须与当地经济社会发展相结合"的办学思想，浙江大学为当地人民做了几件功德千秋的好事：第一，修筑防洪大堤。由浙大土木系学生负

① 中国人民政治协商会议湄潭县委员会编：《永远的大学精神：浙大西迁办学纪实》，贵阳：贵州人民出版社，2006年版，第2页。

责测量设计，竺可桢校长亲任防汛大堤工委委员会主席，与省水利局和地方政府合作，历时 2 个月，帮助修筑了一条长 15 华里、广为当地父老乡亲称誉的“浙人防洪堤”，解除了赣江千百年来的水患。第二，创办澄江学校。泰和上田村人口稠密，原有小学水平低，设备简陋，竺可桢与县政府及当地人士商妥，接办原有小学，推选郑晓沧、庄泽宣、张其昀、张绍忠教授一起组成校董事会，由热心教学的各系高年级学生担任教师，并出借图书仪器等设备，创办了澄江学校，使搬迁流离的教职工子弟和泰和适龄儿童得到良好的教育，壮大了当地教育事业的实力。第三，开辟沙村垦殖场。当时大批战区难民流亡至江西境内，给当地经济造成极大压力。竺可桢建议政府组织移民垦荒，救济移民，增加生产。浙大土木系学生勘定测绘，农学院负责主持筹划，院长卢守耕兼任垦区管理委员会主席和主任，将县城郊外沙村 600 余亩荒地开辟出来，建成示范垦殖场，安置了 140 余名难民，解决了其居住和生计困难，同时推进了当地农垦事业的发展，浙江大学几名刚毕业的助教担任农垦指导员，在艰苦生产实践的锻炼中增长了才干。第四，推广民众教育。为改良地方风气，提高民众素质，浙江大学学生自治会在附近各村设立平民学校，每晚分派学生前往担任文化教习，教授各种初级课本，进行习字、珠算等练习。还设立民众俱乐部，购置、募集各种书报 200 余种以及球、棋等运动器具多种，引导村民劳动之余健身娱乐学习。此外，浙江大学在泰和还成立消费合作社，开辟赣江游泳场，从事乡村调查，试种蔬菜，经营蚕桑等，均产生久远的效应。[①] 综上所述，泰和的农业推广实践充分体现了竺可桢服务地方的办学理念。

（三）湄上弦歌：湄潭县农业推广活动

1940 年 2 月，国立浙江大学迁至贵州省的遵义、湄潭，在此办学 7 年，充分发挥农、工、文、理、师范诸学科特点，开展农业推广、科普宣传，开设教员辅导、民众补习班，创办浙大附中，指导开发矿产等工作，对遵义地区政治、经济、文化、教育的服务更为广泛，贡献和影响更为深

① 张彬著：《倡言求是培育英才：浙江大学校长竺可桢》，济南：山东教育出版社，2004 年版，第 174 页。

远。[1] 竺可桢校长自己评述说："浙大之使命，抗战时期在贵州更有特殊之使命。……吾辈虽不及阳明，但一千余师生竭尽所能当可有俾于黔省"。[2] 在这里，竺可桢要求浙大师生"竭尽所能"为地方作出贡献，这种使命感和责任感一直激励和鞭策着广大师生。

湄潭浙江大学农学院农场[3]

湄潭县是遵义东北75公里处一座小县城，地处乌江支流湄江谷地，四季气候温和，山清水秀，湄江河从东北缓缓流过，被称为"贵州小江南"。湄潭农产品丰富，农作物以水稻、玉米、小麦、油菜等为主，有黔北粮仓之称。板栗、核桃、凉薯等果品种类繁多质优价廉，并产茶叶、柞蚕丝、白芍、银耳等。丰富的农业资源为农学院的师生生活、教学和研究提供了充裕的条件。加以人民纯朴，无日机侵扰，无警报之忧，在抗日战争期间实为绝好的教学和科研之地。作为地质学家和气象学家，竺可桢亲身考察后确定浙大农学院、理学院、师范学院落址湄潭。浙大农学院经营湄潭六年半，弦歌不断，业绩昭彰，为湄潭的教育、经济、文化诸事业发展作出了巨大贡献。

---

① 杨卫：《创建一流大学的执著追求与不懈探索——竺可桢教育思想与浙江大学勃兴》，《中国高等教育》，2010年第10期，第4页。

② 贵州省遵义地区地方志编纂委员会编：《浙江大学在遵义》，杭州：浙江大学出版社，1990年版，第37页。

③ 中国人民政治协商会议湄潭县委员会编：《永远的大学精神：浙大西迁办学纪实》，贵阳：贵州人民出版社，2006年版，第2页。

1. 引进和推广优良品种，改良农业种植结构

农业生产具有地域性、季节性，农作物推广运用必须有一个适应与改造的过程。农学院将200余亩租地辟为农场，在湄潭和永兴建立畜牧试验场，各系根据专业特点开展作物品种引进、选育和推广区域试验。农艺系主要开展水稻、玉米、大麦、小麦、棉花、油菜等主产作物的选种和栽培技术。园艺系进行蔬菜、果树、观赏植物的引种、调查、栽培、选种的研究。农化系进行土壤肥料、农产制造以及蔬菜、谷物营养等研究。病虫害系进行病虫害的调查、防治、食用菌人工培养、五倍子等试验研究。农化系开展土壤肥料、生化营养、农业分析、农用药剂及农产制造等方面试验研究。蚕桑系进行柞蚕养育及家蚕留种饲育、桑树品种选育试验和推广。农业经济系着重进行农家经济的调查研究。这些推广与研究均取得一定成效，如农艺系水稻研究，在主任卢守耕教授领导下，共收集保存水稻品种1200余种，选育良种5个：黔农2号、遂昌乌谷、浙大728、浙大721、浙大605，均比当地良种增产10%以上。农艺系小麦研究也成绩突出。贵州以往很少种小麦，许多地方冬季栽培鸦片。浙江大学师生及其他内迁人员到遵义后，加速了小麦良种选育研究，在陈锡臣等教授主持下，共收集保存1483个品种，选育出小农28和4-62-18（浙大32）两个优良小麦品种，[①] 扩大了小麦栽种面积，并在当地建立面粉加工厂。各系选育的良种均比本地品种增产，有较大推广价值。1940年，农学院恢复设立农业推广部，除先后进行植物资源、农业生产、农业经济等的社会调查外，又先后在湄潭、遵义进行马铃薯与番茄栽培试验与推广、黔北病虫害防治推广、蔬菜良种推广、胡桃育种推广等，西瓜、甘薯、油菜（甘蓝型）、甜瓜、番茄、洋葱等试种成功，为湄潭增加了蔬菜花色品种，其他还有蚕桑养殖、白木耳和食用菇人工栽培等，都直接影响着当时和现今遵义地区的农业生产格局。

2. 开发农业资源，推动地方经济发展

浙江大学农学院西迁湄潭之后，农业生产的环境和条件发生了很多变化。为了充分开发利用湄潭丰富的农产资源，农学院加强当地农业调查研

---

① 贵州省遵义地区地方志编纂委员会编：《浙江大学在遵义》，杭州：浙江大学出版社，1990年版，第221页。

究。农经系着重抓了遵义、湄潭、德江等县的农业经济调查。黔滇高原的风土适于温带各种果树栽培，品种较多，园艺系迁到湄潭即着手果树品种调查，把可发展的原产品、可试种的新产品、应引入的品种和从何处引入写成报告，[①] 为优良果树的选种、繁殖推广打下坚实的基础。其中，对当地茶叶、五倍子、刺梨等特产的研究，开创了贵州经济发展的新局面。湄潭的茶叶畅销全国，与当年浙江大学在湄潭研究贡献分不开。农学院与1939年创办的“农业部中央农业研究所湄潭茶场”联盟，对湄潭茶叶进行广泛深入地调查研究，完成了《湄潭茶树土壤之化学研究》、《湄潭茶病虫害之研究》等10多个科研课题，并从杭州请来制茶师傅，仿照龙井茶制作工艺制出“湄红”、“湄江翠片”等品种，为后来湄潭茶业发展奠定了基础。[②] 农化系主任罗登义教授对野果刺梨营养成分的研究，使刺梨身价百倍，一跃而成为含维生素C的蔬果之王，被称之为养生的“新山珍”。英国李约瑟博士曾称刺梨为“罗登义果”。后来，当地开发了刺梨酒等系列刺梨产品。农学院蔡邦华教授和唐觉教授当年对五倍子的研究成果，新中国成立前为遵义生产碚酸提供了科学依据。[③] 新中国成立后，当地以五倍子为原料开发出六种产品，建立工厂进行生产，产品还远销国外。蚕桑系提出了改进贵州省柞蚕与家蚕两大蚕业生产的发展初步规划与设想。

3. 培育农业人才，提高文化教育水平

浙江大学农学院在遵义办学7年，为贵州培养了许多农业专业人才，许多外省的毕业生留在了贵州，为当地农业生产和科技发展作出了贡献，如当年农学院罗登义教授，长期留在贵州，后成为贵州农学院院长，为发展贵州农业教育和科技作出很多成绩。竺可桢亲自到省政府争取经费，由浙大出师资，创办了黔北地区最早的“贵州省湄潭县实用职业学校”，为遵义、湄潭及周边地区培养了大量的农村实用技术人才。蚕桑学系为贵州省茶蚕职业学校培训蚕业技术人才。

---

① 贵州省遵义地区地方志编纂委员会编：《浙江大学在遵义》，杭州：浙江大学出版社，1990年版，第228页。

② 中国人民政治协商会议湄潭县委员会编：《永远的大学精神：浙大西迁办学纪实》，贵阳：贵州人民出版社，2006年版，第126页。

③ 贵州省遵义地区地方志编纂委员会编：《浙江大学在遵义》，杭州：浙江大学出版社，1990年版，第39页。

为使当地民众享受优质资源，竺可桢校长将浙江大学实验中学与湄潭县立中学合并为浙江大学附中，为湄潭培养了一大批高素质的人才。浙江大学附中在湄潭建立后，使当地许多要求上进的青少年学生获得了良好的教育。特别是浙大师生的诚朴求是的严谨学风，对当地产生了深远影响，读书风气浓厚，大学生、中学生人数有了很大增加。许多学生家长都十分钦佩浙大学生刻苦学习的精神，纷纷鼓励子女求学上进。浙江大学由工、农、师范三学院分别辅导贵州的工业、农业职业教育和英语教育。浙江大学到遵义后，曾将贵州与广西两省的中等教育作为浙大师范学院所属的辅导区，制定教师教学大纲和培训计划，开办教师进修班、星期讲习会、教师函授学校，提高师资水平。同时，学校组织了“社会工作服务队”，开展多项社会教育活动，如举办学术讲座、开办青年补习班、开办民众学校、设立民众阅览室、设立民众代笔问事处、民众问题箱、举办各种展览等。此外，竺可桢校长特别强调要为遵义做两件公益事业：一是帮助增产粮食。他指出黔省多荒地而气候潮湿，倡导种植适宜的植物马铃薯。二是减少本地烟民。本地成年男女烟民较多且很难戒绝，在竺可桢校长发动下，组织学生举行义演为贫苦烟民募集戒烟费用。学校还与地方政府合作筹设了一所戒烟处，免费为贫苦烟民戒烟，使地方卫生院顺利推行戒烟令，对戒绝恶习、移风易俗起到良好的作用。

4. 提高科研水平，促进学校长足发展

农学院因地制宜开展研究，联系当地农业生产，取得较多成果。如卢守耕的水稻育种和胡麻杂交研究，孙逢吉的芥菜变种研究，吴耕民的甘薯、西瓜、洋葱及蔬果新种在湄潭的试植推广及湄潭胡桃之研究，彭谦与朱祖祥的土壤酸度测试，蔡邦华与唐觉的五倍子研究，陈锡臣的小麦研究，储椒生的榨菜栽培研究，罗登义的食品营养和刺梨研究，陈鸿逵与杨新美的白木耳栽培，葛起新的茶树病虫害研究，杨新美的贵州食用蕈人工栽培，蔡邦华的西南各省蝗虫、马铃薯蛀虫、稻苞虫研究，吴文晖与赵明强的遵湄农家经济研究，江希明的蜜蜂细胞染色体研究，张肇骞的中国节科分类学研究，等等。[①] 农学院在遵义湄潭的农业研究和推广促进了学校

① 贵州省遵义地区地方志编纂委员会编：《浙江大学在遵义》，杭州：浙江大学出版社，1990 年版，第32 页。

长足发展，1944 年~1945 年，农林部先后补助农学院 41.5 万元，特约 7 项专题研究：《除虫菊枯病之研究》、《五倍子之研究》、《我国粮食害虫生物防治之研究》、《我国主要蔬菜中维生素之研究》、《耕者有其出之研究》、《水稻多收栽培法》和《蓖麻良种选育》，分别由陈鸿适、蔡邦华、祝汝佐、罗登义、吴文晖、卢守耕、肖辅和叶声钟等教授主持。农学院还不断举行学术报告会、学术讨论会，启发师生共同研讨有关农业科学技术问题。同时，还出版了《浙农通讯》、《农院专刊》、《蚕声》、《农化通讯》、《农经通讯》、《农业经济学报》、《病虫知识》、《作物通讯》等不定期刊物，广泛与各方面进行学术交流，促进了贵州省农业科研和农业技术的进步，也推动了农学院系科的发展壮大。

四、竺可桢服务社会办学理念与实践评析

竺可桢会通古今，阅历中外，办学实践中大胆创新和身体力行，从不独守一隅，拘于一格，将我国历代教育思想的精粹与西方教育的先进经验结合起来，形成自己独特的办学理念和办学特色。他对大学精神、使命、教育目标作出了合乎时代而又十分前瞻的诠释。他将浙江大学传统“求是精神”演绎为严肃认真实事求是的科学精神、追求真理不惧利害的牺牲精神、追求学术和民族独立的奋斗精神和明辨是非决不盲从的革命精神。他超越大学是学术殿堂的传统认识，认为大学是社会的“中流砥柱”，创造性地提出了“服务社会和引领社会是大学神圣使命”的时代命题，制定了“拯救中华，转移国运的各界领袖才人”的培养目标，要求大学师生以服务社会、改良社会为己任，把大学赋予的各种高贵品性传播影响于社会各界；同时，把大学比作“社会之光”和“海上灯塔”，要求师生成为“社会的良心”，在服务社会的同时保持审视和批判现实的理性，引领社会发展，从而实现改良社会拯救民族的宏伟目标。其服务社会办学理念的意境是多么高远至深！

在13 年办学实践中，他一直秉承这种理想和信念，鼓励师生积极投身社会，为社会服务。无论是在西迁路上还是迁到贵州之后，浙大都书写了中国近代国立大学为社会服务、推动乡村进步的华丽篇章。竺可桢带领文军长征，一路播散科学智慧种子，为沿途相对闭塞落后的农村地区输入了现代文明和科技文化气息，解决了农业生产和人民生活中的许多实际问

题。在贵州办学期间，浙江大学开展了各种形式的农业推广服务，为贵州引进和培养了大批农业科技专业人才，推动了黔北科学技术进步，使农村经济由封闭式向开放式转变。农学院积极开发当地自然资源，引进和推广优良作物品种，改善农业经济结构，扩大作物栽种面积，提高了农业生产产量，增加地方经济收入，为贵州日后农业经济和工业经济发展奠定了良好的基础；为中小学教育、师范学校培训和提供了优质师资，提升了黔北文化教育水平。

民国时期的国立浙江大学，如播种机，在大西南半壁江山播种了新文化的种子；如宣传队，传播了现代科学知识，弘扬了中华民族不屈的伟大精神。1944 年初冬，世界著名学者李约瑟博士应浙大校长竺可桢之邀，来华参加中国科学社成立三十周年纪念会并考察浙大科研情况。他来到湄潭，发现中国西南偏之一隅，有一座剑桥大学似的高水平大学，遂盛赞其为“东方剑桥”！他的服务社会办学理念对于今天高等教育的建设颇具启迪意义，他的清廉正直的品格和虚怀若谷、勤奋好学、谦逊质朴的人格魅力也令世人深深折服和敬仰！

五、民国时期大学校长服务社会理念与实践的启示

（一）象牙塔精神的适度坚守与超越

20 世纪以来，以纽曼与洪堡为代表的经典理性主义大学理念日渐式微，以威斯康星大学为代表的实用主义大学理念蓬勃兴起，并不断变异，以“学术资本主义”为代表的功利主义大学理念正在或已经被现代大学奉为圭臬。大学纷纷走出象牙塔，逐渐成为社会的“服务站”，日趋社会化、世俗化、功利化。在当代中国，许多大学过分张扬社会服务功能，信奉功利主义大学理念，过分屈服于解决“当前”与“实际”问题的压力，逐步迷失自我，遭遇了许多困境。民国时期大学校长的服务社会办学理念和实践告诉我们，大学应该为国家、民族、社会服务，但这种服务应该建立在科学研究的基础之上，坚守学术性是大学的立身之本。如陈裕光把研究作为学校首要工作；竺可桢认为“大学之能发扬光大，在于研究”，“大学最大的目标是在蕲求真理。”在他的倡导下，浙大的学术研究蔚然成风，产生了一批标志性的研究成果，如张荫麟的《中国史纲》、苏步青的微分几何、王淦昌的原子核物理、谈家桢的遗传学、夏鼐的考古学、蔡邦华的昆

虫学等，均享誉国内外。

因此，在强调大学为社会服务的今天，大学的确要走出象牙塔，但决不能完全成为社会的“服务站”。大学凭常规的学术功能，即通过科学研究和技术援助等手段满足社会需求，为社会提供科学、适度的服务，“大学不是风向标，不能什么流行就迎合什么”（弗莱克斯纳语），大学更应该成为社会理想的制定者和实行者，远离喧哗、狂躁、轻浮和急功近利，大学才可以保持批判和反省的精神，理性地审视和拷问现实，匡正时弊，引导社会健康发展。哲学家黑格尔说过：“一个民族需要一群仰望星空的人。他们不只是注意自己的脚下。”在这个功利主义喧嚣的时代，适度地坚守与超越，应成为大学的一种态度和立场，以烛照社会之风向。当灵魂中镌刻着“象牙塔”精神走向社会，大学服务社会之路才能走得更远更好。

（二）大学与社会的良性互动

毋庸置疑，对国家民族负责，服务社会、推动和引导社会发展是现代大学不可推卸的历史使命与神圣职责。为适应知识经济时代发展的要求，现代大学必须在绝对坚守象牙塔和完全世俗化之间寻求一条理想之路，一方面以坚守学术、忠于真理为本旨，以科技创新和知识生产促进社会的发展进步；另一方面，应该借助社会力量，求得自身的可持续发展。大学通过社会服务来适应和满足社会需要，从中获得自我维持和发展所必需的资源，以自身的社会服务和贡献形成与社会的良性互动。功利主义和理想主义是大学办学理念的两个价值取向，要实现大学与社会的良性互动，就需要在两者之间作出明智的抉择。

在动荡的社会环境下，民国著名的大学校长成功地行走于功利主义和理想主义之间，恰如其分地处理好了大学与社会的关系。这些大学在努力坚持学术研究的同时，都会因地制宜，开展改善民生、发展地方经济的应用研究。学者们因为走出校门，直接面对社会生活和现实问题，获得了更丰富的信息、更广阔的思想资源和更加多元的研究视角，摆脱了传统研究范式和固定思维模式的藩篱，消弭了原先经验不足对学者们思考与研究所形成的限制。这种充溢着学理探究的旨趣又融入社会、契合现实的研究与服务，使师生们取得了丰硕的科学研究成果，促进了大学科研水平的大幅提升和专业系科的发展。由此可见，大学必须面向社会，凭借学术性而获得的实力和声望为社会提供服务，才能推动教学、科研等的长足发展。

（三）校长办学理念是大学的灵魂

一所好的大学离不开优秀的校长，大学校长往往是创生与倡行大学理念的领军人物和首席执行官，是学校建设发展最为倚重的力量。在民国特殊的条件和背景下，大学校长办学理念对于一所大学能够起到决定性的作用。中西教育背景使他们成为具有深厚国学功底和西方先进教育理念、学贯中西和深谙大学办学规律的思想家、教育家；他们汲取了国外优秀的大学理念，又立足于本民族优秀文化传统，创生和培育出适合国情、校情的本土化的大学理念，对大学的成功创建、平稳运行、革故鼎新、进步发展都起到了决定性的影响和作用。浙江大学之所以能够在战火纷飞颠沛流离的困境中迅速崛起，成为人才荟萃的著名高等学府，演绎出“中国式”高等院校的成功典范，理当归功于竺可桢励精图治、超凡卓绝的办学理念。历史告诉我们，中国近代大学经历较短时间就能达到相当的高度，创造了许多辉煌，就是因为我们曾经拥有过如蔡元培、竺可桢、张伯苓、梅贻琦、郭秉文、罗家伦、邹鲁、陈裕光等一批优秀的大学校长，他们以自己的学识、能力、人格以及独特的办学理念，营造出一所所风格各异的高等学府，奠定了中国现代高等教育发展的基础，树立了高等教育史上的一座座不朽丰碑！

第六章　民国时期大学农业推广评析

民国时期，救亡图存是时代主题。这一时期大学精英汇聚，作为新知识分子群体的杰出代表，专家学者们直面内忧外患，以社会良知者、文化开拓者的身份，投身于拯救民族危机、推动社会变革、开启民智的伟大事业之中。中国农村经济的崩溃，动摇了中国以农立国的根基，这些知识精英们带着兴农救国的愿景，走出象牙塔，离开繁华大都市，与农民为伍，开展了形式多样的农业科技示范和普及活动，并以农业科技教育为主要手段，对农村社会进行了全方位的改造，为复兴农村经济、改良农业、改变农村落后面貌、改善农民生活作出了巨大的贡献，产生了极其深远的社会影响。大学农业推广实践是民国时期大学发展史上的一大壮举。展开民国历史画卷，追寻大学科技兴农的足迹，探析其成就、特点和不足，能为今天新农村建设和大学为“三农”服务提供诸多启迪。

第一节　民国时期大学农业推广的成就

一、为化解近代农业危机进行了有益探索

农业危机是民国时期大学农业推广的根源之一。鸦片战争爆发后，近代农业危机伴随着民族危机揭开了古老中华帝国走向衰亡的帷幕。甲午战争的惨败粉碎了洋务运动以工商立国的梦想。戊戌变法垂败，引发了国人学习西方农业科技和改良农业的热潮。清末十年的农业新政改革，标志着近代中国政府干预解决农业危机的开始。兴办农业教育，设立农事试验场，派遣留学生学习和引进西方现代农业科技，迈出了近代中国科技兴农的第一步。北洋政府时期，连绵的内乱滞缓了改良农业的步伐，抵消了政

府有限的农业科技改良成效，致使农业危机依然严重。20年代末资本主义经济危机全面爆发，激发了中国蕴蓄百年的农业危机，导致整个中国乡村走向崩溃。就其内容来看，近代农业危机主要表现为：频繁的战争使正常农业生产环境丧失，导致耕地荒芜，农产萎缩；人口剧增与土地所有权高度集中的矛盾导致劳动过于集约化，造成生产率急剧下降和农业经济结构单一的难以调节性；近代科学技术落后，农村大量廉价劳动力存在，难以突破数千年传统小农生产方式，导致农业生产技术陈旧落后，造成单位面积产量的徘徊和土地效益的递减；资本主义和封建主义的剥削加剧了农民的贫困，造成农民购买力缩减和农村金融枯竭，导致农业再生产能力丧失，农民生活恶化，农村人口流离失所。可以说，近代中国传统农业经济机能已发挥殆尽。

为了化解农业危机，民国时期大学以农业科技改良为切入点开展了轰轰烈烈的农业推广运动。他们根据中国国情，紧紧围绕着稻麦棉等中国最重要的粮食与经济作物进行品种改良和推广，有组织地宣传普及农业科学知识，推广新技术，为农民示范科学种田，推行良种、病虫害防治技术、农具和化肥等，增加了部分地区农作物单位面积产量和总产量，缓和了农村温饱危机。大学科技下乡活动在一定程度上改变了农民落后的思想观念和传统生产经营方式，推动了现代生产要素在传统农业中的渗透。在从事农业科技推广过程中，为解决农村金融问题，大学在农民自愿的基础上，建立农民信用合作社、运销合作社等农村经济组织，在一定程度上解决了部分农民和小手工业者的资金问题，减少了商人的中间盘剥，提高了品种改良的收益，促进了农村正常金融流通和农副产品的运销。各种经济合作组织成立及其活动带动了工商部门对解决农业危机的经济介入，给农村金融市场注入了活力。大学还组织农会，保护了农民的经济利益和社会地位，使散漫的农民具有了一定的合作精神和团结力。农业生产之余，大学帮助农民因地制宜发展副业，增加了农民收入，在一定程度上改变了传统单一的农业经济结构，把现代生产经营方式引入了农村。大学农业推广为传统农业提供了新的生产组织形式，改变了传统自给自足自然经济形成的一家一户的经营理念和模式，提高了农民的经济能力。大学开展各种农业生产技术培训，提高了农民农业生产能力。

因此，大学农业推广以农村经济建设和农业生产建设为中心目标，对化解中国近代农业危机进行了各种有益的探索，在部分地区一定程度上消融了农业危机，促进了农村经济的发展。

二、推动了近代农业科技进步

中国传统社会，规范知识和文字成为不事生产者的独占品，它和技术知识是相脱离的。这种脱离使得技术停顿，进而导致社会落后。[①] 近代以来，农业科技的落后阻碍着农业近代化的进程。农业变迁的实质是科学在农业中的应用，因此，引进和改良西方农业科技成为清末农业改良的突破口。北洋政府时期，科学技术逐渐获得国人尊重，但军阀混战、政权频替致使国家的财力、人力、物力大多消耗于政治、军事斗争之中，因此，政府对科技投入非常有限，政府所属的绝大多数农业科研机构徒有虚名。而陆续回国的留美农科生纷纷就职于大学，使初登历史舞台的大学农科学术起点水平较高，成为农业科技创新的主导力量。

在严重的农村经济危机下，鉴于科学技术的非意识形态性优势，大学和南京国民政府皆从技术变革入手来发展农业，振兴农村经济。通常情况下，农业科学技术分为三类：第一，增加土地单位产量的节约土地型技术，如培育新的作物品种、新畜种等；第二，提高劳动生产率和节约劳动力的生产技术，如使用先进农具、农业机械等；第三，既增加单位产量又增加劳动生产率的技术，如使用化肥、防治病虫害等。[②] 民国时期大学农业科技推广在这三个方面均有所建树，但诸多原因决定了大学农业技术变革主要路径是改良和推广农作物品种，以提高单位产量。中央农业实验所成立之前，从事农业科学技术研究和推广并取得成绩的主要是农科大学。农科专家引进西方科学育种理论和技术，制订出严格的育种程序和试验制度，育成一系列高产量作物品种，并在全国十几个省份推广，将中国作物育种方法推进到科学化、标准化、现代化的新水平，大大提高了农作物的产量。民国初年到30年代中期，全国小麦产量增长了57%，玉米产量增

① 费孝通著：《论“知识阶级”》，《20世纪中国知识分子史论》，北京：新星出版社，2005年版，第104页。

② 张培刚著：《农业国工业化问题初探》，《农业与工业化》上卷，武汉：华中工学院出版社，1984年版，第123~125页。

长了128%，大豆产量增长了136%。[1] 抗战时期，面对粮食危机与民族危机，政府把后方农业改良纳入战时轨道，农科大学与中央农业实验所合作开展农业改良，成为战时农业技术主要供给源，培育出许多优良作物品种，提高了粮食作物和经济作物的产量，保障了抗日战争时期的军粮民食。

同时，大学通过举办讲习会、巡回演讲、农事展览、书报阅览室、巡回书库、播放农业电影、编辑出版各种农业科普读物等方式，向农民宣传、灌输农业科学知识，推动农村扩大良种种植和采用新的生产技术，并且，沿海高水平农科大学通过与各地建立合作农场、区域试验场，进行作物区域实验，把现代农业科技由东部传输到内地。农业现代化最鲜明的特征就是科学技术进步。民国时期，大学农业科技推广使知识分子走近农民，科学技术作为振兴农村经济、提高农业生产力的新力量被带到了农村，也把科技兴农的科学理念灌输到乡村，很多农民第一次有了与科学接触的机会，认识到科学技术可以提高生产力。大学在近代农业科学技术的引进、扩散和创新方面作出了独特贡献，促使了"经验农学"真正实现向具有现代化特征的"实验农学"的转变，推动了近代农业科技进步，加快了近代农业现代化的进程。

三、积累了乡村教育经验

美国著名社会学家英格尔斯在其著作《人的现代化》中指出，社会发展取决于人的素质的改变。如果一个国家人民缺乏广泛的现代化知识基础，自身还没从思想、心理、态度和行为方式上都经历一个向现代化的转变，任何改革都将不可避免地留下失败和畸形发展的悲剧结局。人的现代化是一个国家实现现代化的关键。近代乡村工作者对人的现代化即如何提高农民素质进行了思考，认为救济乡村要靠乡村自救和启发农民自觉。要农民自觉，乡村自救，首先就必须对农民进行教育，所以，以教育为切入点是民国乡村建设运动的共同特征，培养农民现代化素质成为乡村现代化建设的基础。

同样，大学农业推广工作者认识到，民智浅陋使农业推广缺乏文化知

① 杨士谋等著：《中国农业教育发展史略》，北京：北京农业大学出版社，1994年版，第50页。

识的支撑。农民仅凭传统守旧经验，缺少现代生产知识与技能，无法与科学昌明的时代并存，只有提高农民素质，才能标本兼治。因此，大学在推广所到之处，除了通过印发农业浅说、画报、通讯等农业普及读物以及散发传单、张贴标语、巡回演讲等方式来传播农业科技知识外，还兴办小学和私塾，建立数量众多、形式多样的农村教育机构，施行各具特色的乡村教育，以促进农民知识、技能、思想品格、身心健康等全面发展，突破学校教育注重传授知识文化的狭隘教育观，形成一种动态的大教育观。[1]当时乡村教育工作者力倡以社会为范围的大教育，即在时间上无时不有，在空间上无时不在，这无疑对大学开展乡村教育产生影响。大学开展的乡村教育独具特色，教育对象具有全民性，虽然侧重于成人农民，但乡民无论贫富，无论男女老少，都不同程度地享受了教育机会。教育形式具有多样性，包括乡村小学、农民夜校、平民学校、补习学校、农事讲习会、技术培训班等。教育时空具有灵活性，田间地头、庙会、集市、家庭等，随处可教，只要农民闲暇之余，随时可教。教育手段具有丰富性，包括演讲会、展览会、实地参观、农家访问、化装表演、戏剧、标语、挂图、电影、幻灯、留声机等。农业推广教育给乡村社会带来了教育观念的更新与变革，推动了乡村小学教育的发展和完善，也为正规学校教育之外的成人教育、社会教育等非正规教育争得了一席之地，创造了许多生动的行之有效的成人教育方法和形式，积累了许多宝贵的乡村教育经验。

农民素质的提高是农村建设的关键。大学在推广中把教育办到乡村，普及义务教育，扫除青壮年文盲，实行妇女教育，把现代科技文明和先进教育理念传播到村野，提高了农民文化知识程度。大学还开辟茶园、成立剧社、修建公共体育场、设立民众诊疗所、举办音乐会和演讲会等，开展健康休闲和社交教育，丰富农民业余文化生活。同时，还进行禁烟、禁缠足、剪辫、戒早婚等改良社会风俗的活动，对改变农村教育文化落后面貌起到了积极的作用。历史早已昭示，农村兴，则中国兴；农村富，则中国富。农村兴与富，最终依靠大批有知识有文化的新型农民，农民素质更决定了农村的可持续发展。

① 张蓉：《中国近代民众思潮研究》，华东师范大学博士论文，2001年，第117页。

岭南大学学生开办的平民学校①

四、开创了农业推广合作的多种途径

中国近代化以工业化、城市化为主要特征。近代工商业的兴盛是推动乡村社会转型的强有力的外部力量，近代中国乡村社会的转型属于“外源后发”型，这在一定程度上导致了乡村社会自我转型的困境。乡村在整个近代社会转型中处于从属地位，决定了其无法通过自我调整更新而顺利地跨入现代化社会，乡村转型必须采取人为方式对其予以干预、援助和指导。梁漱溟说：“乡村问题的解决，第一固然要靠乡村人为主力；第二必须依靠有知识，有眼光，有新方法、新技术的人与他合起来，方能解决问题。”② 陶行知也曾指出，教育与银行的充分联络，就可推翻重利；教育与科学机关充分联络，就可破除迷信；教育与卫生机关充分联络，就可预防疾病；教育与道路工程机关充分联络，就可改良路政。

农业推广是一项巨大而复杂的系统工程，尤其是在内忧外患、民不聊生的社会背景下，大学仅凭自身力量无法顺利开展农业推广工作，大学与各种组织建立了各种形式的合作，既可以解决资金短缺、设备与技术不足等困难，也可以扩大农业推广的范围，提高学校科研水平与农业推广效率。

大学农业推广合作，内容广泛，涉及政治、经济、文化、教育、医疗

① 罗兴连：《抗战前岭南大学农学院与华南社会》，中山大学历史系硕士论文，2007年。
② 梁漱溟著：《梁漱溟全集》第二卷，济南：山东人民出版社，1989年版，第351页。

卫生、社会公益事业等。从合作形式上可分为校内合作和校外合作。第一，校内合作。主要形式有：大学农学院与本校其他院系的合作，农学院教学、科研和推广三个职能部门的合作，农学院各系科之间跨学科的合作。这种合作能够共享学术资源，发挥集体智慧，群策群力，共同攻克农业研究和推广中的难题。第二，校外合作。主要形式有：①校际合作。大学与大学的合作使大学之间优势互补，使新的农业科技能够迅速传播，也有益于农业科技的创新。1936 年 4 月，在美国洛克菲勒基金会资助下，南开大学、清华大学、燕京大学、金陵大学、协和医学院和平教总会共同成立“华北农村建设协进会”，联合进行以定县和济宁为基地的农村建设实验。这是民国时期国内最大规模的校际合作。金陵大学农学院与美国康奈尔大学的合作是国际间的校际合作的成功典范。②大学与国内外政府、公私机关、民间团体和个人的合作。合作对象涉及政界、实业界、金融界、教育界、宗教界等社会阶层。合作使大学获得了经费、政策的支持，也为区域试验研究和推广提供了便利条件。在不同时期，大学都曾获得企业、银行、资金会等机构的资金支持，与民间教育和学术团体合作共同开展乡村建设实验，也与中央农业推广委员会和农产促进委员会等政府相关农政机构，以及中央农业实验所、稻麦研究所等研究机构建立了密切合作关系。③大学与农民的合作。农业推广的对象是农民，大学与农民的合作包括建立特约农家或表征农家、示范农田，组织各种农民农业合作组织，建立农会、青年励进团、植棉团、母亲会、儿童团等群众组织。合作对象主要包括青年农民、成人农民、妇女、儿童。与农民合作时，大学推广者一般本着“自愿、互利、民主、平等”的原则，站在扶助者立场，合作较为成功。促进知识分子到农村，推动理论与实践的结合，科研与推广的结合。

五、促进了近代高等农业院校的发展

近代中国高等农业院校建立之初，农业推广活动就相伴而生，农业推广活动贯彻整个民国时期高等农业院校发展历史，农业推广活动的有效开展，促进了近代高等农业院校的发展。

首先，推动高等农业院校学科的发展。民初，高等农业院校农学只有农学、林学、农业化学和畜牧兽医四个学门，经过农业科学研究和推广，到抗战结束时已发展到农学、林学、园艺、病虫害、蚕桑、畜牧、兽医、农业化学、农业经济等十几个大的学科。随着农业推广的深入发展，部分学科又衍生出许多分支学科，如传统的农学衍生出作物育种、作物遗传、作物生理等学科，作物育种衍生出稻作、棉作、麦作、烟草等更细的分支学科，因此，农业推广研究和实践经验积累直接推动了中国高等农业院校系科的拓展与分化。同时，各院系因为长期从事某一领域研究和推广，形成了自己的特色专业和学科，如中央大学、中山大学、金陵大学、四川大学农学院的稻作学，中山大学农学院的土壤学、昆虫学，中央大学农学院的畜牧兽医学、农业工程学等。并且，高等农业院校结合农业改良和农业开发实际需要，开展农业科技研究推广，促进了农科数量的增加。1936年，据南京国民政府教育部统计，全国108所大专院校拥有的各类系科中，农科54个，与文科、法科、商科、教育、理科、工科、医科相比，排名倒数第二位，仅多于医科（医科为23个）。到1944年，从国统区145所大专院校拥有的系科演变情况来看，数量增长最多的是与解决抗战军民衣食问题相关的农科，从54个增加到106个，[①] 因此，农业推广推动了农科的发展。

其次，推动了高等农业院校办学结构的完善。民国初年各省高等农业学堂改组为农业专门学校。金陵大学、岭南大学、燕京大学、齐鲁大学等教会大学较早导入美国教学、科研、推广相结合的办学体制，建立了四年制农学本科教育模式。20年代初，国内兴起专门学校改为大学的“专改大”运动，1922年新学制推动近代中国大学制度建设转向学习仿效美国模式，东南大学、北京大学、中山大学、浙江大学等国立大学成立，其农科或农学院也引进教学、科研、推广相结合的办学模式，建立四年制农学本科教育。截至1937年，全国本科层次的大学农学院（系）达到28个。为适应各地农业推广和社会发展需要，各大学设置了一些农业专修科，为各

① 1936年，全国108所大专院校拥有的各类系科中，文科192个，法科82个，商科55个，教育58个，理科160个，工科99个，医科23个，农科54个。到1944年，国统区145所大专院校拥有的系科已经演变为：文科158个，法科127个，商科94个，教育42个，师范137个，理科140个，工科164个，医科41个，农科106个。见国民政府教育部教育年鉴编纂委员会编：《第二次中国教育年鉴》，上海：商务印书馆，1948年版，第1409页《1932年~1946年全国专科以上学系、学科一览表》。

地农业改良培养各种应用性农学专门人才。金陵大学 1922 年创办农业特科，1923 年兴办乡村师范科，1927 年合并为农业专修科，是大学所办专修科中时间最长、成效最出色的。中央大学农学院 1922 年至 1936 年先后创办了植棉专修班、园艺专修班、畜牧兽医专修科、蚕桑专修班、昆虫专修班、植棉训练班等农业专修班。[①] 为了满足我国农业院校及农事试验机构对高级农学科研人才的需求，1935 年中山大学建立了农科研究所，到 1949 年，中山大学农学院、中央大学农学院、金陵大学农学院、浙江大学农学院、北京农业大学、清华大学农学院、国立西北农学院都建立了农科研究所，共设十几个研究学部。同时，农学研究生教育也发展起来，研究内容主要是改善民生、发展经济等现实性很强的问题，撰写论文基本以改良农作物品种、农业机械、发展农田水利等农业生产服务为主要内容。这样，农业推广促使高等农业院校形成了短期培训班、专科、本科、硕士较为完善的办学层次。

第三，造就了许多农学专家。近代中国农村陷入“沉滞不动枯窘就死的地步”，出于拯救民族危机和乡村危机，高等农业院校全力以赴开展乡村建设实验。学者深入农村，开展农业推广，探索出近代高等农业院校通向农村为乡村服务的多种路径，获得了更多有价值的新课题，提高了大学教学科研质量。农业推广也造就了一批农学专家，近代许多著名农学家，如棉花育种专家过探先教授、小麦育种专家沈宗瀚教授、土壤学家邓植仪教授、水稻育种专家丁颖教授等，都是在解决现实生产问题中做出了重大贡献而功成名就的。

六、拓展了近代大学的职能

第一，“三一制”办学体制衍生出本土化的社会服务职能。近代中国大学社会服务发端于平民教育，但社会服务职能的形成却缘于大学农业推广活动。这一活动的开展，首先是因为留美农科生引入美国社会服务理念和教学科研推广相结合的办学体制。20 世纪 20 年代，留美农科生陆续回国，各大学农科院系逐渐重视科学研究，创设了各类农业科学研究机构，同时，纷纷成立推广部，开展农业推广服务。近代中国大学从一开始就勾

---

① “国立中央大学”农学院编：《国立中央大学农学院概况》，1936 年版，第 50 ~ 51 页。

勒出教学、科学研究和社会服务三大职能轮廓，而且教学、科研和推广三项事业基本上是同时并举，产生了良好的互动。正如章之汶所言："盖农业教育，必须加强研究工作，则教学始可日新月异，推广始有实际材料。在教学方面，因有针对当地农业实况研究所得之材料与方法，其培养之人才始可越乎实际。在推广方面，有研究所得之材料，交付经过严格训练之推广人员，推广始可顺利推行而深合当地农业之需要。其推广工作所遭遇之困难与问题，即以为进行研究之材料，复以研究所得施于教学，在研究与教学，亦不可致落于空虚。是故研究、教学与推广，实为三位一体，互有连环性而缺一不可"。[①] 农科大学的教学、科研、推广相结合，强化了大学教学科研职能，也衍生了大学社会服务职能。

第二，民国时期著名大学校长社会服务办学理念的形成也促进了大学社会服务职能的形成。民国时期大学校长大多学贯中西，饱经儒学熏陶，民族身处危难，中国农村经济走向崩溃，激发了他们科学救国、教育救国的使命感和责任感，许多大学校长社会服务办学理念日渐明晰。他们不仅倡导高深学术研究，还主张致力于解决现代社会实际问题。譬如中央大学校长罗家伦提出大学有三种任务：一要为国家民族培养人才；二要对人类知识的总量有所贡献；三要能够适应民族需要，求民族的生存。在大学校长社会服务理念引领下，大学师生深入乡村，对乡村服务做了诸多艰苦探索，在促进了乡村发展中形成社会服务职能。

现代大学承担着教学、科学研究和社会服务三大职能。近代中国大学建立之时，只肩负教学的单一职能，蔡元培发起的北京大学改革，使近代中国大学科学研究职能逐步确立。近代中国大学开展的各种农业推广服务，拓展了近代大学的职能，使近代中国大学社会服务职能逐步形成与最终确立。西方大学为之争论了几个世纪才发展成熟的大学三大职能，在我国近代短短数十年即得以形成并达到统一。民国时期大学农业推广实践证明：大学是民族灵魂的反映，大学不能远离社会，大学在人类社会进步中起着不可代替的作用。诚如美国学者亚伯拉罕·弗莱克斯纳所言："在这动荡的世界里，除了大学，在哪里能够产生理论，在哪里能够分析社会问

① 李扬汉主编：《章之汶先生纪念文集》，南京：南京农业大学金陵研究院，1998 年版，第 3 页。

题和经济问题，在哪里能够理论联系事实，在哪里能够传授真理而不顾是否受到欢迎，在哪里能够培养探究和教授真理的人，在哪里根据我们的意愿改造世界的任务可以尽可能地赋予有意识、有目的和不考虑自身后果的思想者？人类的智慧至今尚未设计出任何可与大学相比的机构。”①

第二节　民国时期大学农业推广的特点

一、鲜明的区域性

农业生产具有很强的区域特点，不同农作物有其独特的生物生长规律，其生长发育和产量高低受到当地气候、地形、土壤等环境因素的影响与制约。农业推广是把科技成果普及应用于生产的中间环节，农业生产区域性决定了农业推广工作的区域性特征。民国时期，大学为了进行农业科技改良试验，除了在学校附近建立农事试验总场之外，还在全国其他地区建立了农场分场、区域试验场、合作农场、种子中心区等农事试验场。农事试验场改良的农作物都是当地最主要的粮食作物或经济作物，这样，能够培育出适合当地区域特点的优良品种，就近推广，直接提高当地农作物产量，促进农业生产。因此，农作物良种培育和推广形成鲜明的区域性，华北地区与西北地区的小麦、长江中下游平原和华南地区的水稻、江浙地区和华南地区的蚕丝、黄河中下游和长江中下游地区的棉花等。同样一种作物，因为区域差异大，大学根据地域特点，培育出了适合当地栽培的子系新品种，如棉花良种的培育和推广，金陵大学经过26个试验场试验，最后选育出分别适合华北和长江流域种植的“脱字棉”、“爱字棉”；后又育成“金大得字棉531号”，适合于长江流域生长；“斯字棉4号”，适合于北方地区种植。因此，大学农事试验场在推广农作物品种前都要进行小规模区域试验，决定其在当地推广的可行性，以减少推广风险。

大学内迁过程中，在沿途所经之地继续根据区域特点，改良当地作物品种。河南大学农学院迁到豫西山区的潭头镇，农学系的刘葆庆教授带领

---

①［美］亚伯拉罕·弗莱克斯纳著：《现代大学论》，徐辉，陈晓菲译，杭州：浙江教育出版社，2006年版，第3页。

师生经过研究，培育出适合豫西山区推广的“河南大学 H-1、H-2、H-3”3 个良种，使当地小麦产量普遍增产 15% 左右。王鸣岐教授培育出产量高、抗病虫害力强的“河南大学 H-4”良种，在豫西、豫南国统区 68 县推广种植，获得普遍增产一成以上的丰收。浙江大学农学院迁到贵州省湄潭县，根据区域特点改良和引进了许多作物良种，推动了当地农业生产进步。大学在进行综合农业推广实验时，实验区一般选择离城市或本校较近、交通便利、商业经济较为发达、在当地具有代表性和典型性的乡镇村庄，这些地方离大学近，可以节约专家和推广人员的往返经费和时间，节省人力，学校可以经常派人指导，及时发现和解决问题，相对而言这些地区的农民更易于接受新事物和乡村改进举措，推广难度相对较低，如齐鲁大学选择龙山镇、金陵大学选择乌江镇、燕京大学选择清河镇、浙江大学选择华清池、北京大学选择罗道庄等，都有着相似的选择标准，也显示出鲜明的区域特色。

二、参与院校的多元化

民国时期，开展农业推广活动的院校多种多样，主要分为：（1）涉农院校，包括专门的农业大学、高等农业专门学校、农业专科学校；国立大学、省立大学、私立大学、教会大学等综合性大学的农学院与农科，如中山大学、中央大学、南通大学、浙江大学、岭南大学、金陵大学、北平大学、河南大学、四川大学、广西大学、清华大学等；国立和省立的独立农学院，如国立西北农学院、四川省立农学院、河北省立农学院等；（2）非农院校，包括没有设立农学院或农科的国立大学、省立大学、私立大学、教会大学，如北平中法大学、北平师范大学、燕京大学、齐鲁大学、福建协和大学、华西协和大学等；（3）非农院系和专业，包括理学院、文学院、神学院、师范学院、医学院以及教育系、社会学系等。

涉农院校通过农业推广实践丰富了教学内容，扩大了系科专业的数量和规模，提高了农学科研水平。非农院校和非农院系也力所能及地开展农业推广活动，产生了积极的影响。1939 年冬，河南大学理学院在潭头镇党村率先创办了一所农民业余夜校，挨家挨户动员群众到夜校上学，推动潭头山区农民教育的广泛开展。复旦大学为改进我国茶叶制作技术及扩展国内外贸易的需要，在国内首创茶叶专修科。齐鲁大学神学院 1927 年就在龙山镇建立服务社，后与山东华洋义赈会、金陵大学、胶济铁路等单位合作，在潍县、周村、青州等地建立农业实验站，主要从事玉米、高粱和大豆的改良。农业推广实践的开展使部分非农院校逐步建立了农学系科和研究所。如福建协和大学在理学院下设乡村服务社，在乡村服务过程中，于1936年建立起农业学系和农业经济学系。齐鲁大学先开办乡村服务社，后成立乡村研究所。华西协和大学在20年代从事家畜改良，1934年成立了农业系。1941年，农林部拨款2万元，专门用于该校食品保存和运输研究，同年该校成立了农业研究所。

华西协和大学丁克生和他改良的奶牛

因此，参与农业推广院校的多元化，反映了农业推广实践活动开展的范围和规模的庞大，折射出近代中国乡村的岌岌可危，抒发了近代知识分子科学救国、教育救国的爱国热忱，昭示了近代大学救亡图存的历史使命，凸显了近代中国大学社会服务的时代主题，印证了民国时期大学校长的远见卓识和服务社会办学理念的时代价值。

三、内容与形式的灵活多样

民国时期，大学农业推广始于农业科技推广，如推广动植物良种、提倡副业、防治病虫害、传授新的栽培方法、使用新式农具等。随着推广活动的深入开展，农业科技推广逐渐演变为综合的乡村改进，农业推广目的趋于多元化，即：增进农民生产，发展农业经济，推进农村教育，改良农

华西协和大学养蚕实验

资料来源：黄思礼著《华西协和大学》，秦和平、何启浩译，珠海：珠海出版社，1999年版。

民生活，发展农村文化，等等；推广内容也趋于综合化，涉及经济、文化、教育、政治等诸多方面。在经济上，成立信用、运销、灌溉等各种合作社，解决农民农业生产资金问题，促进了乡村经济的发展。在政治上，成立农会等农民组织，保护农民利益，提高农民的社会地位。在医疗卫生上，成立农民医院，免费提供医疗和注射疫苗，提倡新式接生，开展清洁运动，改善农村卫生条件，提高农民健康水平。在教育上，创办各种形式的成人教育和农民培训班，增加农民知识技能。在文化上，建立茶园、运动场、娱乐室、书报室等公共场所，提倡农民正常娱乐，举办运动会、演讲会、游艺会、读书会、戏剧表演等丰富多彩的文化活动，开展戒烟、禁早婚、禁缠足等移风易俗活动，改良社会风气，提高农民文化素质。推广活动多样化，反映了大学对解决近代中国乡村问题多种路径的积极探索。

大学农业推广开展的形式丰富多样。如根据各地的实际情况建立了不同形式的农村合作组织，有信用合作社、运销合作社、戽水合作社、养殖合作社、垦殖合作社、耕牛保险合作社、林业生产合作社等。妇女教育的开展形式也是多种多样，有妇女识字班、女子手工班、母亲会、恳亲会、家政训练班、妇女班、产婆训练班等。为了宣传普及农业科学知识，推广良种、新技术，大学创立了各种各样的推广形式，有展示实物的，如展览农产品、照片、标本、模型等；有发放文字材料的，如书刊、报纸、壁报、传单、农林浅说等；有进行言语沟通的，如演讲法、农家访问、办公室访问、信函咨询等；有借助视听手段的，如留声机、幻灯、电影、戏剧等；有进行表证示范的，如建立示范农场、示范农田、特约农田、实地参观等；有现场教导培训的，如农事讲习会、平民夜校、各种技术培训班等。大学在推广过程中经常根据情况综合地运用各种形式，成效较为显著。灵活多变的推广形式，反映了大学专家学者在农业推广过程中，善于思考，认真务实，注重成效。

四、独立性与依赖性并存

民国时期，大学农业技术推广活动最初是大学自发进行的，是大学科研活动的一种自然延伸，没有政府干预和强制，推广范围和规模都较为有限。到20年代末，大学农业推广活动主旨与政府乡村自治改革目标相契合，得到政府的认可，南京国民政府出台了相应的农业推广规程和法令，大学农业推广在形式上纳入了国家农业推广体系，成为各级政府推广机构的合作者。但因为政局动荡，政府无暇顾及和过多干预大学发展，大学农业推广活动如同大学学术活动一样，基本上在一个相对自由宽松的环境中进行，大学农业推广活动规模不断扩大，推广内容不断拓展，大学农业推广活动不断走向自立，自行开辟农事试验场进行农业科技改良，普及农业科学知识，农业推广程序日益科学化，并开展了各种乡村建设实验。高校内迁过程中，大学也是自主进行农业科技推广，开展乡村服务。大学农业推广基本上按照自己的轨道运行，表现出大学农业推广的创新性和独立性。同时，大学教育作为国家教育体系的一部分，其发展要受到国家教育政策法令的规约、国家政权的稳定程度的影响、政府教育经费投入的限制，因此，大学发展态势和水平随着时局变化而发生波动。在民国时期，受到时局动荡、经费和人才匮乏、主管者对农业认识重要性认识不足、土地所有制、人口过剩等因素的制约，大学农业推广实践活动开展及其成效都受到极大影响，表现出依赖性和波动性。

五、救国与治学并举

中国近代大学产生于救亡图存之中，“教育救国”是中国高等教育能够在基础教育尚未发展之时率先得到重视和发展的主要原因。中国以农立国，近代中国乡村濒临崩溃，民族存亡危在旦夕。于是，农业推广成为大学解决农业危机、拯救民族、振兴国家的一种重要途径。多数农学专家留学国外，掌握了西方先进的农业科学知识和技术以及科学研究方法，具有较高的学术素养。他们开展农业推广实践活动，不仅出于一心救国的目的，而且还充溢着学理研究的旨趣。以大学建立的各种推广实验区来看，北平大学农学院建立的罗道庄农村建设实验区，旨在以本院附近若干农村为范围，试验农村社会之改造与农民生活之改良，并与本院各系场联络，提供学生实习的机会与场所。北平师大设立的乡村教育实验区，其宗旨：一为寻求改进乡村教育方法，以复兴乡村社会；二为深入乡村，了解并解决农村社会问题；三为在校生提供乡村教育实验场所。金陵大学乌江实验区作为该大学农业推广工作实验地，将其各项研究的结果推广于该区农民，并作为该大学及其他机关研究乡村问题的实习地。

北平大学农学院大门①

所以，大学开展农业推广，一方面，为了推广农业科技，改良农业，增进农业生产，发展农村经济，改善农民生活，提高农民素质，改良社会风气，以便通过乡村整体改进、振兴农业来挽救民族危机；另一方面，为了学以致用，不让学生搞空洞研究，只从书本中求死知识，而求真知于民

① 北京农业大学校史资料征集小组编著：《北京农业大学校史（1905—1949）》，北京：北京农业大学出版社，1990 年版。

众之中，从而养成刻苦耐劳的精神，培养解决社会实际问题的能力。农业推广实践活动，为学生提供了诸多实践和实习机会，为大学师生开展科学实验和研究提供了实践机会，实现了理论与实践的紧密结合，为广大师生“到农村去”创造了条件。农业推广实践使大学形成了众多的有价值的研究成果，造就了一批学科带头人和一批造诣高深的农学专家，推动了大学人才培养和科研水平的整体提高。

第三节　民国时期大学农业推广中存在的问题

民国时期大学农业推广虽然取得了一定的成效，但由于受到当时诸多因素的影响与制约，未能达到预期的目的，存在着一定的不足之处，分析大学农业推广的不足和制约因素，能够为今天的大学开展社会服务提供启示与借鉴。

一、推广经费匮乏

任何新技术的发明和推广离不开充裕的资金投入。经费不足问题一直困扰着民国时期的农业推广。即便中央农业推广委员会是政府成立的专门推广机构，也是经常入不敷出。1930 年 1 月中央农业推广委员申请开办费 10000 元，经常费为月支 4330 元，年计 51960 元，但 1930 年 5 月份才领到开办费 2000 元，推广的经常费自 5 月至 11 月共领到 10500 元（按月 1500 元），“距原定预算只及三分之一，以致四处推广实验区不能完全开办”，[①]于是请金陵大学设法代垫合办的实验区经费，“以免事业中断”。[②] 卢沟桥事变后，实业部停发其经常费，中央农业推广委员会推广工作几乎陷于停顿。抗战胜利后，仍然因为经费困难，农业推广委员会不得不收缩其工作范围。由此可见，大学农业推广缺少政府的专款扶持。

民国时期，战争连绵，历届政府军费开支庞大，从 1913 年 ~ 1948 年民国政府财政支出军费开支所占比例来看，1913 年 ~ 1925 年占 39%，

① 第二历史档案馆：卷宗四二二（2），卷号 1223。
② 第二历史档案馆：卷宗四二二（2），卷号 1219。

1929 年~1937 年占 43.84%，1937 年~1945 年占 85.86%，1945 年~1948 年占 67.63%。[①] 这导致以政府财政拨款为主的大学一直处于教育经费不足的困境，如 1931 年~1937 年南京国民政府实际拨发的教育经费占预算的 83%，7 年累计有 35 万元的缺口。[②] 为此，大学不得不多渠道地筹措资金，在农业推广过程中努力争取企业、银行、民间团体和私人的捐助，但资助额度和年限毕竟有限，资金来源不稳定。1920 年金陵大学农学院得到华商纱厂联合会的资助，改良和推广植棉，成绩颇著，“惜于三年后，因经费缺乏，故对棉作之事，从此又无形停顿矣”。[③]

就农业推广而言，新技术的应用在很大程度上也要取决于农民的经济条件。近代中国农民一直在贫困线上挣扎，1946 年中美农业技术合作团的报告显示，中国三分之二以上农业生产与消费资金，都是就地借高利贷而来，大多数农民举债度日。国民政府虽然建立了新式金融机构，但尚未形成一个有效的借贷系统，未能取代传统借贷尤其是高利贷的优势地位，因此，“非俟至资金之供给及成本，更能切合农业之需要时，中国农业鲜能有所进展”。[④] 资金短缺制约着农民对新技术的采用，提高科技成果转化率需要提高农民的经济水平，但时人感叹：“现农民困于兵匪者多，救死不遑，籽种耕牛，穷无所措，讵有进而提倡科学化之余地。”[⑤] 因此，出现了这样的二律悖反现象，农学专家“下决心”改进农业，欲使农民富裕，而农民却没有足够本钱去接受这个“好意”，诚如当时乡村工作者所言：“我们提倡一种事业，必须顾到农民经济力能不能接受，如果他们的经济力不能接受，虽明明是一种好事业，他们也只好听听看看而已。”[⑥]

---

① 夏明方著：《民国时期自然灾害与乡村社会》，北京：中华书局，2000 年版，第 337~338 页。

② 商丽洁著：《政府与社会——近代公共教育经费配置研究》，石家庄：河北教育出版社，2001 年版，第 117 页。

③ 章有义编：《中国近代农业史资料（1912—1927）》第二辑，北京：三联书店，1957 年版，第 169 页。

④ 中美农业技术合作团著：《中美农业技术合作团报告书——农业金融》，上海：商务印书馆，1947 年版，第 1 页。

⑤ 章有义编：《中国近代农业史资料（1927—1937）》第三辑，北京：三联书店，1957 年版，第 929 页。

⑥ 章元善，于永滋：《中国华洋义赈救济总会的水利道路工程及农业合作事业报告》，见章元善等编：《乡村建设实验》第一集，上海：中华书局，1934 年版，第 146~147 页。

二、推广人才奇缺

民国时期各级政府所属农业科研和推广机构的建立、人事安排、经费筹措与使用，基本上都听命于上级行政领导。许多科研和推广机构因人设岗，任人唯亲，工作人员随官员频繁变动，科研与推广机构存废往往取决于一纸令文。推广工作人员不受训练，对农业推广工作无明确认识，无经验积累，而且各地推广工作薪金过低，也难以吸引受过良好训练的农业科技人才。在县级推广机构，推广人员很多是年轻的中学毕业生，见解幼稚，经验不足，难以担负推广的艰巨工作，也难获得老农的尊重与信仰，所以，从中央到省、县各级农业科研推广组织和农业机构数量虽然不少，但大部分缺乏人才和设备，名不副实。[①] 这使得大学在各地开展农业推广工作缺少当地政府人力物力的支持。

同时，民国时期高等农业院校总体数量和规模不足，无法培养足够的农业人才。据1936年的统计，当时中国农业高等院校共有20余所，在校人数2590人，当年毕业418人。以20所学校计算，每校学生平均不足130人，毕业人数不到21人。[②] 而且，农业院校所招收的学生以城市学生为主，受几千年来传统观念影响，受过西式教育、体会到城市生活优越性的高校毕业生一般很少愿意去乡下，即便是来自农村农家子弟，也往往不会再回到农村，不再甘心一辈子与贫困落后为伍，因此，农学家过探先多次呼吁高等农业学校要多培养农民子弟，他说："讲到改良农业这件事，是很不容易的，不但要有科学的知识，而且要有丰富的经验。这种经验，没有无数的血汗、长时间的磨炼是不能得到的。所以我极力主张，农业学校的学生，应该要注意农家的子弟，一则可以耐劳吃苦，二则本有少许的农事经验，三则毕业后实地经营的机会稍多。"[③]

---

① 周开发著：《中美农业技术合作团报告书——农业推广》，上海：商务印书馆，1946年版，第4~5页。

② 曹幸穗，王利华等编著：《民国时期的农业》（江苏文史资料第51辑），《江苏文史资料》编辑部，1993年，第135页。

③ 过探先：《办理农村师范学校的商榷》，东南大学《农学》，1923年第1卷第2期。

三、推广项目不均衡

民国时期，由于受到诸多因素影响，大学开展农业推广存在着不平衡性。农业科技改良应包括育种、防治病虫害、改良农具、推广肥料等方面，它们互相促进才能更有效地推动农业生产，但从大学农业推广内容来看，重点集中在种子、作物栽培与病虫害防治等方面的改良与推广，而且推广过程始终以良种的培育和推广为先导和中心，出现了培育良种、防治病虫害的相对领先，推广化肥和改良农具相对滞后的不平衡。作物改良又主要集中于稻、麦、棉、蚕等品种的改良。这一方面与当时国情有关，小麦和水稻是我国主要粮食作物，棉花和蚕桑是主要经济作物，为解决农民的温饱问题和提高农民的经济能力，以小麦、水稻、棉花和蚕桑改良作为农业推广的重点，这是社会现实的迫切要求。另一方面，推广良种投入少，易见成效，即使在相同耕作条件下，收成也比普通品种明显提高，因而容易为农民所接受。抗战爆发后，东部粮食主产区沦丧，大批人口迁居西北西南，形成了后方粮食危机，政府积极鼓励改良农作物品种以增产粮食，改良经济作物以增加外汇创收，这在客观上推动了大学对农作物品种改良推广的投入，使农作物品种改良推广成为大学农业科技推广的重心所在。而农具和化肥的推广相对落后既是近代科技落后所致，也与政府对工业的政策倾斜有关。南京国民政府重军工轻民用工业造成了农业机械改良的滞后，战前只有中央机械厂才能初步仿制新式犁、耙、播种机具、碾米机等十几种农业机械，1943 年创办的中国农业机械特种股份有限公司也主要制造榨油机、脱粒机、畜力犁、喷雾器等小型农具，大型农机具生产几乎为零。同样，因战乱和技术、经费的不足，政府无法生产足量的技术含量高的化肥，农业生产使用化肥成本较高，导致化肥推广区域较少，只主要在沿海少数几个省的交通便利地区。

从大学农业推广区域来看，推广范围比较狭窄，因受资金、技术力量、交通条件和农村经济状况的限制，大学农业推广范围往往集中于城郊农村、商业文化相对发达的市镇、作物密集种植区、交通便利的铁路沿线地区、大学所在地和大学农业推广机构所在地周围农村，而经济相对落后、农业生产基础差、交通闭塞的偏远乡村、山区，农业推广的影响则微乎其微，这些地区农业生产的面貌几乎没有改变。从农业推广的院校来看，参与农业推广的院校有农业大学、省立和国立大学农学院、独立农学院、农业专科学校和部分非农院校。其中，大学农学院是开展农业推广的主体，他们引领大学农业科技改良和推广。这些大学农学院主要是集中在沿海地区和南京、北京、广州等大城市的国立大学、教会大学，其他院校开展农业推广的规模和成效总体上都不及大学农学院。在高校内迁后，农业推广的规模和成效最为显著的还是国立大学的农学院。这种差异与近代大学布局不平衡和实力悬殊密切相关，沿海地区国立大学和教会大学建校较早，也得到政府和教会组织政策与资金的重点扶持，学科专业较为完善，而且，近代留美农科生回国后大多数就职于这些大学农学院，使这些农学院的教学科研和师资水平在全国独占鳌头。

四、推广成效有限

大学农业推广对改良传统农业、促进农村进步所起的积极作用毋庸置疑，但总体而言，推广成效是有限的。虽然民国时期农业科技获得较大发展，到1948年已经有很多农业新技术可供推广，但“除改良品种只要点滴在农村，即能自行扩散外，其余种种均尚无法普及”。[①] 科学技术对农业生产的贡献很小，究其原因，农业推广需要政治稳定、社会安定、国家统一等诸多外部条件，从清末到民国，社会一直处在纷乱不息的动荡中，军阀割据混战频繁、吏制腐败、横征暴敛、国民政府轻视农业执行工业化经济政策、官吏对农事漠不关心等，使必要的科研与推广工作无法正常开展。外敌入侵，外国资本操纵中国农产品市场，任意转嫁危机，加剧了农村经济的衰落，农产品价格暴跌，农户生产绝对收入的下降也抵消了农业推广的增产效果。这些因素干扰了农业推广正常开展，极大地削弱了农业推广的作用和影响。

同时，传统农业经营模式、人口过剩和封建土地所有制作为农村贫困的重要根源，也是大学农业推广无法逾越的鸿沟。近代中国农业生产主要依赖劳动力的密集投入来推动，形成只能维持最低生活标准的生存性农业，出现经济学上的有增长而无发展的停滞现象。由于大量廉价劳动力的存在，只能推广使用简单、费用低廉、不发生劳动替代的农业技术，很难

① 黄俊杰著：《中国农村复兴联合委员会史料汇编》，台北：三民书局，1991年，第38页。

促进生产工具的改进。传统农业社会普遍存在分家析产制或称多子继承制，多子女的农村家庭农场经过不断分割和析产，农场面积太小，最终造成不合经济之生产单位，没有力量改进农业生产，也限制了节约劳动的新技术的推广使用。不仅大型机械无法使用，即便小型机械也属多余，这助长了传统精耕细作式的集约型经营方式。同时，封建地主土地所有制使土地高度集中于少数人，近代人口剧增，造成人口与土地比例失调，也严重影响了农业生产的发展。

从历史发展规律来看，生产力的变革不仅需要以技术创新来改进生产工具，更需要提高劳动者的文化素质、意识形态、价值观念。近代中国乡村闭塞贫穷，农民没有机会接受教育，文化知识水平低下，孤陋寡闻，造成农民墨守成规，缺乏创新。“乡民务农，而不知农之有学。其于辨土性，兴水利，除害虫，制肥料等事，懵然不知。古法相传，日就淹没。”① 据金陵大学农业经济系对1929年~1933年间7岁以上87048名男女所做的调查，平均不识字者达83.1%，男子占69.3%，女子则高达98.7%。至于已受教育者所受的教育程度也极低，传统落后的乡村文化习俗的习染也使农民在生产上因袭陈规旧法，对于新技术缺乏热情。舒尔茨在《改造传统农业》一书中曾指出，农民是否采用新技术除了受新技术在农业生产中所产生的效益是否明显的影响外，也取决于农民掌握新技术的能力和愿望。总之，农民文化素质不高、传统农业经营方式、土地所有制形式、人口过剩等因素交织在一起，使大学农业推广往往处于无可奈何、收效甚微的尴尬局面，未能使农民实际生活水平和质量随着农业改良和生产进步而得到普遍的大幅度改善，未能遏制农村经济日益恶化的趋势，未能使农业生产从衰退困境中解脱出来。因此，虽然大学进行的农业改良和推广促进了传统农业向现代农业的转变，但未能使我国传统农业实现现代化。

① 李文治编：《中国近代农业史资料（1840—1911）》第一辑，北京：三联书店，1957年版，第580页。

尾言　民国时期大学农业推广给我们留下了什么？

清末兴办农务学堂，设立农事试验场，引进西方近代农业科技，为民国时期农业推广创造了条件。民国时期，在特殊的历史背景下，大学义无反顾地选择农业推广这一理想路径来拯救民族危机，转移国运，虽然受局势动荡、自身办学条件不足所限，大学农业推广历经坎坷曲折，但大学知识分子矢志不渝，使农业推广这种自主行为贯穿于整个民国历史时空。在农业推广过程中，大学不仅为农村培养了一批农业科技人才，推动了乡村科技、文化、教育的进步，同时，也积累了为社会服务的丰富的办学经验，促进了自身教学、科研水平的提高。知古鉴今，民国距今尚不算遥远，回首民国时期大学农业推广发展历史，分析其因与果，总结其得与失，摭英拾贝，会为我们今天解决高等农业教育发展和农村建设中遇到的困惑，提供有益的启示。

一、建立健全教学、科研、推广相结合的办学模式

"五四"新文化运动为美国实用主义教育思想的传入打开了窗户，为美国大学"为社会服务"理念的传播提供了土壤。20 世纪 20 年代，农科大学虽然数量不多，但却较早地步入本科教育阶段。受美国社会服务办学理念和"三一制"的影响，就职于大学的留美农科生把科学研究、农业推广和教学密切联系在一起，他们基于农科教授、农学院或农科主任、农科大学校长的身份，在农科大学陆续建立了教学、科研和推广相结合的办学模式。办学中，他们注重研究解决当地农业生产实际问题，既丰富了农学教育教学内容，充实了农学学科知识，壮大了农学系科，提高了广大师生的科研能力，同时，他们通过各种方式把研究成果推及周围乃至全国乡

村，造福一方。农业推广实践为大学师生的科学研究提供了许多很有价值的课题与一手资料，为教学提供了生动的内容和鲜活的案例，使教学始终能够将理论与实际紧密联系在一起。各种形式的大学农业推广活动和各种大学农业推广实验区的建立，为大学生提供了诸多把书本知识运用于实践的实习机会，激发了他们投身农村建设的热情，培养了他们勤学苦练、吃苦耐劳、勇于奉献的精神，也练就了他们处理实际问题的能力，培养了他们从事科学研究的情趣和能力。教学、科研、推广相结合的办学体制，使大学人才培养、科学研究、社会服务呈现出统一的态势。

民国时期，社会长期处于动荡之中，统治者无暇顾及大学农业推广，这种少作为和不作为，为大学农业推广的开展提供了相对自由和宽松的空间。特别是在 1927 年至 1937 年抗日战争爆发之前的 10 年间，政局相对稳定，社会相对安定，大学农业推广获得了一个难得的黄金发展时期，推广的规模、范围、内容都取得了重要的进展。值得一提的是，随着大学本土化制度建构的完成，民国时期诸多大学校长的社会服务办学理念也基本形成，在其办学理念指导下，大学教学与研究并重，研究与推广共举，各种类型的大学开展了形式多样、内容丰富的农业推广服务活动，农业推广服务成为大学有组织的办学行为之一，从而大大提高了大学的声誉和社会影响力，促使大学教学、科研、推广相结合的办学模式日渐完善。从办学主体来看，有涉农院校和非涉农院校，使得大学农业推广的发展呈现出百花齐放、繁荣兴旺的景象。从运行机制来看，大学不是孤军奋战，而是积极与其他院校、科研机构、企业、银行、教会等建立合作关系，获得资金、人力、场地等支持，使大学最大限度地赢得了教学、科研和推广工作发展的空间和机会，积累了校际合作、产学研合作的经验。此外，教学、科研、推广相结合办学模式的建立，强化了大学教学与科研职能，也衍生出大学社会服务的职能，使近代大学职能趋于完善。

改革开放以来，我国建立了政府主导的自上而下的各级农业教育、农业科研以及农业推广组织体系，农业教育、农业科研、农业推广工作分别由农业院校、各级农业科研院所、各级农业科技推广机构完成，这种各司其职的组织体系为农业和农村经济发展作出了历史性的贡献。但在市场经济体制和科技创新的新形势下，农业教育、农业科研与农业推广各自为政的弊端凸显，科研成果的转化率和贡献率较低，农村许多现实问题得不到有效解决。就高等农业院校自身发展来看，也出现了招生难、学生就业难的困境，科学研究往往也是“上不着天下不着地”，学校不能密切联系农村实际问题开展科学研究和农业推广活动，农科专家教授下乡等直接的社会服务活动不够广泛、深入与持久，农科大学生也极少走向农村，农村科技人才奇缺。因此，民国时期大学教学、科研、推广三位一体的办学模式能为今天的高等农业院校走出困境提供启示，高等农业院校必须深化体制改革，强化教学、科研、推广三个环节，并使三者形成有机联系的整体，获得为新农村建设服务和自身跨越式发展的互利共赢。

二、合理配置大学的农学教育资源

民国时期，大学农学教育首先开始于东部大的城市，然后逐步扩展到内地。江苏、浙江、广东等沿海城市的大学农学教育发展最快、规模最大。1937 年以前，大学农学教育资源的配置是极不平衡的，这些资源主要集中在北京、南京、广州等发达城市，而且主要集中于综合性大学的农学院。归国的留美农科生大多数就职于东部地区的农科大学，是造成农学教育资源不平衡的重要原因。同时，政府有限的支持和政策倾斜也是农学教育资源配置不合理的源头。民国时期国立农科大学分布与政府的执政地点变化密切关联，主要分布于北京、南京、广州等几个曾经建立全国政权的城市，北京农业大学之于北洋政府、“国立中山大学”之于广东国民政府、“国立中央大学”之于南京国民政府皆然，因为政府在政策经费上的倾斜，使得这些大学都获得了比其他同类学校更好的资源和发展机会。教会大学也集中于沿海少数几个城市，这与教会组织集中于沿海的布局和传教目的相关。这些地区的教会大学农科和农学院相对而言拥有的农学教育资源较多，农学发展较快。民国时期这种农学教育资源配置的不合理，造成了农业院校之间发展的差异性和大学农业推广的不平衡性。

抗日战争期间，中央政府被迫迁往四川重庆，高等农业院校、科研机关也随之迁往西北、西南地区。内迁虽然使农科大学在设备资金上有所损失，但保持了农学教育的延续性，也创造了农学教育的新篇章：东部农业院校在西迁过程中因各种教育资源的流动、集中、整合，农业院校的系科总体上得到充实，促进了四川大学农学院和西北农学院等内地农业院校的发展；创造了适应战争需要的教学内容和办学形式，取得了院校搬迁、联校办学的宝贵经验，使农业推广更加符合地方经济发展的需要。西迁在客观上促进了大学农学教育资源的合理配置，促进了内地农业科研、教育、推广事业的蓬勃发展。抗战胜利后，高校和科研机构大多迁回原地，内地大学农学教育大受影响，农学教育资源配置再次趋于不平衡。

即至21世纪，大学农学教育资源配置失衡问题依然十分严重，优秀的农学教育资源仍然集中在大城市及沿海发达地区，老少边穷地区的农业院校的发展和农业问题令人担忧。所以，借鉴民国时期的经验，高水平的农业大学可以相互联合办学，建立优质教学科研资源共享机制，优势互补，共同开展重大农业问题的研究和重大成果的推广转化。发达地区的农业大学通过深入内地开展农业科技推广活动，建立与边远地区农业院校的合作关系，使之享受优质教育资源，可以有效地带动这些农业院校的发展，推动地方农村经济进步。同时，政府要在宏观上做好农学教育资源的调控，对落后地区的农业院校予以一定的政策倾斜和人才支持，并为农业大学与其他大学、科研机构、企业、社会搭建沟通、联系与合作的平台，使之能够吸纳社会资源，扩充办学实力和水平。

三、有效改变农民的行为

民国时期大学农业推广的历史证明，农业推广的过程事实上也是改变农民行为的过程。农民是农业科技成果推广应用的最终受体，农民对农业科技接受与否直接影响着农业科技推广的进程和效果。由于生活环境、知识文化、认知能力等因素的限制，农民大多因循保守，对新事物有着排斥和畏惧心理，害怕因这种变动会带来某种程度的危险和不确定性。按照米格代尔的说法，农民之所以对变革充满怀疑，是因为他们意识到那些所谓进步有可能把他们带入比现在还糟糕的地步。对这些挣扎在生存边缘上的农民来讲，这是一种无法承受的风险。[①] 民国时期大学农业推广经验显示，农民喜欢按照传统常规经验办事，不轻易相信推广人员的说教，不相信间接经验、书本知识，对于推广的新技术新种子，只有看见左邻右舍试用成功了才会相信与效仿。大学推广工作者意识到，由于农业生产极为落后，

① 周晓虹著：《传统与变迁—江浙农民的社会心理及其近代以来的嬗变》，北京：三联书店，1998年版，第71页。

农民生活极为贫困，自然条件变化多端，以及市场风险变幻莫测，使农民形成了牢固的求稳心理，凡事注重现实的效果，处处精打细算，从成本、劳力投入到产出、产值等各个环节都考虑得细致入微，他们要看到推广的技术真正有实效才愿意采纳。因此，大学从事农业推广，不仅通过演讲、农产品展览会、电影等直观方式开展宣传，而且与当地农民领袖或农友合办“表证场”、“特约农田”，用以证明农业新技术新品种的有效性，让农民亲眼目睹这种成效。

当然，要彻底改变农民的行为，必须提高农民自身的素质。T. W. 舒尔茨认为，要改变传统农业，只有引进不同于传统农业生产要素的现代农业生产要素，而对农民进行人力资本投资的各种教育是最主要的要素，也是改变传统农业的主要途径。1935 年，邓植仪走访了 14 个国家和地区，撰写了《改进我国农业教育刍议》一文，认为：“农民为国家整个农业之主体，居于直接生产地位，其能否接受新农业知识，影响于农业生产，至为重大。”[①] 民国时期，大学在农业推广过程中，从最容易接受新事物的青年农民入手，采取了多种教育形式和方法，如举办农民技术培训班、农民夜校、组织青年励进团等，培养农民领袖，改变周围农民的行为。同时，也注意开展儿童教育，培养未来新型农民。还注意到家庭组织与妇女群体在改变农村落后面貌和提高农民素质中的巨大作用，大力施行妇女教育，成为大学农业推广工作的又一项重要任务。

所以，今天大学开展农业科技推广时，必须要有整体发展思维，把科技推广与全方位开展农民教育与培训结合起来，使技术进步与农民素质提升同步进行。同时，借鉴民国时期大学农业科技推广经验，在推广农业新技术时，采取寓教于乐、形式多样的宣传手段，激发农民学科技、用科技的兴趣和热情。对推广面大、增产效益高、潜力大的农业技术项目，要有目的、有重点地建立科技示范基地和示范户，为农民提供“看得见、摸得着”的学习样板，引导农民主动采用新技术，转变经营方式。采用签订技术承包合同等方法，将农户和农业科技推广部门的责权利结合起来，形成“双方自愿、责任共负、利益同享、风险共担”的约束机制，以最大限度地消除农民怕受损失而不愿接受农业科技的心理障碍。在推广过程中，要

---

① 邓植仪：《改进我国农业教育刍议》，《农声》月刊，1938 年第 218、第 219 期合刊。

搞好配套服务，搞好产前市场调查与预测，为农民提供准确的信息服务，做好产中技术指导，开展农副产品的加工、储藏、运销等服务，使农民从农业科技应用中得到实惠。

四、义不容辞为“三农”服务

面对农村经济的崩溃、农业生产的衰落和农民的贫穷愚昧，民国时期的大学尤其是农科大学中的一批知识分子，怀着科学救国、教育救国的信念和改变中国农村落后面貌的美好愿望，“以宗教家的精神”和“整个心要献给三万万四千万农民”的决心，奔赴农村，开展乡村建设实验，开辟了知识分子通向农村的科技兴农道路，成为近代解决“三农”问题，建设新农村的先驱性实验。大学农业推广服务，不仅在“三农”服务上积累了许多经验，也壮大了自身的学科力量，形成了特色学科和专业，造就了许多农学专家，这对今天大学为何和何以开展“三农”服务有着诸多启迪。2004 年 ~ 2010 年中央“一号文件”连续 7 次锁定“三农”问题。十七届三中全会公报指出，“农业基础仍然薄弱，最需要加强；农村发展仍然滞后，最需要扶持；农民增收仍然困难，最需要加快。”这三个“仍然”和三个“最”，说明“三农”问题依然严重。全面建设小康社会，重点在农村，难点也在农村。我国依然是农业大国，中国近 13 亿人口中 9 亿人口在农村。没有农村的稳定就没有全国的稳定，没有农民的小康也就没有全国人民的小康，没有农业的现代化也就没有整个国民经济的现代化。

历史证明，大学与社会相互制约、相辅相成是不变的定律，社会需要是大学存在和发展的唯一理由，大学必须为自己的国家和所处社会作出应有的贡献。大学组织通过社会服务来适应和满足社会需要，从中获得自我维持和发展所必需的资源。融入社会、服务社会、推动和引导社会发展是现代大学不可推卸的使命与职能。改革开放以来，我国农业取得了举世瞩目的成就，不少地方农村发生了翻天覆地的变化，但“三农”问题挥之不去。“三农”问题直接影响整个国民经济的发展和国家现代化的进程。面对“三农”问题，大学是否应该有所作为？民国时期大学农业推广实践告诉我们，今天的大学应该有所为。令人欣喜的是，有的大学已经有所行动了。20 世纪 80 年代末，南京农业大学就开展了“科技大篷车”活动，数十年为社会创造了 300 多亿元效益，是科教兴农的一个创举。近年来，不同类型的大学开展了不同形式的“三农”服务活动。有的组织服务社团，如上海海事大学成立了“三农”服务社，江西南昌大学成立了“三农”协会；有的成立研究机构，如西北师范大学成立了“三农”问题研究社；有的成立服务部门，如山西农业大学的“三农”服务中心；有的实施“村官计划”和博士下乡活动，如江苏大学组织大学生到乡镇挂职蹲点，武汉大学组织“中部崛起服务三农”博士团。但总体而言，解决“三农”问题尚未引起大学的普遍重视，没有成为新时期大学的历史使命，“服务三农”也未列入大学的课程、人才培养目标等发展计划之中。可以说，大学若能发挥自身优势，在农村科技、文化、教育方面有所行动，将会加快“三农”问题的解决。农村是广阔而又充满潜力的巨大市场，大学开展“三农”服务，必将有利于在院校激烈竞争中开辟出新的发展空间，使自身与“三农”获得长足的发展，因此，“三农”问题期待更多大学的投入，大学为“三农”服务，责无旁贷。

附录一

“国立北京农业大学”组织系统图

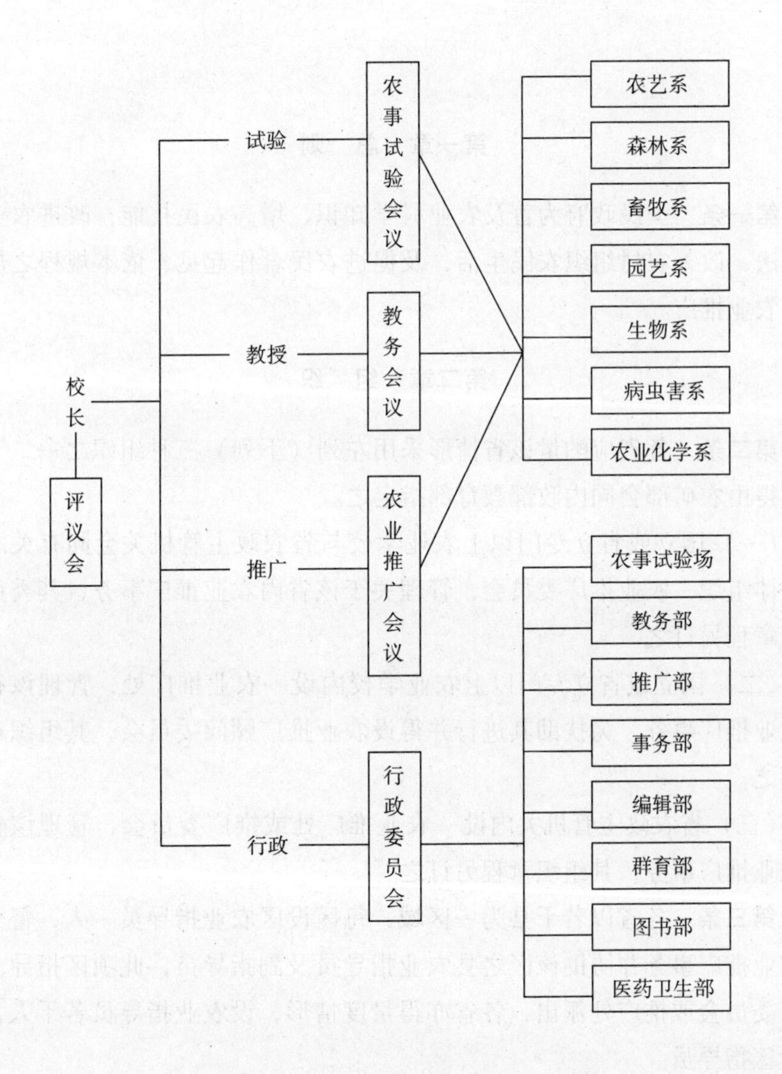

资料来源：《教育公报》，1923年第3期。

附录二

农业推广规程

第一章　总　则

第一条　国民政府为普及农业科学知识，增高农民技能，改进农业生产方法，改善农村组织农民生活，及促进农民合作起见，依本规程之规定实施农业推广。

第二章　组　织

第二条　各省应酌量该省情形采用左列（下列）三种组织之一，于必要时得由农矿部会同内政部教育部指定之。

（一）国立或省立专门以上农业学校与省农政主管机关会同有关之机关团体组织一农业推广委员会，管理关于该省内农业推广事务，其委员会组织章程另订之。

（二）国立或省立专门以上农业学校内设一农业推广处，管理该省内之农业推广事务，为扶助其进行并得设农业推广顾问委员会，其组织章程另订之。

（三）省农政主管机关内设一农业推广处或推广委员会，管理该省内之农业推广事务，其组织章程另订之。

第三条　各省以若干县为一区域，每区设区农业指导员一人，督察该区农业推广事务并协助该区之县农业指导员及副指导员，此项区指导员由推广委员会或推广处派出，各省亦得量度情形，设农业指导员若干人，而不设区指导员。

第四条　推广委员会或推广处内得设置各系专门委员，由专门以上农业学校教授及富有学识经验之农林专家兼任，亦得特聘农林专家若干人专任之，前项专门委员应随时供给最新之农业知识及襄助编拟推广进行计划等，于必要时并应赴各县工作。

第五条 各县设农业指导员一人，副指导员若干人，具左列（下列）资格之一并经严格考试及格者，得充农业指导员。

（一）中等以上农业学校毕业富有经验者。

（二）曾任副指导员著有成绩者。

具左列（下列）资格并经严格考试及格者得充副指导员：

（一）农林蚕桑专修科毕业者。

（二）中等以上农业学校毕业者。

（三）合作社指导员训练机关毕业者。

（四）其他相关学校毕业或肄业并具有农林学识经验者，考试及格后，得与以相当时期之推广训练。

第六条 农业指导员与副指导员须以诚恳耐劳、任事热心、明了党义、思想纯正并确能乡村化者充之，考试除学识试验外，并须注意于操行之考察。

第七条 各县得设乡村家政指导员，此项指导员必须以具有相当学识经验之女子充之。

第八条 推广委员会或推广处对于各县农业指导员及副指导员有指挥督促之责。

第九条 各县农业指导员办事处应设于适当地点，其名称为农业指导员办事处或农业指导所。

第十条 举行农业推广，应先事调查并定工作程序，更宜与农民团体，县内一切农林蚕桑机关、教育行政机关、其他有关系之机关，乡村小学教师及乡村良好领袖合作行之。

第十一条 各省应先选择情形适宜之县，设置农业指导员及副指导员或只设指导员一人，再行酌量情形，次第推及全省，各县一律设置农业指导员及副指导员。

第十二条 在农业推广人才极为缺乏之省，应由省农政机关与省教育主管机关从速设法养成。

第十三条 农矿部直辖各试验场及其他农林蚕桑机关之与农业推广有

关者，得与推广委员会或推广处合作从事推广。省立中等农业及蚕桑学校应与推广委员会或推广处合作从事推广。省立农林试验场及省立其他农林蚕桑机关应与推广委员会或推广处合作从事推广事业。私立各级农业学校得与推广委员会或推广处合作从事推广。

第三章　经　费

第十四条　农业推广经费分省费及县费两种，由省政府酌量该省及各县情形分别确定之。

第十五条　农矿部、内政部、教育部于必要时得会同呈请国民政府酌拨专款，以补助农业推广经费。

第十六条　农业推广之运行得由农民团体补助经费。

第四章　管　理

第十七条　全国农业推广行政事务之监督由农矿部会同内政部教育部任之。为协助及督促农业推广之进行，得由农矿部、内政部、教育部联合其他农民农业机关团体，合组一中央农业推广委员会，其组织章程另订之。

第十八条　各省农业推广委员会或推广处应于每年将推广情形呈由主管官厅转呈农矿部、内政部、教育部备案。

第五章　事　务

第十九条　农业推广之事务分为左列（以下）各款：

甲　推行农林试验场农业学校之成绩，其主要任务如下：（一）供给优良种子树苗及畜种；（二）普及优良的农林业经营方法；（三）普及优良的农家副业之原料与方法；（四）普及优良的农具及肥料；（五）普及虫害病之防治方法；（六）推行其他成绩。

乙　提倡并扶助合作社组织及改良如下：（一）宣讲关于合作社一切规章法今之解释应用；（二）指导其组织及改良；（三）其他关于合作社事项。

丙　直接或间接举办下列各事项：（一）各种农业展览会；（二）农产品比赛会；（三）农产品陈列所；（四）巡回展览；（五）农业示证、合作示证及普通示证；（六）儿童农业团；（七）农业讨论周；（八）农民参观日；（九）农民联欢会；（十）农民谈话会；（十一）森林保护运动；（十二）提倡并扶助正常农林团体之组织；（十三）农林实地指导；（十四）育蚕指导；（十五）其他关于农业指导及提倡事项。

丁 为增进知识及技能得举办下列各事项：（一）乡村农林讲习所；（二）乡村妇女家政讲习会；（三）农林讲习班；（四）农林夜校；（五）农林函授科与农林函询及办事处面询；（六）巡回演讲、特殊讲习、幻灯讲习及农林影片之演放；（七）提倡并扶助乡村公共书报阅览处及巡回文库之设立；（八）其他增进知识及技能事项。

戊 提倡并扶助乡村社会之改良事业，其要点如下：（一）扶助新村制度之施行；（二）促进乡村道路之改良及发展；（三）促进乡村卫生之改良；（四）指导农家家政之改良；（五）指导乡村之正当娱乐；（六）扶助失业农民；（七）提倡并指导乡村房屋之改良；（八）扶助农村之自卫事项；（九）其他乡村社会之改良事业。

己 提倡并扶助垦荒造林耕地整理及水旱防治。

庚 实施关于农业调查及统计，并编辑农业浅说、报告农林教育书及他种定期不定期出版品。

第六章　附　则

第二十条　本规则自公布日施行。

资料来源：《河南省政府公报》，1929 年第 308 期，第 11 ~16 页。

附录三

民国时期大学农业推广实验区

实验区	主办者	地 点	创办年
温泉乡村教育实验区	北平中法大学	北平宛平县	1920
徐公桥乡村改进实验区	中华职业教育社、东南大学农科和教育科、中华教育改进社	江苏昆山徐公桥	1926
定县乡村建设实验区	中华平民教育促进会、中央大学农学院	河北定县	1929
乌江农业推广实验区	金陵大学农学院、中央农业推广委员会	安徽和县乌江镇	1930
中央模范农业推广区	中央大学农学院、中央农业推广委员会	南京江宁县	1930
清河社会实验区	北平燕京大学社会学系	北平清河镇	1930
邹平乡村建设实验区	邹平县乡村建设研究院、齐鲁大学医学院	山东邹平县	1931
龙山镇乡村服务社	齐鲁大学、金陵大学农学院	山东济南	1932
罗道庄农村建设实验区	北平大学农学院	北平市西郊罗道庄	1933
辛庄乡村教育实验区	北平师范大学	北平宛平县	1933
仙峰乡实验区	福建协和大学	福建闽侯县第三区	1934
华家池农村建设实验区	浙江大学农学院	浙江省杭州市第六区	1935
五里亭改进实验区	福建协和大学	福建省福州	1935

（续表）

实验区	主办者	地　点	创办年
龙眼洞乡村教育实验区	中山大学教育系、教育研究所、番禺县政府	广东省番禺县	1935
汶上县乡村实验区	北平燕京大学农村建设科	山东汶上县	1935
中山大学乡村服务实验区	中山大学	广东省广州市	1936
花县乡村教育实验区	中山大学教育系与中国教育社、广东教育厅	广东省龙翔市	1936
温江农业推广实验区	金陵大学农学院、温江县政府	四川温江县	1938
故县乡农村工作区	福建协和大学	福建省邵武县	1939
香凤乡农村实验区	福建协和大学	福建省邵武县	1940

本表系根据刘家峰著《中国基督教乡村建设运动研究：（1907—1950）》（2008年），国立浙江大学农学院编《国立浙江大学农学院报告》（1936年），“国立中山大学”农学院编《国立中山大学农学院概览》（1928年、1938年），金陵大学秘书处编《私立金陵大学一览》（1933年），“国立中山大学”农学院编《国立中山大学农学院推广部概况》（1935年），福建福州五里亭农村服务部编《五里亭农村服务部报告》（1936年），郑大华著《民国乡村建设运动》（2000年），章元善、许仕廉编《乡村建设实验》（1～3集，1934年～1936年）等资料整理而成。

附录四

农事实习规约

第一条　学生在农事实习时须遵从农事指导员的指导。

第二条　学生在农事实习时须按时出席，不得迟到或早退。

第三条　实习前后均需排队，不得争先恐后。

第四条　实习前应先齐集于操场，静听实习指导员讲解本日实习事项方法及使用农具等，均须遵照履行。

第五条　指导员支配工作后均需绝对服从不得任意变更。

第六条　学生实习时均应着学校所规定之实习服，不得穿其他服装。

第七条　实习某种作物时，须有详细记载，并应按时呈送指导员检阅。

第八条　场内产物不得随意采取，以重生产。

第九条　实习时应努力工作，不得懈怠。

第十条　实习时不得随意中途休息及喧哗。

第十一条　实习时所用农具须慎重处理，用后仍须各自整理，放置农具室内。倘有损坏，须照价赔偿。

第十二条　实习时施用肥料及消耗品等，均宜受指导员之命令，不得浪费。

第十三条　除原定实习时间外，遇必要处理之工作时，临时由本校主任通告之。

第十四条　凡不遵守本规约者，予以最重之处分。

国立浙江大学农学院制定

资料来源：国立浙江大学农学院编《国立浙江大学农学院报告》，1936 年，第 356 ~ 357 页。

附录五

特约农家规程

特约农家为农业推广之中心对象，农业改进之意见，农民因其产业之特性，与其社会生活之习惯，往往趋于保守，不尚变革，对于农业新法，多怀疑虑，不敢接受，故农业推广机关，必先物色比较先进之农家，作为特约农家，指导其试用新法，以为表证，一俟成效已著，则一般农民疑虑尽释，乐于仿效，而新农业之推行，乃得阳然无阻。

农业推广，须由特约农家着手，故关于特约农家之设置与指导，自应特别慎重，力求完密，以昭成效，而免失败，方能引起一般农民之信仰，而利业务之推行，兹特制定特约农家规程如下：

第一章　总　则

第一条　本部为推行农业新法，促进农业建设，设立特约农家。

第二条　凡愿接受本部之指导，采用良种善法之农家，均得为本部特约农家。

第三条　特约农家须与本部门立合约，以供信守。

第四条　特约农家有一定之权利义务，均于合约内记明之。

第五条　特约农家之合约，以一年为期，期满后得续订新合约。

第二章　特约农家之设立

第六条　特约农家以在本部推广区域范围以内之农家为限，其在范围以外者，得由本部斟酌评理之。

第七条　特约农家之设立，得采下列方式之一：

（一）由推广员邀请农家，为本部特约农家。

（二）由当地机关介绍，为本部特约农家。

（三）由本部特约农家介绍其他农家参加。

第八条 特约农家设立之手续如下：

（一）申请加入本部特约农家。

（二）调查申请加入者之农业经营概况。

（三）订立合约。

（四）正式登记，并发给本部特约农家证。

第九条 特约农家依其性质分为下列数种：

（一）普通特约农家。凡农民接受指导，实行一种新农业活动，如种改良种子或采用新式肥料等，与推广新订立合约者，均得为普通特约农家。

（二）表证农家。普通农家成绩优良，而能将其他结果表证于其他农民者，得为表证农家。

（三）试验农家。凡愿与推广部合作，举行各种试验工作者（例如种子区域试验），得为试验农家。

（四）模范农家。凡能全部采用新农业方法，成绩优良，又能热心参加社会事业者，得为模范农家。

第十条 特约农家合约方式如下：

金陵大学农学院推广部特约农家合约

金陵大学农学院推广部××推广区（以后称甲方）与××县××乡农民××（以后称乙方）订立合约如下：

（一）农民×××愿为金大推广部××农家，接受指导遵守规程。

（二）乙方愿在合约有效期内，始终按照指导办法切实进行，绝不中途废约或存心欺诈。

（三）乙方工作结果，据实报告，并听凭甲方处理。

（四）乙方愿意随时参加甲方所召集之会议，以及其他农事改进活动。

（五）甲方与乙方商定工作计划后，得随时予以指导。

（六）因甲方指导所得利益，统归乙方享受。

（七）因受甲方指导，致蒙损失，由甲方酌予赔偿，但因天灾或因乙方之错误，所致损害，不在此列。

（八）甲方有特殊材料，可以赠送时，乙方有优先权。

（九）本合约有效期间，暂定一年，期满的续订。

金陵大学农学院农业推广部代表　×××

××县××区××乡农民　×××

"中华民国"　年　月　日　立

第三章　特约农家之指导

第十一条　特约农家须依其种类，及农场性质，商定农业改进计划，按部实施。

第十二条　推广员须拟定特约农家指导历，定期前往农家指导。

第十三条　除个别指导外，得举行集合指导。

第十四条　指导进行经过及结果，须有详细记载（记载表另订之）。

第十五条　如有特别问题发生时，特约农家可随时邀请推广员，前往指导协助。

第四章　特约农家之组织

第十六条　一区之特约农家，满十家时，得组织区特约农家联合会。

第十七条　两个以上之区特约农家联合会，得组织县特约农家联合会。

第十八条　特约农家联合会，须受本部之指导与监督。

第十九条　特约农家联合会，以联络感情，及交换经验为宗旨。

第二十条　特约农家联合会，设干事一人至三人，办理会务，干事由会员公举之。

第五章　附　则

第二十一条　本规则通用于本部各推广区。

第二十二条　本规则经金陵大学农学院农业推广委员会核准施行。

第二十三条　本规则如有未尽之处，得由推广部提请推广委员会修改之。

资料来源：《南大百年实录》编辑组编《南大百年实录·中卷·金陵大学史料选》，南京：南京大学出版社，2002年版，第314～316页。

附录六

国立中山大学学生农场工作规则

1. 学生赴农场工作，以磨炼耐劳志向，遵守纪律，及获得农经事基础验为主旨。工作时应绝对服从下列各规则。

2. 学生每次工作，须依时到指定集合地列队点名，然后由领导员统率前往工作地点。

3. 学生工作以四周为限，除星期日外，每日工作六小时，上午八时到十一时，下午一时至四时。倘因事请假，须经院长许可发给证据，得于暑假或寒假期内补足之。

4. 学生每次工作完毕后，由领导员发给工作完毕证一张。如于工作时间，借故停工，或草率了事，除不给证外，并由领导员酌量情形，记以缺点一次至三次。

5. 各学生使用器具，于停工时，须收拾清洁，放回原处（或派给学生自行保管），如有故意损坏或遗失，须照赔偿，以重公物。

6. 场内作物，必须爱护，不得任意损害。

7. 学生工作之考成，由领导员负责办理。其考成办法另定之。

8. 本规则由农学院院长核定施行，如有未尽事宜，得由领导员临时呈请院长核准修改之。

附录七

国立中山大学学生农场工作考成办法

1. 学生农场工作，分质与量两方面考核之。

2. 每日工作质与量之分数，各以五十分为最高限度，合计即为该日工作之分数。

3. 各学生工作分数统计，以四周内工作日数除之，即以全年农场工作之平均分数。

4. 工作之质与量，凡能及一般场工之工作之标准者，各给以四十分，祉及标准八份之七者，给三十分，八份之六者，给三十分，八份之五者，给二十分，以此类推。

5. 工作分数得八十分以上者为甲等，七十分以上者为乙等，六十分以下之五十分为丁等，丁等以下之工作无效。

6. 工作特别优越者，得酌给分数之最高限度。

7. 各学生每次工作完毕，由领导员按日登记，至周一时规列工作成绩，报告院长。其有工作无效者或有三次列丁等者，由院长警告之。

8. 学生犯规，经警告三次而仍不知悔改，又工作分数屡不及格者，由领导员报告其理由及情形于院长，停止其工作。

9. 学生不请假不工作一次，或犯规记缺点至三次者，均作旷工一次，扣该工作之总平均分数五分，或补罚工作两天。

10. 凡工作分数不及格或受停止工作处分之学生，由院长甄别轻重，轻者不给学分，重者停止入学。

资料来源："国立中山大学"农学院编《国立中山大学农学院概览》，1938 年，第 59 ~61 页。

参考文献

一、档案、校史

1. 征集各大学农院等农产育种农院推广刊物．中国第二档案馆，卷宗四二二（2），卷号222.2

2. 龙山服务社报告．齐鲁大学档案，9-1-132

3. 新齐大．齐鲁大学档案，9-5-15

4. 党林涵．十年来从事农业推广之观感．中国第二历史档案馆，卷宗四三七，卷号353

5. 实业部农业司与各方联系业务函件（三）．中国第二历史档案馆，卷宗四二二（2），卷号803

6. 实业部农业司与各方联系业务函件（四）．中国第二历史档案馆，卷宗四二二（2），卷号1223

7. 实业部农业司与各方联系业务函件（四）．中国第二历史档案馆，卷宗四二二（2），卷号1219

8. 农村合作社调查表．中国第二历史档案馆，卷宗四二二（2），卷号1364

9. 国立中山大学农林科．国立中山大学农林科概览．1927

10. 国立浙江大学农学院．国立浙江大学农学院一览之一规程．1928

11. 国立中央大学一览 第六种 农学院概况．1930

12. 金陵大学秘书处．私立金陵大学一览．南京：美丰祥印书馆，1933

13. 国立中山大学农学院．国立中山大学农学院推广部概况．1933

14. 国立中山大学农学院．国立中山大学农学院推广部概况．1935

15. 国立中山大学农学院．国立中山大学农学院概览．1936

16. 张农．国立中山大学农学院农场报告书（1930—1936）．广州：天成印务局，1936

17. 私立福建协和学院．私立福建协和学院农学系农业经济学系概况．1936

18. 福建福州五里亭农村服务部．五里亭农村服务部报告．1936

19. 国立浙江大学农学院．国立浙江大学农学院报告．1936

20. 郑彦棻．国立中山大学乡村服务实验区报告书（1）．广州：国立中山大学出版部，1936

21. 金陵大学农艺系．金陵大学农学院总场分场及各合作试验场第十届讨论会报告．1936

22. 北平大学农学院农业经济系．农村建设实验区工作报告．1936

23. 郑彦棻．国立中山大学乡村服务实验区报告书（2）．广州：国立中山大学出版部，1937

24. 国立中山大学农学院．国立中山大学农学院概览．1938

25. 国立中央大学农学院．国立中央大学农学院事业概要．1939

26. 金陵大学总务处．私立金陵大学要览．1947

27. 梁山，李坚，张克谟．中山大学校史（1924—1949）．上海：上海教育出版社，1983

28. 四川大学校史编写组．四川大学史稿（1896—1949）（第一卷）．成都：四川大学出版社，1985

29. 关联芳．西北农业大学校史（1934—1984）．西安：陕西人民出版社，1986

30. 浙江农业大学校史编写组．浙江农业大学校史（1910—1984）．杭州：浙江农业大学印刷厂，1988

31. 金陵大学南京校友会．金陵大学建校一百周年纪念册．南京：南京大学出版社，1988

32. 北京农业大学校史资料征集小组．北京农业大学校史（1905—1949）．北京：北京农业大学出版社，1990

33. 贵州省遵义地区地方志编纂委员会．浙江大学在遵义．杭州：浙江大学出版社，1990

34. 四川农大校史编写组．四川农业大学史稿（1906—1990）（内部资料）．1991

35. 费旭，周邦任．南京农业大学史志（1914—1988）．南京：南京农业大学内部发行，1994

36. 朱斐．东南大学史（1902—1949）（第一卷）．南京：东南大学出版社，1994

37. 傅硕龄．广西农业大学校史（1932—1997）．桂林：广西科学技术出版社，1998

38. 黄义祥．中山大学史稿（1924—1949）．广州：中山大学出版社，1999

39. 郭查理．齐鲁大学．陶飞亚，鲁娜译．珠海：珠海出版社，1999

40. 黄思礼．华西协合大学．秦和平，何启浩译．珠海：珠海出版社，1999

41. 罗德里克·斯科特．福建协和大学．陈建明，姜源译．珠海：珠海出版社，1999

42. 河南大学校史编写组．河南大学校史．开封：河南大学出版社，2002

43. 张宪文．金陵大学史．南京：南京大学出版社，2002

44. 校史编写组．河南农业大学校史九十年华诞．郑州：大象出版社，2003

45. 校史编委会．南京农业大学史（1902—2004）．北京：中国农业科学技术出版社，2004

46. 校史编委会．山东农业大学史（1906—2006）．济南：山东农业大学电子音像出版社，2006

47. 吴定宇．中山大学校史（1924—2004）．广州：中山大学出版社，2006

48. 谢和平．世纪弦歌百年传响：四川大学校史展（1896—2006）．成都：四川大学出版社，2007

二、工具书、资料汇编

1. 陈旭麓，等．中国近代史辞典．上海：上海辞书出版社，1982

2. 北京图书馆．民国时期总书目：1911—1949（教育·体育）．北京：书目出版社，1986

3. 李华兴．近代中国百年史辞典．杭州：浙江人民出版社，1987

4. 朱九思，姚启和．高等教育辞典．武汉：湖北教育出版社，1993

5. 顾明远．教育大辞典．上海：上海教育出版社，1998

6. 教育部教育年鉴编纂委员会．第二次中国教育年鉴．上海：商务印书馆，1948

7. 教育部教育年鉴编纂委员会．第三次中国教育年鉴．台北：正中书局，1957

8. 李文治．中国近代农业史资料（1840—1911）（第一辑）．北京：三联书店，1957

9. 章有义．中国近代农业史资料（1912—1927）（第二辑）．北京：三联书店，1957

10. 章有义．中国近代农业史资料（1927—1937）（第三辑）．北京：三联书店，1957

11. 朱有瓛．中国近代学制史料（第三辑）．上海：华东师范大学出版社，1990

12. 朱有瓛．中国近代学制史料（第四辑）．上海：华东师范大学出版社，1990

13. 宋恩荣，章咸．中华民国教育法规．南京：江苏教育出版社，1990

14. 中国第二历史档案馆．中华民国史档案资料汇编（第三辑农商）．南京：江苏古籍出版社，1991

15. 璩鑫圭，唐良炎．中国近代教育史资料汇编·学制演变．上海：上海教育出版社，1991

16. 曹幸穗，王利华，张家炎，等．民国时期的农业（江苏文史资料第51辑）．《江苏文史资料》编辑部出版发行，1993

17. 潘懋元，刘海峰．中国近代教育史资料汇编·高等教育．上海：上海教育出版社，1993

18. 璩鑫圭，等．中国近代教育史资料汇编·实业教育师范教育．上海：上海教育出版社，1994

19. 白鹤文，杜富全，闵宗殿．中国近代农业科技史稿．北京：中国农业科技出版社，1995

20. 中国第二历史档案馆．中华民国史档案资料汇编（第五辑第一编，教育（二））．南京：江苏古籍出版社，1997

21.《南大百年实录》编辑组．南大百年实录·中卷·金陵大学史料集．南京：南京大学出版社，2002

22. 中国人民政治协商会议湄潭县委员会．永远的大学精神：浙大西迁办学纪实．贵州：贵州人民出版社，2006

三、文集、专著

1. 刘文铬．八年欧美考察教育团报告．上海：商务印书馆，1920

2. 邹秉文．中国农业教育问题．上海：商务印书馆，1923

3. 董时进．农村合作．北平：京华印书局，1931

4. 唐启宇．近百年来中国农业之进步．重庆：国民党中央党部印刷所，1933

5. 章元善，许仕廉．乡村建设实验（第一集）．上海：中华书局，1934

6. 章元善，许仕廉．乡村建设实验（第二集）．上海：中华书局，1935

7. 储劲．农业推广．上海：黎明书局，1935

8. 章元善，许仕廉．乡村建设实验（第三集）．上海：中华书局，1936

9. 蒋杰．乌江乡村建设研究．孙文郁，乔启明校订．南京：南京朝报印刷所，1936

10. 章之汶，李醒愚．农业推广．上海：商务印书馆，1936

11. 周开发．中美农业技术合作团报告书——农业推广．上海：商务印书馆，1946

12. 张正藩．近卅年中国教育述评．南京：正中书局印行，1946

13. 邹鲁．澄庐文选．台北：三民书局发行，1976

14. 沈宗瀚，赵雅书等．中华农业史：论集．台北：台湾商务印书馆，1979

15. 顾长声．传教士与近代中国．上海：上海人民出版社，1981

16. 梁柱．蔡元培与北京大学．银川：宁夏人民出版社，1983

17. 竺可桢．竺可桢日记（1）．北京：人民出版社，1984

18. 竺可桢．竺可桢日记（2），北京：人民出版社，1984

19. 杨士谋．农业推广教育概论．北京：北京农业大学出版社，1987

20. 郭开源．农业推广工作管理．北京：农业出版社，1987

21. ［美］杰西·格·卢茨．中国教会大学史（1850—1950）．曾钜生译．杭州：浙江教育出版社，1987

22. 郭文韬等．中国农业科技发展史略．北京：中国科学技术出版社，1988

23. ［美］埃弗里特·M·罗吉斯，等．乡村社会变迁．王晓毅等译．杭州：浙江人民出版社，1988

24. 郭文韬，曹隆恭．中国近代农业科技史．北京：中国农业科技出版社，1989

25. 许无惧，等．农业推广学．北京：北京农业大学出版社，1989

26. ［美］吉尔伯特·罗兹曼．中国的现代化，陶骅等译．上海：上海人民出版社，1989

27. ［美］柯文．在中国发现历史：中国中心观在美国的兴起．林同奇译．北京：中华书局，1989

28. 熊明安．中华民国教育史．重庆：重庆出版社，1990

29. 何贻赞，丁颖．丁颖、邓植仪农业教育论文选集．广州：华南农业大学出版社，1992

30. 梁漱溟．梁漱溟全集（二）．济南：山东人民出版社，1992

31. ［美］易劳逸．1927—1937年国民党统治下的中国：流产的革命．陈红民等译．北京：中国青年出版社，1992

32. ［英］阿什比．科技发达时代的大学教育．腾大春等译．北京：人民教育出版社，1993

33. 田正平，李笑贤．黄炎培教育论著选．北京：人民教育出版社，1993

34. 章开沅，罗福惠．比较中的审视：中国早期现代化研究．杭州：浙江人民出版社，1993

35. 董葆良，陈桂生，熊贤君．中国教育思想通史（1927—1949）（第七卷）．长沙：湖南教育出版社，1994

36. 杨士谋，等．中国农业教育发展史略．北京：北京农业大学出版社，1994

37. 中国科学院南京分院，南京竺可桢研究会．先生之风山高水长——竺可桢逝世20周年纪念文集．合肥：中国科学技术大学出版社，1994

38. 周邦任，费旭．中国近代高等农业教育史．北京：中国农业出版社，1994

39. 李文海，等．中国近代十大灾荒．上海：上海人民出版社，1994

40. ［美］费正清，费维恺．剑桥中华民国史（1912—1949）（下卷）．刘敬坤等译．北京：中国社会科学出版社，1994

41. 周川，黄旭．百年之功中国近代大学校长的教育家精神．福州：福建教育出版社，1994

42. 金林祥．中国教育思想史（第三卷）．上海：华东师范大学出版社，1995

43. 李平生．烽火映方舟——抗战时期大后方经济．桂林：广西师范大学出版社，1995

44. 钱曼倩，金林祥．中国近代学制比较研究．广州：广东教育出版社，1996

45. 田正平．留学生与近代中国教育近代化．广州：广东教育出版社，1996

46. 周谷平．近代西方教育理论在中国的传播．广州：广东教育出版社，1996

47. 中国科学技术协会．中国科学技术专家传略·农学编·综合卷．北京：中国农业科技出版社，1996

48. 张仲威，等．农业推广学．北京：中国农业科技出版社，1996

49. 李华兴．民国教育史．上海：上海教育出版社，1997

50. 董宝良，周洪宇．中国近现代教育思潮与流派．北京：人民教育出版社，1997

51. 章之汶．章之汶纪念文集．南京：南京农业大学金陵研究院编印，1998

52. 樊洪业，段异兵．竺可桢文录．杭州：浙江文艺出版社，1999

53. 霍益萍．近代中国的高等教育．上海：华东师范大学出版社，1999

54. 史静寰．狄考文与司徒雷登：西方新教传教士在华教育活动研究．珠海：珠海出版社，1999

55. 许纪霖．智者的尊严——知识分子与近代文化．上海：学林出版社，1999

56. 邹鲁．回顾录．长沙：岳麓书社，2000

57. 章开沅，马敏．基督教与中国文化丛刊（第三辑）．武汉：湖北教育出版社，2000

58. 李国钧，王炳照．中国教育制度通史（第七卷）．济南：山东教育出版社，2000

59. 李喜所，刘集林等．近代中国的留美教育．天津：天津古籍出版社，2000

60. 郑大华．民国乡村建设运动．北京：社会科学文献出版社，2000

61. ［美］塞缪尔·P·亨廷顿．变化社会中的政治秩序．王冠华、刘为等译．北京：三联书店，2000

62. 金以林．近代中国大学研究（1895—1949）．北京：中央文献出版社，2000

63. ［加］许美德．中国大学1895—1995：一个文化冲突的世纪．许洁英主译．北京：教育科学出版社，2000

64. 王红谊，等．中国近代农业改进史略．北京：中国农业科技出版社，2001

65. 熊明安，周洪宇．中国近现代教育实验史．济南：山东教育出版社，2001

66. 余子侠．民族危机下的教育应对．武汉：华中师范大学出版社，2001

67. ［美］伯顿·克拉克，等．高等教育新论．王承绪等译．杭州：浙江教育出版社，2001

68. 吴梓明．基督教大学华人校长研究．福州：福建教育出版社，2001

69. ［西班牙］奥尔特加．大学的使命．徐小洲等译．杭州：浙江教育出版社，2001

70. 张耀荣．广东高等教育发展史．广州：广东高等教育出版社，2002

71. ［美］塞缪尔·亨廷顿．文明的冲突与世界秩序的重建．周琪等

译．北京：新华出版社，2002

72. 潘懋元．中国高等教育百年．广州：广东高等教育出版社，2003

73. 刘家峰，刘天路．抗日战争时期的基督教大学．福州：福建教育出版社，2003

74. ［美］柯文．在中国发现历史：中国中心观在美国的兴起．林同奇译．北京：中华书局，2003

75. 杨东平．大学精神．上海：文汇出版社，2003

76. 金林祥．思想自由兼容并包：北京大学校长蔡元培．济南：山东教育出版社，2004

77. 王运来．诚真勤仁光裕金陵：金陵大学校长陈裕光．济南：山东教育出版社，2004

78. 张彬．倡言求实培育英才：浙江大学校长竺可桢．济南：山东教育出版社，2004

79. 苗春德．中国近代乡村教育史．北京：人民教育出版社，2004

80. 田正平．中外教育交流史．广州：广东教育出版社，2004

81. 程焕文．邹鲁校长治校文集．广州：中山大学出版社，2004

82. 费孝通．20 世纪中国知识分子史论．北京：新星出版社，2005

83. 田正平，商丽浩．中国高等教育百年史论．北京：人民教育出版社，2006

84. 何小明．知识分子与中国现代化．上海：东方出版中心，2007

85. 刘家峰．中国基督教乡村建设运动研究（1907—1950）．天津：天津人民出版社，2008

86. 李伟中．20 世纪 30 年代县政建设实验研究．北京：人民教育出版社，2009

四、期刊文章

1. 清华学生西山消夏团之社会服务．清华周刊，1916（81）

2. 郭秉文．美国农业推广部．中华教育界，1917，6（5）

3. 邹秉文．中国农业教育最近状况．农学（东南大学），1921，1（7）

4. 马德荫．美国大学之推广教育．教育杂志，1922，14（8）

5. 过探先．农科大学的推广任务．新教育，1922，5（1 ~2）

6. 过探先．讨论农业教育意见书．中华农学会报，1922，3（8）
7. 过探先．办理农村师范学校的商榷．农学（东南大学），1923，1（2）
8. 本校农科大学广东南路稻作育种场成立宣言．国立中山大学校报，1927-4-18（9）
9. 唐启宇．农业推广．农业推广，1930（1）
10. 赵冕．农业推广与民众教育．农业推广，1930（1）
11. 杨懋春．中央模范农业推广区工作报告．农林新报，1931（2）
12. 张嘉璈．中国经济目前之病态及今后之治疗．中行月刊，1932（3）
13. 私立金陵大学农业推广部事业概况．农业推广，1933（4）
14. 阎克烈．山东龙山农村服务社状况．农林新报，1933，10（9）
15. 王倘，姜和．乌江农业推广实验区印象记．教育与民众，1934（10）
16. 赵石萍．一年来乌江的教育．农林新报，1935（31-32）
17. 竺可桢．科学与是非．科学，1935，19（11）
18. 竺可桢．竺可桢讲演词．国立浙江大学日刊，1936（18）
19. 郝钦铭．改良品种之繁殖及推广．农林新报，1936（26）
20. 龙眼洞乡村教育实验区指导委员会二十五年度第一次会议录．国立中山大学日报，1936-9-30
21. 薛暮桥．中国农村的新趋势．中国农村，1936，2（11）
22. 方悴农．农业推广的理论与实施．新农村，1936（2）
23. 本校农学院欢宴狮子山团绅首志略．国立四川大学周报，1937，6（8）
24. 邓植仪．改进我国农业教育刍议．农声，1938（218~219）
25. 本校兼办社会教育概况．金陵大学校刊，1939（247~249）
26. 温江县乡村建设委员会概况．农业推广通讯，1939，1（1）
27. 农业推广巡回辅导团办理计划纲要．农业推广通讯，1940，2（3）
28. 陈校长讲教育的整个性．金陵大学校刊，1940（271）
29. 一年来之我国农业推广．农业推广通讯，1940，2（2）
30. 乔启明．县单位农业推广之使命与方针．农业推广通讯，1941，3（2）
31. 施中一．县农业推广实施诸问题．乡建通训，1941，3（5-6）
32. 章之汶．本院农业教育学系的使命．农林新报，1941（25、26、27）
33. 郝钦铭．金大二十余年来之农作物增产概述．农林新报，1942（28~30）

34. 邵霖生．县单位的农业推广．协大农报，1942（4）
35. 金大农学院二十九年度农业推广事业简报．农林新报，1942（123）
36. 靳自重．金大2905号小麦展览经过．农林新报，1943（4～9）
37. 乔启明．地方自治与农业推广．农业推广通讯，1945，7（6）
38. 吴毕宝等．农业推广机构之回顾与前瞻．农业推广通讯，1945，7（5）
39. 陈裕光校长在金大举行60周年庆祝大会上的讲话．金陵大学校刊，1948（376）
40. 王希贤．从清末到民国的农业推广．中国农史，1982（2）
41. 杨士谋．美国的农业教育、科研、推广三结合体制．世界农业，1982（4）
42. 曹幸穗．中国近代农业科技的引进．中国科技史料，1987（3）
43. 庄孟林．中国高等农业教育历史沿革．中国农史，1988（2）
44. 卢锋．近代农业的困境及其根源．中国农史，1989（3）
45. 李心光，何贻赞，谢贤章．广东近代高等农业教育概况．古今农业，1991（2）
46. 章楷．我国的乡村建设运动和农业推广．古今农业，1992（1）
47. 章楷．近代农业教育和科研在南京．中国农史，1992（4）
48. 庄维民．近代山东农业科技的推广及其评价．近代史研究，1993（2）
49. 田正平，李笑贤．论民国初年的早期实用主义教育思潮．教育研究，1993（4）
50. 周邦任．邹秉文在中国近代农业科技史上的杰出作用．中国农史，1993（4）
51. 吴存浩．中国近代农业危机表现及特点试论．中国农史，1994（3）
52.《中国近代农业科技史稿》编写组．中国近代农业科技史事纪要（1840—1949）．古今农业，1995（3）
53. 潘宪生，王培志．中国农业科技推广体系的历史演变及特征．中国农史，1995（3）
54.《中国近代农业科技史稿》编写组．中国近代农业科技史事纪要（1840—1949）（续）．古今农业，1995（4）
55. 金林祥．中国学制近代化略论．教育评论，1996（1）
56. 熊贤君．论民国时期教育经费的困扰与对策．湖北大学学报（哲

社版)，1996（5）

57. 刘海峰．教育史研究三探．高等教育研究，1997（1）

58. 张剑．三十年代中国农业科技的改良与推广．学术季刊，1998（2）

59. 余子侠．国民政府抗战教育政策的形成及其决策心理．华中师范大学学报（人文社会科学版)，1998（2）

60. 张剑．金陵大学农学院与中国农业近代化．史林，1998（3）

61. 商丽洁，田正平．20世纪中国教育收费制度的发展．上海高教研究，1998（5）

62. 宋恩荣，梁漱溟．中国教育现代化进程中的思考．华东师范大学学报（教育科学版)，1998（4）

63. 杨达寿．竺可祯与浙江大学．教学与教材研究，1999（1）

64. 高耀明．从高等教育通向农村角度论乡村教育运动．江苏高教，1999（1）

65. 魏峰．试论农业院校在近代美国农业发展中的作用．史学集刊，1999（3）

66. 于述胜．论民国时期的教育制度的评价尺度及其发展逻辑．华东师范大学学报（教育科学版)，1999（3）

67. 陈国生．战时四川的农业改良与农村经济．抗日战争研究，1999（4）

68. 贾中福．试论南京国民政府前期的农业推广政策，聊城师范学院学报（哲学社会科学版)，2000（3）

69. 刘家峰．基督教与近代农业科技进步传播—以金陵大学农林科为中心的研究．近代史研究，2000（2）

70. 刘海燕．三十年代南京国民政府推行县政建设原因探析．民国档案，2001（1）

71. 章楷．我国历史上的农业推广述评．南京农业大学学报（社科版)，2002（1）

72. 王淑芳．乡村教育实验区．北京师范大学学报（人文社会科学版)，2002（5）

73. 卢良恕，王东阳．近现代中国农业科学技术发展回顾与展望．世界科技研究与发展，2002（2）

74. 沈志忠．近代中美农业科技交流与合作初探．中国农史，2002（4）

75. 苗春德．论20世纪上半叶“乡村教育”运动的基本特点．河南大学学报（社会科学版），2003（1）

76. 曹幸穗．启蒙与体制化：晚清近代农学的兴起．古今农业，2003（2）

77. 曹幸穗．从引进到本土化：民国时期的农业科技．古今农业，2004（1）

78. 田正平．论民国时期的中外人士教育考察．社会科学战线，2004（3）

79. 周谷平，朱绍英．美国大学模式在近代中国的导入．河北师范大学（教育科学版），2004（4）

80. 时赞．近代高等农业教育为“三农”服务的历史考察．高等农业教育，2005（1）

81. 张彬，付东升．论竺可桢的教育思想与“求是”精神，浙江大学学报（人文社会科学版），2005（6）

82. 李在全．教会大学与中国近代乡村社会——以福建协和大学乡村建设运动为中心的考察．教育学报，2005（12）

83. 虞和平．民国时期乡村建设运动的农村改造模式．近代史研究，2006（4）

84. 徐秀丽．民国时期的乡村建设运动．安徽史学，2006（4）

85. 周谷平，孙秀玲．挑战与应对：近代中国教会大学的社会服务．华东师范大学学报（教育科学版），2007（4）

86. 张彬，龚大华．竺可桢的大学理念．浙江教育学院学报，2007（2）

87. 周谷平，孙秀玲．近代中国大学社会服务探析．河北师范大学学报（教育科学版），2007（6）

88. 曲铁华，袁媛．近代中国乡村教育实验特点探析．教育科学，2007（6）

89. 郑大华．民国乡村建设运动之“公共卫生”研究．天津社会科学，2007（3）

90. 黄祐．民国时期大中专院校对乡村建设运动的参与．教育评论，2008（2）

91. 孙秀玲，程金良．近代中国教会大学走向社会服务的原因分析．江南大学学报（教育科学版），2008（3）

92. 曲铁华，袁媛．近代中国乡村教育实验的现代价值．教育理论与

实践，2008（13）

93. 黄祐．民国时期乡村建设运动实验区的成人教育．教育评论，2008（5）

94. 李伟中．知识分子“下乡”与近代中国乡村变革的困境．南开学报（哲学社会科学版），2009（1）

95. 周谷平，孙秀玲．近代中国基督教大学的农业推广服务．高等教育研究，2009（4）

96. 黄祐．民国时期乡村建设实验区的学龄儿童教育．教育评论，2009（2）

97. 郭晨虹．近代社会服务在北京大学兴起的动因——一个思想史的考察．山西师大学报（社会科学版），2010（2）

98. 李瑛．张伯苓的服务社会办学理念和实践探究．高教探索，2010（6）

99. 杨卫．创建一流大学的执著追求与不懈探索——竺可桢教育思想与浙江大学勃兴．中国高等教育，2010（10）

100. 李瑛，金林祥．中国古代治史修养论略．北方论丛，2010（6）

101. 胡明，盛邦跃．江苏省立教育学院与无锡乡村民众教育实验区．教育评论，2010（1）

五、学位论文

1. 吴立保．中国近代大学本土化研究：基于大学校长的视角．华东师范大学博士论文，2009

2. 王玮．中国教会大学科学教育研究（1901—1936）．上海交通大学博士论文，2008

3. 王欣瑞．现代化视野下的民国乡村建设思想研究．西北大学博士论文，2007

4. 时赟．中国高等农业教育近代化研究（1897—1937）．河北大学博士论文，2007

5. 程斯辉．中国近代大学校长研究．华中师范大学博士论文，2007

6. 包平．二十世纪中国农业教育变迁研究．南京农业大学博士论文，2006

7. 张雪蓉．以美国模式为趋向——中国大学变革研究．华东师范大学博士论文，2004

8. 郑林．中国近代农业技术创新三元结构分析．南京农业大学博士论文，2004

9. 沈志忠．近代中美农业科技交流与合作研究．南京农业大学博士论文，2004

10. 张蓉．中国近代民众教育思潮研究．华东师范大学博士论文，2001

11. 刘家峰．中国基督教乡村建设运动研究（1907—1950）．华中师范大学博士论文，2001

12. 张永汀．打通一条血路：国立四川大学农学院的建设与发展（1935－1945）．四川大学硕士论文，2007

13. 李海冬．邹鲁教育思想研究．南昌大学硕士论文，2007

14. 张俊华．民国北京政府时期的农业改良（1912—1928）．华中师范大学硕士论文，2007

15. 蒲艳艳．金陵大学农学院和中国农业教育的近代化．陕西师范大学硕士论文，2007

16. 曹永昕．竺可桢大学教育思想研究．河北大学硕士论文，2006

17. 郭从杰．南京国民政府农业推广政策研究（1927—1937）．华中师范大学硕士论文，2005

18. 鲁彦．金陵大学农学院对中国近代农业的影响．南京农业大学硕士论文，2005

六、外文资料

1. Kenyon. L. Butterfield. *Education and Chinese Agriculture.* Shanghai: the China Christian Educational Association, 1922.

2. C. B. Smith. "*What Agricultural Extension Is?" A Report on the U. S. D. A.*. Annual Conference of Extension staff, 1944.

3. Brunner Edmund de Schweinitz. *Farmers of the World: The Development of Agricultural Extension.* New York : Columbia University Press, 1945.

4. L. D. Kelsey, C. C. Hearne. *Cooperative Extension Work.* New York : Comstock Publishing Associates, Ithaca, 1949.

5. James Claude Thomson. *While China Faced West: American Reformers in Nationalist China*, 1928－1937. Boston: Harvard University Press, 1969.

6. Chang Fu-liang. *When East Met West*: *A Personal Story of Rural Reconstruction in China.* . New Haven: Yale University Press, 1972.

7. Stross Randall E. *The Stubborn Earth*: *American Agriculture on Chinese soil*, 1898-1937. Berkeley : University of California Press, 1986.

8. CharlesW. Hayford. *T0 The People*: *James Yen and Village China.* New York: Columbia University Press, 1990.

9. Burton E. Swanson. *Improving Agricultural Extension*: *A Reference Manual.* Room: FAO, 1997.

10. Qamar, M. K. *Human Resources in Agricultural and Rural Development.* Room: FAO, 2000.

后　记

在我国高等教育日益大众化的新形势下，大学与社会的联系更加密切。大学办学如何适应并满足社会发展的需要，是高等教育工作者面临的崭新的时代课题。在大学的教学、科研、社会服务、文化传承等四项职能中，“社会服务”是一项兼具传统性与鲜明时代性的办学职能，最能彰显大学与社会发展的相辅相成及其社会价值。在不同的历史时期，大学为社会服务的内容、形式、成效、影响等不尽相同，借鉴与继承其历史经验，是当前高校更好地履行社会服务职能的必然要求。

民国时期的大学是我国高等教育发展的一个重要的里程碑，奠定了我国现代高等教育的基础。在救亡图存的时代背景下，民国时期的大学开展了丰富多彩的社会服务活动，其中以农业推广表现得尤为突出。研究该时期大学农业推广服务活动，对于我国当前高等教育为“三农”服务、走特色化发展之路、提高核心竞争力具有重要的借鉴价值。

本书选题及研究视域基于上述思考。动笔之前，我带着惴惴不安的心情，向华东师范大学、浙江大学等高校知名专家请教，他们在肯定选题的同时，对本书写作提纲提出了许多宝贵的意见和建议，使得本人有信心开展本课题的研究。在本书的写作的过程中，得到了孙培青教授、金林祥教授、杜成宪教授、黄书光教授、田正平教授、周谷平教授、肖朗教授等教育界知名学者的指导，在本书即将付梓之时，谨向他们表示衷心的感谢！

华东师范大学资深教授、中国陶行知研究会副会长、国务院特殊津贴专家金林祥先生在百忙之中为本书作序，首肯了本书的研究内容和创新之处，指出了本书的缺陷与不足，先生殷殷教诲，令我感激不尽，终生难忘。合肥工业大学出版社对于本书的出版给予了大力支持，特别是权怡副编审，为本书的文字编辑、校正等付出了大量的辛勤劳动，使得本书能够如期地出版面世。谨此深表谢意！同时，也要感谢我的先生和可爱的儿子，在本书写作过程中，他们给了我莫大的理解、关心、支持和帮助，使得我能够迎难而上，顺利地完成了既定的研究与著述工作。

尽管笔者满怀热情与希望，尽心竭力，但由于水平有限，成书时间仓促，书中疏漏与错误之处在所难免，恳请专家、学者批评指正！

李瑛

2012年5月8日于巢湖